Sistemas de energía eléctrica en alta tensión

Colección Manuales #71: Textos Universitarios 24

SISTEMAS DE ENERGÍA ELÉCTRICA EN ALTA TENSIÓN

Francisco Javier Balbás García

TEXTOS UNIVERSITARIOS, Nº 24
INGENIERÍAS

Ediciones
Universidad
Cantabria

Balbás García, Javier, autor
Sistemas de energía eléctrica en alta tensión / Francisco Javier Balbás García. – 2ª edición, revisada y aumentada. – Santander : Editorial de la Universidad de Cantabria, [D.L. 2023]
301 páginas : ilustraciones ; 24 cm. – (Manuales ; 71. Textos universitarios ; 24. Ingenierías)

D.L. SA 472-2023. – ISBN 978-84-19024-52-7

1. Energía eléctrica-Transporte. 2. Líneas eléctricas. 3. Energía eléctrica-Distribución-Alta tensión

621.315

THEMA: THR, YPMT

Maquetación y tratamiento de imagen: Manuel Ángel Ortiz Velasco [emeaov]

ISBN: 978-84-19024-52-7 (rústica)
D.L.: SA 472-2023
ISBN: 978-84-19024-53-4 (pdf)
DOI: https://doi.org/10.22429/Euc2023.016

Impreso en España-*Printed in Spain*
Imprime: Gráficas Ápel

SUMARIO

Capítulo 1

Parámetros eléctricos de una línea de transporte de energía eléctrica

En las líneas eléctricas las características de los materiales utilizados, su diseño y su disposición afectan al transporte de la energía pudiendo influir en el rendimiento y en el correcto transporte de la energía eléctrica. Cuando además se transporta una intensidad alterna, se forman campos eléctrico y magnético que almacenan energía, lo cual tiene su correspondiente negativa repercusión en el transporte eléctrico. Véase la figura 1.1, donde se representan las líneas del flujo magnético alrededor de los conductores y las líneas de campo eléctrico con su correspondiente sentido desde las cargas positivas a las negativas.

La representación de una línea eléctrica se realiza mediante un circuito eléctrico monofásico donde aparecen una serie de parámetros que representan la influencia de los distintos efectos existentes sobre las variables y el rendimiento de la línea. Algunos parámetros representan un efecto de oposición al transporte de la energía eléctrica (resistencia e inductancia) y otros ofrecen caminos alternativos a la intensidad facultando posibles derivaciones (conductancia y capacidad). Los distintos parámetros que caracterizan una línea de transporte de energía eléctrica y sus efectos eléctricos, están vinculados a unas determinadas variables que engloban sus magnitudes y tipologías.

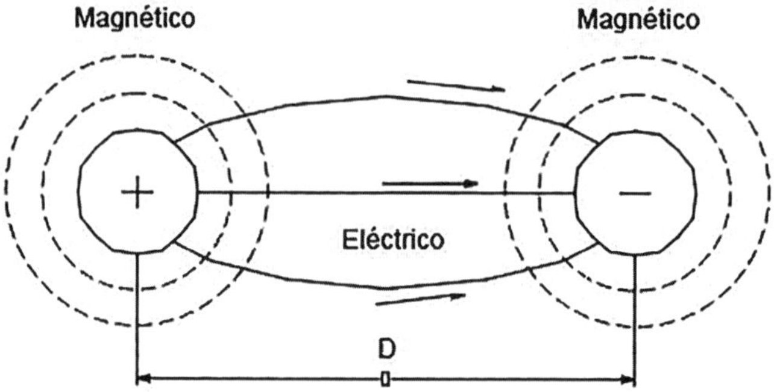

Figura 1.1: Campos eléctrico y magnético entre dos conductores paralelos con cargas opuestas

A continuación, se realiza un estudio detallado de cada uno de ellos.

1.1. Inductancia

Al ser la intensidad eléctrica variable en el tiempo, se produce una variación en el número de las líneas de flujo magnético que se generan en la línea eléctrica. Pero cualquier variación del flujo magnético induce una fuerza electromotriz en el circuito, siendo, la fuerza electromotriz inducida, proporcional a la velocidad de la variación del flujo. La inductancia, L, representa la propiedad de un circuito que relaciona la fuerza electromotriz inducida, $\overline{e}$, por la variación de flujo magnético, $\overline{\phi}$, con la velocidad de variación de la intensidad permaneciendo constante la permeabilidad del medio, según la expresión (1.1).

$$\overline{e} = -\frac{d\overline{\phi}}{dt} = -L\frac{d\overline{i}}{dt} \quad \Rightarrow \quad L = -\frac{\overline{e}}{d\overline{i}/dt} \tag{1.1}$$

El efecto inductivo representa una oposición al transporte de la energía eléctrica directamente proporcional a su valor.

1.1.1. Inductancia total de un conductor

Las pautas a seguir en este apartado son las siguientes:

- Inicialmente, se calcula la inductancia interna por metro lineal de un conductor aislado.
- Posteriormente, se obtiene la inductancia externa por metro lineal del conductor y entre dos arcos cualesquiera.
- Finalmente, se aplican las expresiones anteriores para la obtención de la inductancia total de un conductor.

  Al tiempo se define un nuevo concepto denominado "radio corregido".

Se supone un largo conductor cilíndrico macizo con una densidad de corriente uniforme y una sección transversal representada en la figura 1.2. En su interior se toma un elemento diferencial a una distancia x del eje longitudinal del conductor.

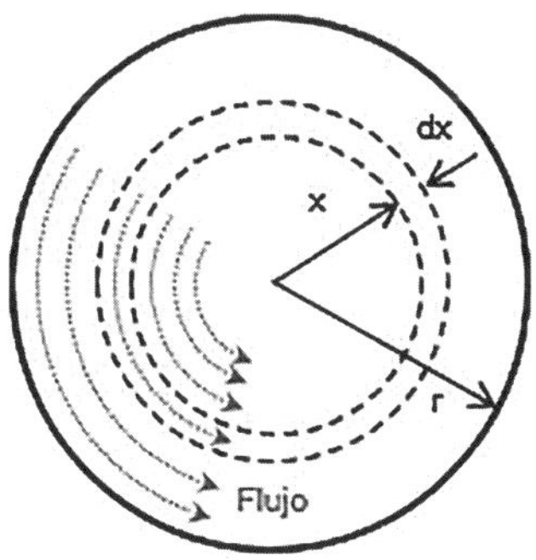

Figura 1.2: Elemento diferencial en la sección transversal de un conductor

A partir del teorema de *Ampere* el cual dice: "la circulación del vector campo magnético, $\overline{H}$, a lo largo de un camino cerrado es igual a la intensidad neta atrapada en él" y aplicándolo a la figura 1.3, se tiene la expresión (1.2), donde la $\overline{I}_x$ representa la intensidad atrapada por el elemento diferencial, la cual representada en función de la intensidad total, $\overline{I}$, da lugar a la igualdad (1.3)

$$\overline{I}_x = \int_0^{2\pi x} \overline{H}_x \, dl = 2\,\pi\,x\,\overline{H}_x = \frac{\pi\,x^2}{\pi\,r^2}\,\overline{I} \tag{1.2}$$

$$\overline{H}_x = \frac{x}{2\,\pi\,r^2}\,\overline{I} \tag{1.3}$$

Considerando la sección tomada longitudinalmente al conductor (figura 1.3) se tiene que al igual que ha sucedido para la intensidad, dentro del conductor habrá una proporcionalidad entre el flujo interno total generado por la intensidad $\overline{I}_x$ con el abrazado por el elemento tubular considerado. La correspondiente proporcionalidad está dada por la relación (1.4).

$$d\overline{\phi}_{interno} = \frac{\pi x^2}{\pi r^2}\,\overline{B}_x\,ds \tag{1.4}$$

Por tanto, el diferencial del flujo interno generado por la intensidad $\overline{I}_x$ y abarcado por el elemento diferencial se representa según (1.5). Donde "l" es la distancia longitudinal considerada y "μ" la permeabilidad del conductor. La permeabilidad del conductor es igual a la permeabilidad relativa por la permeabilidad del vacío, $\mu = \mu_r\,\mu_0$, siendo $\mu_0 = 4\,\pi\,10^{-7}\,(H/m)$ en el Sistema Internacional.

$$d\overline{\phi}_{interno} = \frac{\pi\,x^2}{\pi\,r^2}\,\mu\,\overline{H}_x\,l\,dx = \frac{x^2}{r^2}\,\mu\,\frac{x}{2\,\pi\,r^2}\,\overline{I}\,l\,dx \tag{1.5}$$

Substituyendo el valor de la intensidad del campo magnético, $\overline{H}_x$, e integrando desde 0 a r, se tiene la inductancia interior por unidad de longitud según (1.6).

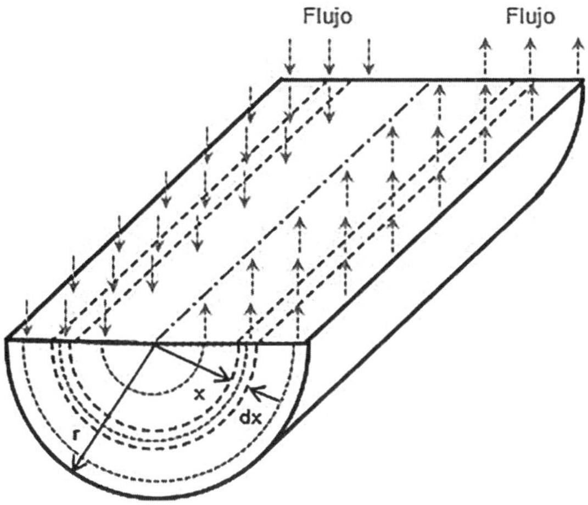

Figura 1.3: Elemento diferencial en la sección longitudinal de un conductor

$$\overline{\phi}_{interno} = \mu \, \frac{r^4}{8\,\pi\, r^4}\,\overline{I} = \mu \, \frac{\overline{I}}{8\,\pi} \quad \Rightarrow \quad L_{interna} = \frac{\overline{\phi}_{interno}}{\overline{I}} = \frac{\mu}{8\,\pi} \, \left(\frac{H}{m}\right) \tag{1.6}$$

A continuación, para determinar la inductancia externa se parte del mismo conductor que en el caso anterior y tomando un elemento diferencial a una distancia x del eje longitudinal del conductor (figura 1.4), se deducirán los enlaces de flujo comprendidos entre los arcos concéntricos de radio D_1 y D_2.

Dado que toda la intensidad que transporta el conductor es abarcada por el elemento diferencial (1.7) y el medio tratado es el vacío, $\mu = \mu_0$, se tiene la expresión (1.8).

$$\overline{I} = \int_0^{2\pi x} \overline{H}\, dl = \overline{H}\, 2\,\pi\, x \quad \Rightarrow \quad \overline{H} = \frac{\overline{I}}{2\,\pi\, x} \tag{1.7}$$

$$d\overline{\phi}_{externo} = \overline{B}\, ds = \mu_0\, \overline{H}\, ds = \mu_0\, \frac{\overline{I}}{2\,\pi\, x}\, l\, dx \tag{1.8}$$

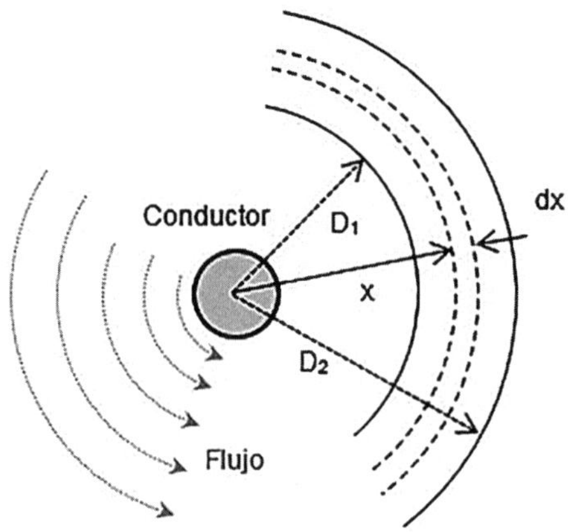

Figura 1.4: Elemento diferencial entre dos arcos concéntricos externos a un conductor

Integrando el flujo exterior entre los dos arcos correspondientes D_1 y D_2 se obtiene la expresión (1.9), la cual dividiéndola por la intensidad y la longitud total y substituyendo el valor de la permeabilidad absoluta al considerarse un conductor de línea eléctrica aérea, $\mu_0 = 4\,\pi\,10^{-7}$, aporta la expresión de la inductancia externa por unidad de longitud entre dos arcos (1.10).

$$\overline{\phi}_{externo\,1-2} = \int_{D_1}^{D_2} \mu_0\,\frac{\overline{I}}{2\,\pi\,x}\,l\,dx = \mu_0\,\frac{\overline{I}}{2\,\pi}\,l\,ln\,\frac{D_2}{D_1} \qquad (1.9)$$

$$L_{externa\,1-2} = \frac{\overline{\phi}_{externo\,1-2}}{\overline{I}}\,\frac{1}{l} = \frac{\mu_0}{2\,\pi}\,ln\,\frac{D_2}{D_1} = 2\,10^{-7}\,ln\,\frac{D_2}{D_1} \qquad (1.10)$$

Llegados a este punto se tienen dos tipos de expresiones, una que define la inductancia interna y propia del conductor (1.6) y otra que define la inductancia externa al conductor y limitada entre dos arcos (1.10). Si ambas se aplican para el cálculo de la inductancia total, L, de un conductor, se precisa realizar la inductancia externa entre el valor de r y un punto D alejado del conductor, a partir de (1.10), para posteriormente sumar la inductancia interna y la externa, obteniendo la expresión (1.11).

$$L = L_{interna} + L_{externa} = \frac{\mu}{8\,\pi} + \frac{\mu_0}{2\,\pi}\, ln\, \frac{D}{r} \tag{1.11}$$

Recordando que la permeabilidad, μ, es el producto de la permeabilidad relativa, μ_r, y la absoluta, μ_0, y sabiendo que la permeabilidad relativa del cobre o del aluminio, principales materiales utilizados como conductores eléctricos, es muy próxima a la unidad, se tiene que substituyendo valores y operando se puede llegar a la expresión (1.12).

$$L = \frac{4\,\pi\,10^{-7}}{8\,\pi} + \frac{4\,\pi\,10^{-7}}{2\,\pi}\, ln\, \frac{D}{r}$$

$$L = 2\,10^{-7}\left(\frac{1}{4} + Ln\,\frac{D}{r}\right)$$

$$L = 2\,10^{-7}\,Ln\left(\frac{D}{e^{-\frac{1}{4}}\,r}\right) = 2\,10^{-7}\,Ln\left(\frac{D}{r'}\right) \tag{1.12}$$

El valor ($r' = e^{-\frac{1}{4}}\,r$) se denomina "radio corregido" y representa un radio ficticio de un conductor tubular de espesor infinitesimal, con el cual se puede operar sin tener presente la inductancia interna pero obteniendo el mismo valor real de la inductancia total del conductor original.

1.1.2. Cálculo de la inductancia de líneas eléctricas equilibradas

A continuación, se va a tratar el efecto inductivo de un conductor dentro de un cable formado por varios conductores respecto a un punto exterior. Los datos obtenidos facilitarán la obtención de casos prácticos que posteriormente se expondrán. En el caso práctico de la línea bifilar monofásica formada por cables o conductores agrupados, se definirán los nuevos conceptos de "radio medio geométrico" y "diámetro medio geométrico". La figura 1.5, representa un cable formado por n conductores, para los cuales el sumatorio de las intensidades es igual a cero.

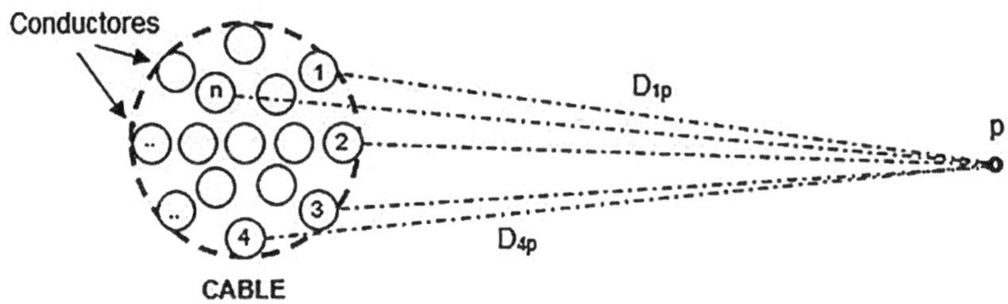

Figura 1.5: Conductores agrupados en un cable respecto a un punto exterior

Para inicialmente calcular las líneas de flujo entre el conductor 1 y el punto exterior "p" se parte de la expresión que define el flujo exterior entre dos arcos por unidad longitudinal a partir de (1.9), la cual se debe aplicar a todos los conductores involucrados. Al ser uno de los puntos límites del intervalo por donde se valoran las líneas de flujo el conductor 1 se deberá incluir en dicho caso el flujo interior aplicando el correspondiente radio corregido, $r_1{}'$, obteniendo la exprción (1.13), que se puede descomponer según (1.14).

$$\overline{\phi}_{1-p} = 2\,10^{-7}\left(\overline{I}_1\,ln\,\frac{D_{1p}}{r_1'} + \overline{I}_2\,ln\,\frac{D_{2p}}{D_{21}} + \overline{I}_3\,ln\,\frac{D_{3p}}{D_{31}} + \,...\, + \,\overline{I}_n\,ln\,\frac{D_{np}}{D_{n1}}\right) \tag{1.13}$$

$$\overline{\phi}_{1-p} = 2\,10^{-7} \left[\left(\overline{I}_1\, ln\, \frac{1}{r'_1} + \overline{I}_2\, ln\, \frac{1}{D_{21}} + \overline{I}_3\, ln\, \frac{1}{D_{31}} + \ ...+\ \overline{I}_n\, ln\, \frac{1}{D_{n1}} \right) + \right.$$

$$\left. + \left(\overline{I}_1\, ln\, D_{1p} + \overline{I}_2\, ln\, D_{2p} + \overline{I}_3\, ln\, D_{3p} + \ ...+\ \overline{I}_n\, ln\, D_{np} \right) \right] \tag{1.14}$$

Suponiendo que el punto externo, p, se encuentra lo suficientemente alejado y que las distancias de separación entre conductores es reducida, se puede establecer que las distancias entre los distintos conductores y el punto p, $(D_{1p}, D_{2p}, D_{3p}, ..., D_{np})$, son de un valor casi idéntico. Por tanto, se substituyen por su valor medio, D_m, sin pérdida de rigor, de tal manera que se puede sacar factor común al logaritmo de dicho valor, multiplicando al sumatorio de las intensidades, el cual como se detalló, es igual a cero y en consecuencia se anula íntegramente el sumando resultante. Quedando la expresión (1.15) o su genérica para un punto p y un conductor cualquiera, k, perteneciente al cable, según (1.16).

$$\left(\overline{I}_1 + \overline{I}_2 + \overline{I}_3 + \ ...+\ \overline{I}_n \right)\ ln\, D_m = 0$$

$$\overline{\phi}_{1-p} = 2 10^{-7} \left(\overline{I}_1\, ln\, \frac{1}{r'_1} + \overline{I}_2\, ln\, \frac{1}{D_{21}} + \overline{I}_3\, ln\, \frac{1}{D_{31}} + \ ...+\ \overline{I}_n\, ln\, \frac{1}{D_{n1}} \right) \tag{1.15}$$

$$\overline{\phi}_{k-p} = 2\,10^{-7} \left(\overline{I}_k\, ln\, \frac{1}{r'_k} + \sum_{1,n\neq k}^{n} \overline{I}_n\, ln\, \frac{1}{D_{nk}} \right) \tag{1.16}$$

La expresión (1.16) representa un sumatorio compuesto por las respectivas intensidades de los conductores, pertenecientes al cable, multiplicadas por el logaritmo del inverso de una distancia. Esta distancia representa para la intensidad del conductor propuesto (en este caso el conductor k) su radio corregido y para los demás conductores es la distancia existente entre los respectivos conductores y el conductor k.

Esta igualdad (1.16) permite calcular la inductancia originada por las líneas de flujo comprendidas entre un conductor perteneciente a un cable y un punto exterior, teniendo presente el efecto de los distintos conductores que pertenecen al cable. Además, sirve de aplicación para distintos casos prácticos, presentándose a continuación algunos ejemplos.

Inductancia total de una línea bifilar monofásica

La línea eléctrica de la figura 1.6, representa un sistema equilibrado formado por los conductores macizos a y b, de radios r_a y r_b, respectivamente. Se considera que la suma de intensidades de los conductores de la línea eléctrica es nula.

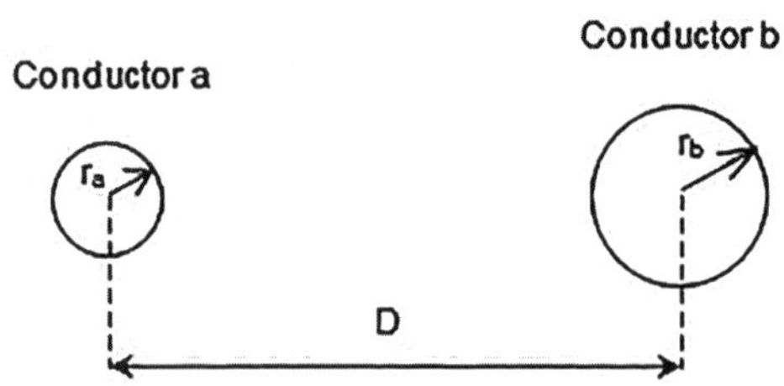

Figura 1.6: Representación espacial de una línea eléctrica bifilar monofásica

Ambos conductores se encuentran separados una distancia, D, entre sus ejes, distancia de separación que se considera mucho mayor que los radios de los conductores, por lo cual la distancia de separación entre las correspondientes superficies de ambos conductores se puede aproximar a la distancia de separación entre los ejes. Para calcular la inductancia total de la línea eléctrica, inicialmente, se obtienen las inductancias de cada uno de los conductores para posteriormente sumarlas. A partir de la expresión genérica (1.16) aplicada al conductor a, se tiene (1.17). Igual para el conductor b en (1.18).

$$\overline{\phi}_a = 2\,10^{-7}\left(\overline{I}_a\,ln\,\frac{1}{r'_a} + \overline{I}_b\,ln\,\frac{1}{D}\right) \tag{1.17}$$

$$\overline{\phi}_b = 2\,10^{-7}\left(\overline{I}_b\,ln\,\frac{1}{r'_b} + \overline{I}_a\,ln\,\frac{1}{D}\right) \tag{1.18}$$

Si se considera que la $\overline{I}_a = -\overline{I}_b$ y que los conductores a y b tienen el mismo radio, quedan las expresiones (1.19) y (1.20).

$$\overline{\phi}_a = 2\,10^{-7}\left(\overline{I}_a\,ln\,\frac{1}{r'} + \overline{I}_a\,ln\,D\right) = 2\,10^{-7}\;\overline{I}_a\,ln\,\frac{D}{r'} \tag{1.19}$$

$$\overline{\phi}_b = 2\,10^{-7}\left(\overline{I}_b\,ln\,\frac{1}{r'} + \overline{I}_b\,ln\,D\right) = 2\,10^{-7}\;\overline{I}_b\,ln\,\frac{D}{r'} \tag{1.20}$$

Mediante las expresiones (1.19) y (1.20) la suma de las correspondientes inductancias resulta según (1.21), expresión que representa la inductancia total, L, de la línea bifilar monofásica.

$$L = L_a + L_b = \frac{\overline{\phi}_a}{\overline{I}_a} + \frac{\overline{\phi}_b}{\overline{I}_b} = 4\,10^{-7}\;\ln\,\frac{D}{r'} \tag{1.21}$$

Inductancia de una línea trifásica equilibrada

La línea eléctrica de la figura 1.7, representa un sistema equilibrado formado por los conductores macizos a, b y c, de radios r_a, r_b y r_c respectivamente. Se considera que la suma de intensidades de los conductores de la línea eléctrica es nula.

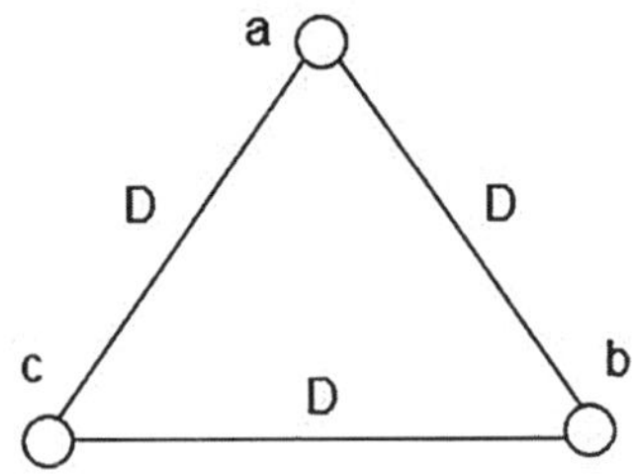

Figura 1.7: Representación espacial de una línea eléctrica trifásica equilibrada

Los conductores forman una disposición equilibrada en el espacio separándose entre ellos una distancia, D, entre sus ejes, distancia de separación que se considera mucho mayor que los radios de los conductores, por lo cual las distancias de separación entre las correspondientes superficies de ambos conductores se puede aproximar a la distancia de separación entre los ejes.

A partir de la expresión genérica (1.16) aplicada al conductor a, se obtiene (1.22).

$$\overline{\phi}_a = 2\,10^{-7}\left(\overline{I}_a\, ln\,\frac{1}{r'_a} + \overline{I}_b\, ln\,\frac{1}{D} + \overline{I}_c\, ln\,\frac{1}{D}\right) \tag{1.22}$$

Teniendo presente que la $\overline{I}_a = -(\overline{I}_b + \overline{I}_c)$ y que los conductores a, b y c tienen el mismo radio, la inductancia L_a resulta según (1.23), expresión que representa la inductancia del conductor de la fase a que por simetría será igual a la de la fase b y c.

$$\overline{\phi}_a = 2\,10^{-7}\left(\overline{I}_a\, ln\,\frac{1}{r'_a} - (\overline{I}_b + \overline{I}_c)\, lnD\right)$$

$$L_a = \frac{\overline{\phi}_a}{\overline{I}_a} = 2\,10^{-7}\ \ln\ \frac{D}{r'} \tag{1.23}$$

$$L_a = L_b = L_c$$

Inductancia total de una línea bifilar monofásica con cables

La línea eléctrica de la figura 1.8, representa una línea bifilar monofásica con conductores agrupados formada por los cables a y b.

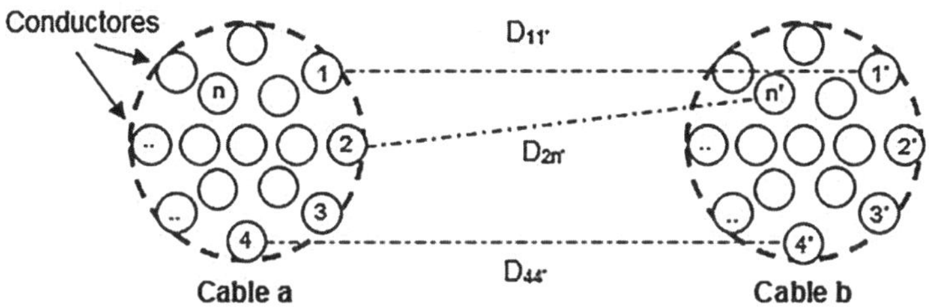

Figura 1.8: Representación espacial de una línea bifilar monofásica con conductores agrupados

Ambos cables se encuentran formados por n conductores y la intensidad del cable a es igual pero de signo contrario a la del cable b.

Siguiendo la misma metodología que para casos anteriores el cálculo de los correspondientes flujos de cada uno de los conductores debe tener presente el efecto de todos los demás conductores.

Respecto al valor de la intensidad, se tiene que los conductores del cable a conducen una intensidad $\overline{I}$/n y los conductores del cable b una intensidad -$\overline{I}$/n.

Por tanto, el flujo del conductor 1 según la expresión genérica (1.16) respecto a la unidad de longitud, está definido según (1.24), operando se obtiene (1.25).

$$\overline{\phi}_1 = 210^{-7}\frac{\overline{I}}{n}\left(ln\frac{1}{r_1^{'}} + ln\frac{1}{D_{12}} + ... + ln\frac{1}{D_{1n}} - ln\frac{1}{D_{11'}} - ln\frac{1}{D_{12'}} - ... - ln\frac{1}{D_{1n'}}\right) \tag{1.24}$$

$$\overline{\phi}_1 = 2\,10^{-7}\,\overline{I}\left(ln\frac{\sqrt[n]{D_{11'}\,D_{12'}...D_{1n'}}}{\sqrt[n]{r_1^{'}\,D_{12}...D_{1n}}}\right) \tag{1.25}$$

Se observa en la expresión (1.25) que el numerador representa las posibles distancias del conductor 1 con todos los conductores del cable b, mientras que el denominador representa todas las posibles distancias del conductor 1 con todos los conductores del cable a, es decir de su propio cable.

Inicialmente, se realizan los flujos correspondientes a los n conductores que forman el cable a y se obtiene el valor medio de las correspondientes inductancias según (1.26).

$$L_{media} = \frac{L_1 + L_2 + ... + L_n}{n} = \frac{\dfrac{\overline{\phi}_1 + \overline{\phi}_2 + ... + \overline{\phi}_n}{\overline{I}/n}}{n} \tag{1.26}$$

El cable a está formado por n conductores paralelos y todos ellos con una inductancia L_{media}, por tanto, la inductancia del cable a, L_a, viene dada según (1.27). Sustituyendo (1.25) para los n conductores en (1.27) se llega a (1.28).

$$L_a = \frac{L_{media}}{n} = \frac{1}{n}\,\frac{\overline{\phi}_1 + \overline{\phi}_2 + ... + \overline{\phi}_n}{\overline{I}} \tag{1.27}$$

$$L_a = 2\,10^{-7}\,\frac{1}{n}\left(ln\,\frac{\sqrt[n]{D_{11'}\,D_{12'}...D_{1n'}...D_{n1'}\,D_{n2'}...D_{nn'}}}{\sqrt[n]{r_1'\,D_{12}...D_{1n}...D_{n1}\,D_{n2}...r_{nn}'}}\right) \tag{1.28}$$

Operando se llega a las expresiones del tipo (1.29) y (1.30).

$$L_a = 2\,10^{-7}\left(ln\,\frac{\sqrt[n^2]{D_{11'}\,D_{12'}...D_{1n'}...D_{n1'}\,D_{n2'}...D_{nn'}}}{\sqrt[n^2]{r_1'\,D_{12}...D_{1n}...D_{n1}\,D_{n2}...r_{nn}'}}\right) \tag{1.29}$$

$$L_a = 2\,10^{-7}\left(ln\,\frac{DMG}{RMG}\right) \tag{1.30}$$

Para definir DMG y RMG de una forma genérica se establece que el cable a representa a la fase a y el cable b representa a la fase b, definiéndose como sigue:

- DMG es la Distancia Media Geométrica y representa la raíz, de índice correspondiente, del producto de todas las posibles combinaciones que existen entre los conductores de las distintas fases de la línea eléctrica estudiada. El índice de la raíz es igual al número de combinaciones posibles.

  Representa la distancia media entre los ejes de distintas fases y depende de la disposición geométrica que ocupen los conductores que forman las fases.

- RMG es el Radio Medio Geométrico o Distancia Media Geométrica Propia y representa la raíz, de índice correspondiente, del producto de todas las posibles combinaciones que existen entre los conductores de la misma fase de la línea eléctrica estudiada, siendo el índice de la raíz igual al número de combinaciones posibles.

Representa el radio medio que posee el conductor y depende de la composición del cable. Habitualmente, está tabulado en las tablas que suministran los fabricantes.

Al calcular inductancias el radio medio geométrico de un conductor macizo es el radio corregido estudiado con anterioridad.

Ambos conceptos se pueden generalizar a las distintas expresiones de inductancia obtenidas hasta el momento donde el numerador del logaritmo representa las distancias entre fases distintas y el denominador las distancias internas de la misma fase.

Respecto a la línea estudiada y dada la simetría de los cables a y b se tiene que la inductancia de ambos cables es la misma resultando la igualdad (1.31) expresión similar a la obtenida en la línea bifilar monofásica de dos conductores macizos (1.21) pero obteniendo los valores medios correspondientes.

$$L = L_a + L_b = 4\,10^{-7} \left(ln \, \frac{DMG}{RMG} \right) \tag{1.31}$$

La metodología de cálculo aplicada en los distintos casos prácticos y la utilización del DMG y RMG son aplicables a otras distintas posibilidades que se encuentren de disposiciones de líneas de transporte de energía eléctrica.

1.1.3. Transposición en el cálculo de la inductancia

Cuando los conductores de una línea trifásica no están en una disposición espacial simétrica, se complica el cálculo de la inductancia puesto que los enlaces de flujo de las correspondientes fases no son iguales y por tanto, es necesario compensar las diferentes tensiones inducidas en la línea.

Suponiendo una línea eléctrica de n fases formada por un conductor por cada una de las fases, para resolver este problema se opera de la siguiente forma:

- Se realiza una división de la longitud de la línea en el número de fases correspondiente, definiendo n tramos.

- Posteriormente, en cada salto de tramo, se permuta la posición de los conductores en sentido horario respetando el orden correspondiente de las fases.

  De esta forma se consigue que al final del recorrido total de la línea eléctrica, cada conductor se haya visto sometido al mismo desequilibrio de fuerzas electromotrices.

- Se obtienen los correspondientes enlaces de flujo por unidad lineal de los distintos tramos.

- Para finalizar, se halla el valor medio de los enlaces de flujo de cada uno de los tramos y se substituye en la respectiva expresión de la inductancia.

La operación descrita se basa en la "transposición" de los conductores en intervalos idénticos de longitud y a continuación se va a realizar un caso práctico aplicándola a una línea eléctrica trifásica equilibrada en el tiempo con asimetría espacial y con un conductor macizo por fase.

Al ser la línea trifásica el número de tramos definido es tres, quedando las correspondientes disposiciones según la figura 1.9, donde a, b y c definen a los conductores y 1, 2 y 3 a los amarres de los apoyos, estos últimos, servirán para definir las distancias de valor constante entre amarres. Se observa que los conductores ocupan la situación de la fase posterior en cada salto de tramo.

Se aplica la expresión genérica de los enlaces de flujo por unidad de longitud (1.16) al conductor a en cada uno de los tramos, obteniendo las expresiones de los enlaces de flujo por unidad de longitud de cada uno de los tramos (1.32) (1.33) y (1.34), respectivamente.

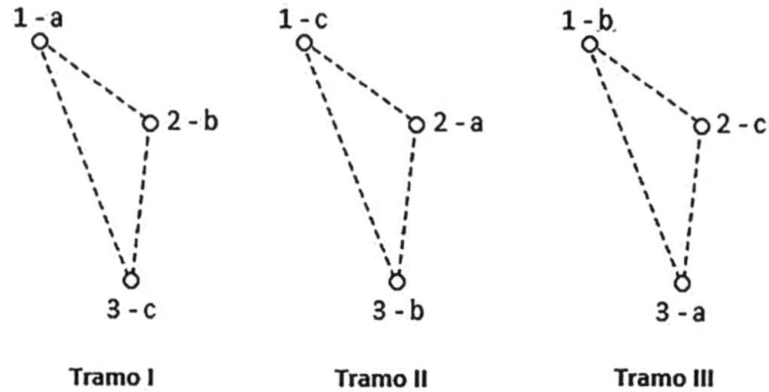

Figura 1.9: Tramos de la transposición de la línea eléctrica trifásica

$$\overline{\phi}_{a-Tramo\,I} = 2\,10^{-7}\left(\overline{I}_a\,ln\,\frac{1}{r_a^{'}} + \overline{I}_b\,ln\,\frac{1}{D_{12}} + \overline{I}_c\,ln\,\frac{1}{D_{13}}\right) \tag{1.32}$$

$$\overline{\phi}_{a-Tramo\,II} = 2\,10^{-7}\left(\overline{I}_a\,ln\,\frac{1}{r_a^{'}} + \overline{I}_b\,ln\,\frac{1}{D_{23}} + \overline{I}_c\,ln\,\frac{1}{D_{21}}\right) \tag{1.33}$$

$$\overline{\phi}_{a-Tramo\,III} = 2\,10^{-7}\left(\overline{I}_a\,ln\,\frac{1}{r_a^{'}} + \overline{I}_b\,ln\,\frac{1}{D_{31}} + \overline{I}_c\,ln\,\frac{1}{D_{32}}\right) \tag{1.34}$$

El valor de los enlaces de flujo de la fase a viene dado por el valor medio de los enlaces de flujo correspondientes a los tres tramos (1.35), si además, se tiene que la suma de intensidades es nula, operando se llega a la expresión (1.36).

$$\overline{\phi}_a = \frac{\overline{\phi}_{a-Tramo\,I} + \overline{\phi}_{a-Tramo\,II} + \overline{\phi}_{a-Tramo\,III}}{3} \tag{1.35}$$

$$\overline{\phi}_a = \frac{2\,10^{-7}}{3}\left(3\,\overline{I}_a\,ln\,\frac{1}{r_a^{'}} + \overline{I}_b\,ln\,\frac{1}{D_{12}\,D_{23}\,D_{31}} + \overline{I}_c\,ln\,\frac{1}{D_{12}\,D_{23}\,D_{31}}\right)$$

$$\overline{\phi}_a = \frac{2\,10^{-7}}{3}\left(3\,\overline{I}_a\,ln\,\frac{1}{r_a^{'}} + (\overline{I}_b + \overline{I}_c)\,ln\,\frac{1}{D_{12}\,D_{23}\,D_{31}}\right)$$

$$\overline{\phi}_a = \frac{2\,10^{-7}}{3}\left(3\,\overline{I}_a\,ln\,\frac{1}{r_a^{'}} + 3\,\overline{I}_a\,ln\,\sqrt[3]{D_{12}\,D_{23}\,D_{31}}\right)$$

$$\overline{\phi}_a = 2\,10^{-7}\left(\overline{I}_a\,ln\,\frac{\sqrt[3]{D_{12}\,D_{23}\,D_{31}}}{r_a^{'}}\right)$$

$$L_a = \frac{\overline{\phi}_a}{\overline{I}_a} = 2\,10^{-7}\left(ln\,\frac{\sqrt[3]{D_{12}\,D_{23}\,D_{31}}}{r_a^{'}}\right) \tag{1.36}$$

Para finalizar, si en lugar de la posición de los amarres del apoyo, se considera la posición de los conductores del primer tramo y que el radio de los conductores es el mismo, $r^{'}$, se llega a la expresión (1.37). Donde se vuelve a obtener la expresión de la distancia media geométrica esta vez aplicada a la asimetría espacial existente en la línea eléctrica.

$$L_a = 2\,10^{-7}\left(ln\,\frac{\sqrt[3]{D_{ab}\,D_{bc}\,D_{ca}}}{r^{'}}\right) \tag{1.37}$$

Y de la misma forma que para un circuito equilibrado en el espacio o simétrico se tiene que la inductancia de las tres fases es la misma $L_a = L_b = L_c$ y la inductancia total es igual a la suma de las tres.

1.1.4. Utilización de conductores en paralelo

Mediante la utilización de conductores paralelos en las líneas eléctricas se consiguen varias ventajas entre las que caben mencionar, el aprovechamiento del tendido eléctrico reduciendo el impacto ambiental (sección 10.2) y por otro, el incremento de la potencia eléctrica transportada, además, de otras ventajas que se irán exponiendo con posterioridad. Las pautas a desarrollar en este apartado son las siguientes:

- Inicialmente, se realiza el estudio de la utilización de conductores paralelos en cada una de las fases de la línea eléctrica.
- Posteriormente, los conductores paralelos se aplican en circuitos independientes.

Inductancia de una línea eléctrica con conductores en haz

En la práctica existen muchos casos de líneas eléctricas donde cada fase se encuentra formada por varios conductores en paralelo, generalmente dos, tres o hasta cuatro conductores, respondiendo al nombre de líneas dúplex, tríplex o cuádruplex, respectivamente (figura 1.10).

Figura 1.10: Conductores de la misma fase de una línea eléctrica dúplex

Estas disposiciones se utilizan para alta tensión y por tanto, la separación existente entre conductores paralelos de la misma fase es reducida frente la distancia existente entre fases distintas, con lo cual en el cálculo de la distancia media geométrica entre fases no se considera su repercusión.

Respecto al radio medio geométrico se calcula determinando las distancias de las posibles combinaciones existentes entre los conductores de la misma fase según su disposición. Las principales disposiciones que se encuentran son las siguientes:

- Línea eléctrica dúplex representada en la figura 1.11.

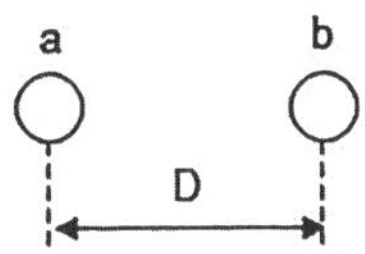

Figura 1.11: Disposición de los conductores de una fase en una línea eléctrica dúplex

Se aplica la definición del radio medio geométrico al circuito de la figura 1.11, para posteriormente, suponiendo igualdad en la tipología de los conductores simplificar la expresión obteniendo (1.38).

$$RMG = \sqrt[4]{r'_a \, D \, r'_b \, D} = \sqrt{r' \, D} \tag{1.38}$$

- Línea eléctrica tríplex representada en la figura 1.12.

Se aplica la definición del radio medio geométrico al circuito de la figura 1.12, para posteriormente, suponiendo igualdad en la tipología de los conductores simplificar la expresión obteniendo (1.39).

$$RMG = \sqrt[9]{r'_a \, D^2 \, r'_b \, D^2 \, r'_c \, D^2} = \sqrt[3]{r' \, D^2} \tag{1.39}$$

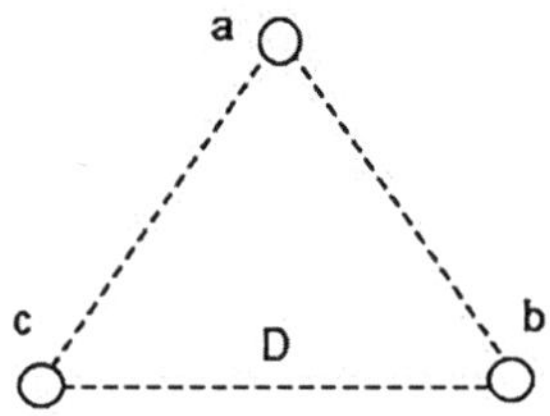

Figura 1.12: Disposición de los conductores de una fase en una línea eléctrica tríplex

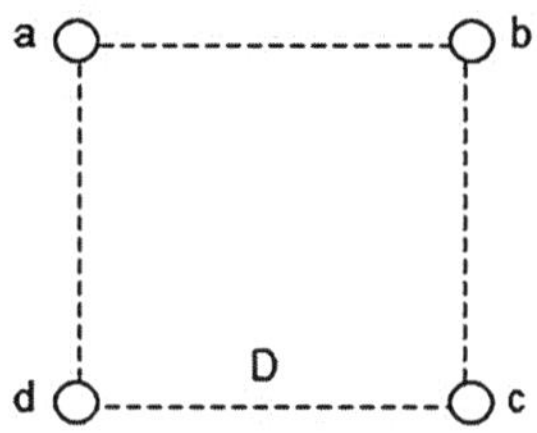

Figura 1.13: Disposición de los conductores de una fase en una línea eléctrica cuádruplex

- Línea eléctrica cuádruplex representada en la figura 1.13.

  Se aplica la definición del radio medio geométrico al circuito de la figura 1.13, para posteriormente, suponiendo igualdad en la tipología de los conductores simplificar la expresión obteniendo (1.40).

$$RMG = \sqrt[16]{r_a' \sqrt{2}\, D^3\, r_b' \sqrt{2}\, D^3\, r_c' \sqrt{2}\, D^3\, r_d' \sqrt{2}\, D^3} = \sqrt[4]{r' \sqrt{2}\, D^3} \tag{1.40}$$

Como se ha comprobado, con la utilización de los conductores paralelos por fase se consigue un radio ficticio de la fase que es mucho mayor que lo que tendría un único conductor que transportase la misma densidad de corriente eléctrica. Esto es muy beneficioso en aquellas situaciones donde un diámetro del conductor de mayor magnitud aporte ventajas, caso del denominado "efecto corona" que se trata posteriormente (sección 1.4).

Por otro lado, con los actuales coeficientes de seguridad se puede pasar de la línea dúplex a tríplex y de esta última a cuádruplex sin cambios significativos en los apoyos eléctricos. La operativa citada facilita el transporte de mayor flujo de energía eléctrica utilizando la misma línea eléctrica, cuestión favorecedora en la reducción del impacto medioambiental generado por las líneas eléctricas (sección 10.2).

Inductancia de una línea trifásica asimétrica de doble circuito

La línea eléctrica de la figura 1.14, representa una línea de doble circuito trifásico con los conductores macizos a, b y c para un circuito y a', b' y c' los del otro circuito, disponiéndose en su forma más habitual.

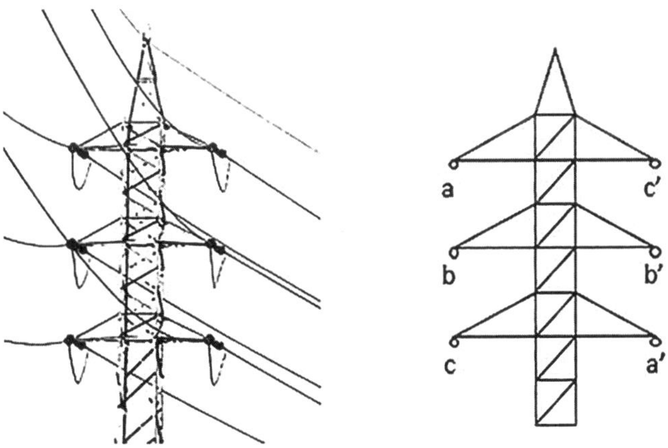

Figura 1.14: Línea eléctrica de doble circuito y disposición habitual

Al disponer de un conductor paralelo tanto de la misma fase como en fases distintas, la disposición en doble circuito precisa de un nuevo cálculo tanto de la distancia como del radio medio geométrico. Para ello, inicialmente, se supone que la línea eléctrica es asimétrica y de doble circuito trifásico y se calcula el valor de la distancia media geométrica, DMG_{DC} y del radio medio geométrico, RMG_{DC}, de cada uno de los tramos para posteriormente aplicarlos a la expresión general de la inductancia por fase aplicada al doble circuito, L_{DC} (1.41).

$$L_{DC} = 2\,10^{-7}\left(ln\,\frac{DMG_{DC}}{RMG_{DC}}\right) = \tag{1.41}$$

$$= 2\,10^{-7}\left(ln\,\frac{\sqrt[3]{DMG_{DC-I}\,DMG_{DC-II}\,DMG_{DC-III}}}{\sqrt[3]{RMG_{DC-I}\,RMG_{DC-II}\,RMG_{DC-III}}}\right)$$

La transposición se desarrolla permutando la posición de los conductores de cada uno de los circuitos, tal y como se vio anteriormente, en cada uno de los tres tramos correspondientes, al ser circuitos trifásicos, según figura 1.15, donde se ha representado con 1, 2, 3 y 1', 2', 3' las posiciones de los amarres del apoyo de cada uno de los circuitos.

Respecto a la distancia media geométrica se calcula determinando las distancias de las posibles combinaciones existentes entre los conductores de distintas fases en cada uno de los tramos según su disposición obteniendo el cuadro 1.1. Cabe destacar que según el cuadro 1.1, la distancia media geométrica entre fases de cada uno de los tres tramos (formada con los valores de las respectivas columnas de la tabla) es la misma, $DMG_{DC-I} = DMG_{DC-II} = DMG_{DC-III}$, por tanto, se puede operar solamente con el primer tramo según la igualdad (1.42). Respecto al radio medio geométrico se calcula determinando las distancias de las posibles combinaciones existentes entre los conductores de la misma fase en cada uno de los tramos según su disposición obteniendo el cuadro 1.2.

$$DMG_{DC} = \sqrt[3]{\sqrt[4]{D_{12}D_{12'}D_{1'2}D_{1'2'}}\;\sqrt[4]{D_{23}D_{23'}D_{2'3}D_{2'3'}}\;\sqrt[4]{D_{31}D_{31'}D_{3'1}D_{3'1'}}} \tag{1.42}$$

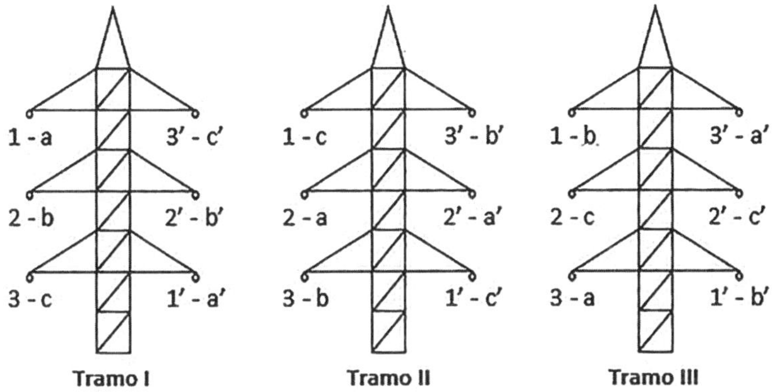

Figura 1.15: Tramos de la transposición de la línea eléctrica de doble circuito

Fases	Tramo I	Tramo II	Tramo III
a-b	$\sqrt[4]{D_{12}\, D_{12'}\, D_{1'2}\, D_{1'2'}}$	$\sqrt[4]{D_{23}\, D_{23'}\, D_{2'3}\, D_{2'3'}}$	$\sqrt[4]{D_{31}\, D_{31'}\, D_{3'1}\, D_{3'1'}}$
b-c	$\sqrt[4]{D_{23}\, D_{23'}\, D_{2'3}\, D_{2'3'}}$	$\sqrt[4]{D_{31}\, D_{31'}\, D_{3'1}\, D_{3'1'}}$	$\sqrt[4]{D_{12}\, D_{12'}\, D_{1'2}\, D_{1'2'}}$
a-c	$\sqrt[4]{D_{31}\, D_{31'}\, D_{3'1}\, D_{3'1'}}$	$\sqrt[4]{D_{12}\, D_{12'}\, D_{1'2}\, D_{1'2'}}$	$\sqrt[4]{D_{23}\, D_{23'}\, D_{2'3}\, D_{2'3'}}$

Cuadro 1.1: Distancias medias geométricas entre distintas fases de los distintos tramos de la transposición

Fase	Tramo I	Tramo II	Tramo III
a	$\sqrt{r'_a\, D_{11'}}$	$\sqrt{r'_a\, D_{22'}}$	$\sqrt{r'_a\, D_{33'}}$
b	$\sqrt{r'_b\, D_{22'}}$	$\sqrt{r'_b\, D_{33'}}$	$\sqrt{r'_b\, D_{11'}}$
c	$\sqrt{r'_c\, D_{33'}}$	$\sqrt{r'_c\, D_{11'}}$	$\sqrt{r'_c\, D_{22'}}$

Cuadro 1.2: Distancias medias geométricas entre mismas fases de los distintos tramos de la transposición

Cabe destacar que al igual que con la distancia media geométrica el radio medio geométrico de los tres tramos (formado con los valores de cada una de las columnas de la tabla) es el mismo, $RMG_{DC-I} = RMG_{DC-II} = RMG_{DC-III}$, por tanto, se puede operar solamente con el primer tramo de la transposición según (1.43).

$$RMG_{DC} = \sqrt[6]{r'_a\, D_{11'}\, r'_b\, D_{22'}\, r'_c\, D_{33'}} \tag{1.43}$$

Si además, se supone que todos los conductores tienen el mismo radio, r, se obtiene (1.44).

$$RMG_{DC} = \sqrt[6]{r'^3\, D_{11'}\, D_{22'}\, D_{33'}} \tag{1.44}$$

Una vez reducidos los cálculos a un único tramo y considerando que todos los conductores tienen el mismo radio, r, si la posición inicial de los conductores en el primer tramo sirve como referencia del respectivo amarre del apoyo, la expresión general de la inductancia total por fase para una línea eléctrica de doble circuito es la presentada en (1.45).

$$L_{DC} = 2\,10^{-7}\, ln \left(\frac{\sqrt[12]{D_{ab}D_{ab'}D_{a'b}D_{a'b'}D_{bc}D_{bc'}D_{b'c}D_{b'c'}D_{ca}D_{ca'}D_{c'a}D_{c'a'}}}{\sqrt[6]{r'^3\, D_{aa'}\, D_{bb'}\, D_{cc'}}} \right) \tag{1.45}$$

La suma de las intensidades que forman cada uno de los circuitos es nula y ambos circuitos se encuentran en paralelo, por tanto, suponiendo ambos circuitos iguales, la inductancia total por fase obtenida según (1.45) será la mitad de la inductancia por fase de cada uno de los circuitos independientes según (1.46).

$$2\, L_{DC} = L = 4\,10^{-7} \left(ln\, \frac{DMG_{DC}}{RMG_{DC}} \right) \tag{1.46}$$

Para finalizar, aparte del incremento de la potencia de transporte y del aprovechamiento del mismo trazado de la línea eléctrica, otra de las ventajas que aporta la línea de doble circuito es la posible bifurcación de los circuitos en un punto determinado del trayecto tal y como se representa en la figura 1.16.

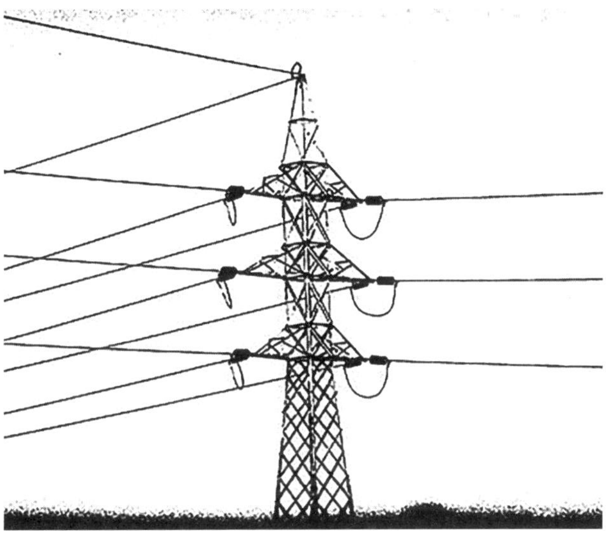

Figura 1.16: Apoyo con línea eléctrica de doble circuito con bifurcación

1.1.5. Aplicación a distintos casos prácticos

A continuación, se presenta una breve descripción de como actuar para el estudio de las distintas combinaciones de los casos presentados con anterioridad, es decir, calcular las correspondientes expresiones según el número de circuitos y conductores por fase de la línea eléctrica que se estén considerado.

1. Si la línea eléctrica es trifásica de un solo circuito, se parte de la expresión genérica de la inductancia por fase (1.47).

$$L = 2\,10^{-7}\left(ln\,\frac{DMG}{RMG}\right) = 2\,10^{-7}\left(ln\,\frac{\sqrt[3]{D_{ab}\,D_{bc}D_{ca}}}{RMG}\right) \quad (1.47)$$

Posteriormente, se aplica el adecuado valor del radio medio geométrico, RMG, según sea el circuito por fase: símplex, dúplex, tríplex o cuádruplex.

2. Si la línea eléctrica es trifásica de doble circuito, se parte de la expresión genérica de la inductancia por fase para doble circuito, L_{DC} (1.45), pero substituyendo el radio corregido del conductor por el valor genérico del radio medio geométrico aplicado a la fase de uno de los circuitos (1.48).

$$L_{DC} = 2\,10^{-7}\,ln\left(\frac{\sqrt[12]{D_{ab}D_{ab'}D_{a'b}D_{a'b'}D_{bc}D_{bc'}D_{b'c}D_{b'c'}D_{ca}D_{ca'}D_{c'a}D_{c'a'}}}{\sqrt[6]{RMG^3\,D_{aa'}\,D_{bb'}\,D_{cc'}}}\right) \quad (1.48)$$

Posteriormente, se aplica el adecuado valor del radio medio geométrico, RMG, según sea el circuito por fase: símplex, dúplex, tríplex o cuádruplex.

Por último, siendo los circuitos trifásicos paralelos iguales, para determinar la inductancia por fase de cada uno de ellos, L, se multiplica por dos el valor de la inductancia por fase del doble circuito obtenida, L_{DC}, según (1.49).

$$L = 2\,L_{DC} \quad (1.49)$$

1.2. Capacidad

Al ser las tensiones de las líneas eléctricas variables en el tiempo, la diferencia de potencial que aparece entre los conductores hace que estos se carguen como las placas de un condensador donde el dieléctrico entre dichas placas es el medio, en el cual se encuentra ubicada la línea de transporte.

La capacidad entre conductores paralelos es constante, dependiendo su valor del tamaño, de la separación de los conductores y del dieléctrico que exista. Su valor representa la proporcionalidad entre la carga y la tensión (1.50).

$$C = \frac{\overline{q}}{\overline{V}} \quad \left(\frac{culombio}{voltio}\right) \tag{1.50}$$

El efecto capacitivo puede generar unas pérdidas debidas a la aparición de una intensidad de derivación, denominada "intensidad de carga", $\overline{I}_C$ (1.51), entre conductores o entre conductor y tierra, a través del dieléctrico, permaneciendo aunque la línea eléctrica se encuentre sin carga conectada.

$$\overline{I}_C = \frac{\overline{V}}{-jX_c} = \frac{\overline{V}}{-j\dfrac{1}{wC}} \tag{1.51}$$

Cuanto mayor sea el valor de la capacidad, la reactancia capacitiva de la línea eléctrica será menor, existiendo mayor riesgo de pérdidas por el incremento de la intensidad de carga.

De hecho en las líneas eléctricas de alta tensión su valor puede tener una relevante repercusión, es decir, si la capacidad es alta resulta que para una elevada tensión se tendrá una muy elevada carga en los conductores (1.50) y al mismo tiempo una reducida reactancia capacitiva, lo cual favorece la existencia de la intensidad de derivación. En cambio, para líneas eléctricas por debajo de 30 kV suele considerarse despreciable a no ser que el medio faculte su influencia, caso de líneas eléctricas soterradas o submarinas, aumentando significativamente su valor.

1.2.1. Diferencias de potencial bajo la acción de varios conductores

Las pautas a seguir en este apartado son las siguientes:

- Inicialmente, se calcula la diferencia de potencial existente entre dos puntos que se encuentran bajo la influencia de la carga de un conductor.

  Se comenta el caso particular de que cualquiera de los puntos para los que se ha calculado la diferencia de potencial coincida con la superficie del conductor en cuestión.

- Posteriormente, se toman dos conductores que forman parte de un grupo y se obtiene la diferencia de potencial entre ambos, teniendo presente la influencia de todo el conjunto de conductores.

  Esto último aporta una expresión genérica que facilita el desarrollo de apartados posteriores.

Se supone un conductor cilíndrico muy largo y cargado uniformemente, estando la carga distribuida uniformemente en su superficie. Las líneas del flujo eléctrico radial tienen su origen en cargas positivas (figura 1.17), definiendo la densidad de flujo eléctrico, $\overline{d}$, como el flujo eléctrico por superficie (1.52), aplicando la carga por unidad de longitud. Por tanto, todos los puntos situados a una distancia x de la periferia del conductor son puntos equipotenciales con la misma densidad de flujo eléctrico.

$$\overline{d} = \frac{\overline{q}}{2\,\pi\,x} \quad \left(\frac{culombio}{m^2}\right) \tag{1.52}$$

La diferencia de potencial entre dos puntos es igual al trabajo necesario para mover una carga de culombio entre dichos puntos. Siendo la intensidad del campo eléctrico, $\overline{E}$, la fuerza que actúa sobre una carga situada en un

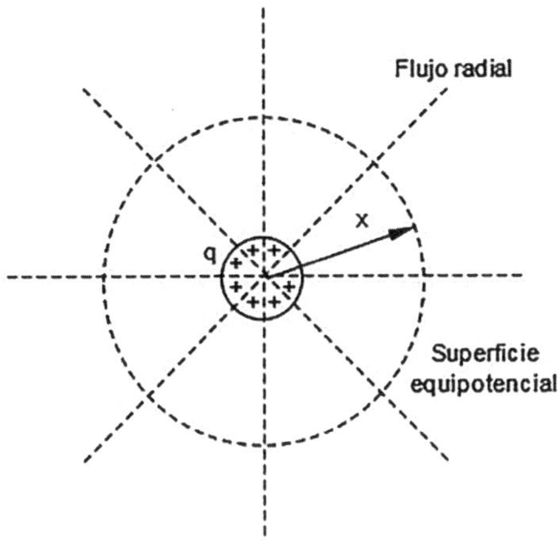

Figura 1.17: Líneas de flujo eléctrico y superficies equipotenciales alrededor de un conductor

punto, se tiene que la diferencia de potencial entre dos puntos es la integral intensidad del campo eléctrico, generado por un conductor, entre ambos puntos.

Al calcular la caída de tensión entre dos puntos el recorrido que corresponda a una de las superficies equipotenciales alrededor del conductor no precisa trabajo alguno para su desplazamiento, en consecuencia, los puntos de integración son las distancias radiales al conductor según (1.53).

$$\overline{V}_{ab} = \int_{D_a}^{D_b} \overline{E}\, dx \tag{1.53}$$

Si la intensidad del campo eléctrico, $\overline{E}$, es igual a la densidad de flujo eléctrico, $\overline{d}$, dividida por la permitividad dieléctrica del medio, ε, se obtiene la expresión (1.54).

$$\overline{V}_{ab} = \int_{D_a}^{D_b} \overline{E}\, dx = \int_{D_a}^{D_b} \frac{\overline{d}}{\varepsilon}\, dx \tag{1.54}$$

La permitividad del medio es igual a la constante dieléctrica relativa (adimensional) por la permitividad del vacío, $\varepsilon = \varepsilon_r \, \varepsilon_0$, siendo $\varepsilon_0 = 8,85\pi \, 10^{-12}$ (F/m) en el Sistema Internacional.

Substituyendo en la expresión de la diferencia de potencial (1.54) el valor de la densidad de flujo eléctrico, $\overline{d}$, dado en (1.52), se llega finalmente a la identidad (1.55).

$$\overline{V}_{ab} = \int_{D_a}^{D_b} \frac{\overline{d}}{\varepsilon} \, dx = \int_{D_a}^{D_b} \frac{\overline{q}}{2\,\pi\,x\,\varepsilon} \, dx = \frac{\overline{q}}{2\,\pi\,\varepsilon} \, ln \, \frac{D_b}{D_a} \tag{1.55}$$

De esta forma, bajo la acción de un conductor con carga, $\overline{q}$, la diferencia de potencial entre los puntos a y b se representa por la igualdad (1.55), siendo las distancias D_a y D_b las distancias radiales del conductor a los puntos inicial y final respectivamente. Cabe destacar que las distancias D_a y D_b representan las distancias habidas entre el conductor y los puntos inicial y final de la trayectoria descrita, respectivamente. Lo cual, indica que si uno de los puntos coincide con el conductor cargado, la distancia correspondiente sería el radio de dicho conductor.

Por tanto, a partir de la expresión (1.55) deducida para un solo conductor y teniendo en cuenta el principio de superposición, si en lugar de un conductor hubiera n conductores paralelos y uniformemente cargados, la diferencia de potencial tomada entre dos conductores cualquiera, por ejemplo a y b, estaría dada por la expresión (1.56).

$$\overline{V}_{ab} = \frac{1}{2\,\pi\,\varepsilon} \left[\left(\overline{q}_a \, ln \frac{D_{ab}}{r_a} \right) + \left(\overline{q}_b \, ln \frac{r_b}{D_{ab}} \right) + \left(\overline{q}_c \, ln \frac{D_{cb}}{D_{ca}} \right) + ... + \left(\overline{q}_n \, ln \frac{D_{nb}}{D_{na}} \right) \right] \tag{1.56}$$

Donde las distancias coincidentes con los conductores tomados como ejemplo serán sus propios radios r_a y r_b. La influencia del resto de los conductores vendrá determinada por el valor de las respectivas distancias al punto final y al punto inicial de cada uno de ellos, considerándose los puntos final e inicial los marcados por la correspondiente diferencia de potencial que se desea determinar.

La expresión genérica (1.56), presentada para el caso concreto de los conductores a y b, se utiliza para el cálculo de la diferencia de potencial entre dos conductores bajo la influencia de n conductores paralelos, pudiendo ser la carga y la caída de tensión positivas o negativas según corresponda.

1.2.2. Metodología de cálculo de la capacidad

Para el cálculo de la capacidad al neutro de cada una de las fases de una línea eléctrica se puede usar un método general que se describe a continuación y que posteriormente se utiliza en algunos casos prácticos. El método consiste en las siguientes pautas:

1. A partir de la relación temporal de las tensiones de fase del circuito eléctrico a estudio, se relaciona una de las tensiones de fase, por ejemplo la de la fase a, $\overline{V}_a$, con un sumatorio de tensiones de línea o compuestas según (1.57).

$$\overline{V}_a = \sum \overline{V}_L \tag{1.57}$$

   Para lo que se recuerda que en un sistema eléctrico equilibrado en el tiempo, los fasores de las tensiones de fase tienen igual magnitud y se encuentran desplazados entre ellos un ángulo $\left(\frac{360^0}{n}\right)$, siendo n el número de fases.

   También se destaca que la suma de tensiones es una suma vectorial que debe quedar con el mismo ángulo que la tensión de fase buscada, $\overline{V}_a$.

2. Posteriormente, según la disposición que los conductores de cada una de las fases mantengan en el espacio, se obtiene según la expresión genérica (1.56), las distintas tensiones compuestas necesarias dadas por (1.57).

   El sumatorio de todas ellas se podrá simplificar recordando que si el sistema está equilibrado en el tiempo también lo están sus cargas según la igualdad (1.58).

$$\sum_{1}^{n} \overline{q}_n = 0 \tag{1.58}$$

3. Con el valor obtenido de la tensión de fase $\overline{V}_a$, se procede a aplicar la expresión (1.59), la cual aporta el valor de la capacidad con respecto al neutro de la fase correspondiente, en el caso ejemplo, la fase a.

$$C_a = \frac{\overline{q}_a}{\overline{V}_a} \tag{1.59}$$

A continuación se plantean dos casos prácticos de ejemplo de aplicación.

Capacidad de una línea eléctrica bifilar monofásica

La línea eléctrica de la figura 1.18, representa un sistema equilibrado y se encuentra formada por los conductores a y b, de carga $\overline{q}_a$ y $\overline{q}_b$ por unidad de longitud y de radios r_a y r_b, respectivamente.

Ambos conductores se encuentran separados una distancia, D, entre sus ejes, distancia de separación que se considera mucho mayor que los radios de los conductores, por lo que la distancia de separación entre las correspondientes superficies de ambos conductores se puede aproximar a la distancia de separación entre los ejes.

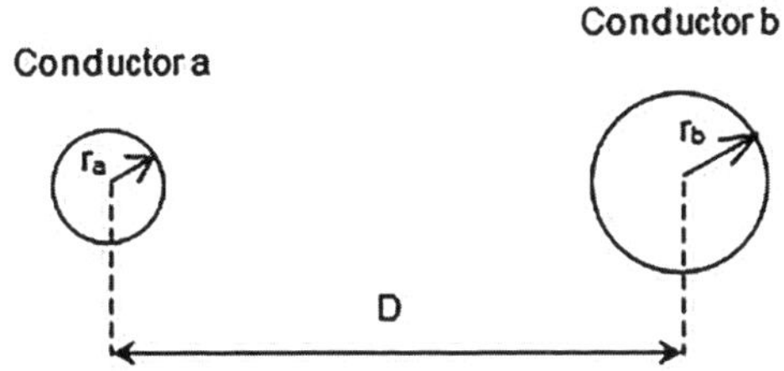

Figura 1.18: Representación espacial de una línea eléctrica bifilar monofásica

Para calcular la capacidad al neutro de la fase a se procede según el método de obtención descrito.

1. Para obtener la tensión al neutro de la fase a, en función de las tensiones compuestas se tiene la representación fasorial de la figura 1.19. De dicha figura se puede obtener la relación (1.60).

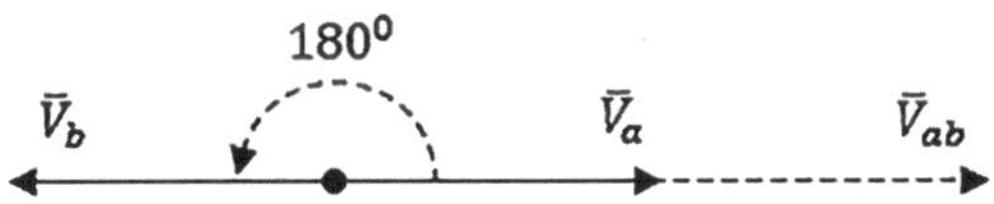

Figura 1.19: Representación fasorial de las tensiones de una línea eléctrica bifilar monofásica

$$\overline{V}_{ab} = \overline{V}_a - \overline{V}_b = 2\,\overline{V}_a \tag{1.60}$$

2. Para obtener la tensión $\overline{V}_{ab}$, se aplica la expresión genérica (1.56), obteniéndose (1.61).

$$\overline{V}_{ab} = \frac{\overline{q}_a}{2\pi\varepsilon}\, ln\, \frac{D}{r_a} + \frac{\overline{q}_b}{2\pi\varepsilon}\, ln\, \frac{r_b}{D} \tag{1.61}$$

Si se supone, que los conductores de ida y vuelta, tienen el mismo radio, r, algo muy habitual, y además, se tiene en cuenta que al estar el sistema equilibrado el sumatorio de las cargas es igual a cero, con lo cual $\overline{q}_a$ = - $\overline{q}_b$, se obtiene la expresión (1.62), que simplificando se reduce a (1.63).

$$\overline{V}_{ab} = \frac{\overline{q}_a}{2\pi\varepsilon} \, ln \, \frac{D}{r} + \frac{-\overline{q}_a}{2\pi\varepsilon} \, ln \, \frac{r}{D} \tag{1.62}$$

$$\overline{V}_{ab} = \frac{\overline{q}_a}{\pi\varepsilon} \, ln \, \frac{D}{r} \tag{1.63}$$

3. Siguiendo el tercer paso del método con la expresión (1.59) y aplicando el valor de $\overline{V}_a$, a partir de las igualdades (1.60) y (1.63), se obtiene el valor de la capacidad al neutro de la fase a (1.64), cumpliéndose la igualdad (1.65).

$$C_a = \frac{\overline{q}_a}{\overline{V}_a} = \frac{2\,\pi\varepsilon}{ln\,\dfrac{D}{r}} \tag{1.64}$$

$$C_a = C_b \tag{1.65}$$

Capacidad de una línea eléctrica trifásica

Se tiene la línea eléctrica trifásica de la figura 1.20, que representa un sistema equilibrado en el tiempo y en el espacio, formada por los conductores a, b y c, de cargas $\overline{q}_a$, $\overline{q}_b$ y $\overline{q}_c$ por unidad de longitud y de radios r_a, r_b y r_c, respectivamente.

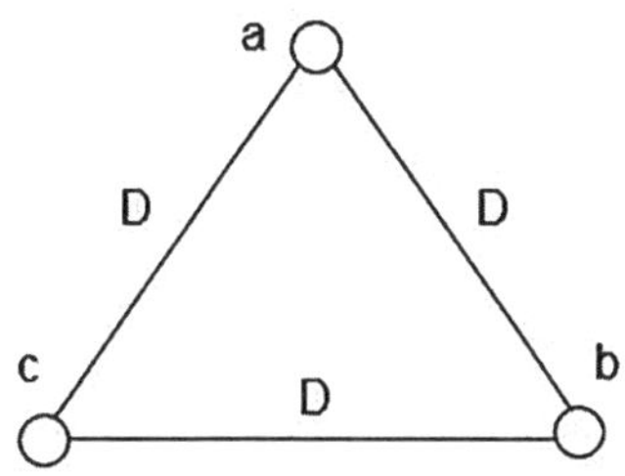

Figura 1.20: Representación espacial de una línea eléctrica trifásica

Los conductores se encuentran separados una distancia, D, entre sus ejes, distancia de separación que se considera mucho mayor que los radios de los conductores, por lo que la distancia de separación entre las correspondientes superficies de ambos conductores se puede aproximar a la distancia de separación entre los ejes.

Para calcular la capacidad al neutro de la fase a se procede según el método de obtención descrito.

1. Para obtener la tensión al neutro de la fase a, en función de las tensiones compuestas se tiene la representación fasorial de la figura 1.21. De dicha figura se puede obtener la relación (1.66), según los ángulos indicados.

$$\overline{V}_{ab} + \overline{V}_{ac} = 3\,\overline{V}_a \tag{1.66}$$

2. Para obtener las tensiones $\overline{V}_{ab}$ y $\overline{V}_{ac}$, se aplica la expresión genérica (1.56), obteniéndose (1.67) y (1.68), respectivamente.

$$\overline{V}_{ab} = \frac{\overline{q}_a}{2\pi\varepsilon}\, ln\, \frac{D}{r_a} + \frac{\overline{q}_b}{2\pi\varepsilon}\, ln\, \frac{r_b}{D} + \frac{\overline{q}_c}{2\pi\varepsilon}\, ln\, \frac{D}{D} \tag{1.67}$$

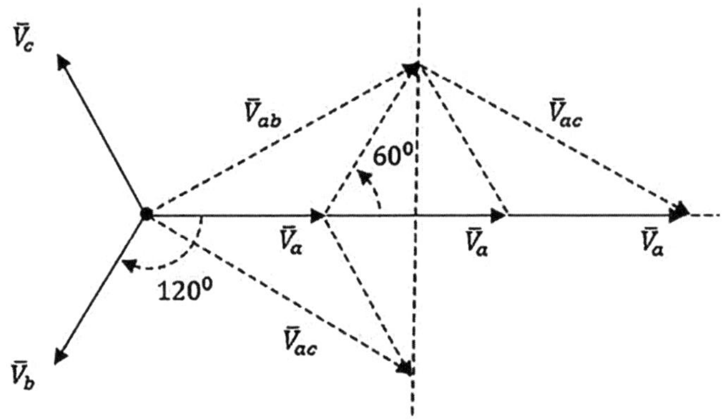

Figura 1.21: Representación fasorial de las tensiones de una línea eléctrica trifásica

$$\overline{V}_{ac} = \frac{\overline{q}_a}{2\pi\varepsilon}\, ln\, \frac{D}{r_a} + \frac{\overline{q}_b}{2\pi\varepsilon}\, ln\, \frac{D}{D} + \frac{\overline{q}_c}{2\pi\varepsilon}\, ln\, \frac{r_c}{D} \tag{1.68}$$

Si se supone, que los conductores tienen el mismo radio, r, algo muy habitual, y además, se tiene en cuenta que al estar el sistema equilibrado el sumatorio de las cargas es igual a cero, con lo cual $\overline{q}_a$ = - ($\overline{q}_b$ + $\overline{q}_c$), sumando las expresiones (1.67) y (1.68), se obtiene (1.69), operando y simplificando se reduce a (1.70).

$$\overline{V}_{ab} + \overline{V}_{ac} = \frac{1}{2\pi\varepsilon}\left(2\,\overline{q}_a\, ln\, \frac{D}{r} + (\overline{q}_b + \overline{q}_c)\, ln\, \frac{r}{D}\right) \tag{1.69}$$

$$\overline{V}_{ab} + \overline{V}_{ac} = \frac{1}{2\pi\varepsilon}\left(3\,\overline{q}_a\, ln\, \frac{D}{r}\right) \tag{1.70}$$

3. Siguiendo el tercer paso del método con la expresión (1.59) y aplicando el valor de $\overline{V}_a$, a partir de las igualdades (1.66) y (1.70), se obtiene el valor de la capacidad al neutro de la fase a (1.71), cumpliéndose la igualdad (1.72).

$$C_a = \frac{\overline{q}_a}{\overline{V}_a} = \frac{2\,\pi\varepsilon}{ln\,\dfrac{D}{r}} \tag{1.71}$$

$$C_a = C_b = C_c \tag{1.72}$$

Se han desarrollado dos ejemplos de casos prácticos describiendo la aplicación de la metodología siendo, de forma similar, utilizable a otras tipologías de sistemas equilibrados en el tiempo y en el espacio. En el caso de desequilibrios espaciales se complementa con la operativa que se describe a continuación.

1.2.3. Transposición en el cálculo de la capacidad

Cuando los conductores de una línea trifásica no están en una disposición espacial simétrica, se complica el cálculo de la capacidad puesto que las capacidades de cada fase, respecto al neutro, son distintas.

Ahora bien, si al igual que se vio en la subsección (1.1.3), con el cálculo de la inductancia, se realiza una transposición, la capacidad media respecto al neutro de una de las fases a lo largo de toda la longitud de la línea eléctrica es igual a la de las otras fases, puesto que todos los conductores sufren el mismo desequilibrio.

Suponiendo una línea eléctrica de n fases formada por un conductor por cada una de las fases, para resolver este problema se opera de la siguiente forma:

- Se realiza una división de la longitud de la línea en el número de fases correspondiente, definiendo n tramos.

- Posteriormente, en cada salto de tramo, se permuta la posición de los conductores en sentido horario respetando el orden correspondiente de las fases.

  De esta forma se consigue que al final del recorrido total de la línea eléctrica, cada conductor se haya visto sometido al mismo desequilibrio de diferencias de potencial.

- Se obtienen las correspondientes diferencias de potencial de los distintos tramos.

- Para finalizar, se halla el valor medio de las distintas diferencias de potencial de cada uno de los tramos y se substituye en la respectiva expresión de la capacidad.

A continuación se va a realizar un caso práctico aplicándola a una línea eléctrica trifásica equilibrada en el tiempo con un conductor macizo por fase.

Al ser la línea trifásica el número de tramos definido es tres, quedando las correspondientes disposiciones según la figura 1.22, donde a, b y c definen a los conductores y 1, 2 y 3 a los amarres de los apoyos, estos últimos, servirán para definir las distancias de valor constante entre amarres. Se observa que los conductores ocupan la situación de la fase posterior en cada salto de tramo.

Se recuerda que para el cálculo de la capacidad al neutro de una línea eléctrica trifásica equilibrada en el tiempo era preciso obtener la expresión (1.73), que relacionaba la tensión al neutro con las tensiones compuestas.

$$\overline{V}_{ab} + \overline{V}_{ac} = 3\,\overline{V}_a \tag{1.73}$$

Por tanto, se aplica para cada tensión compuesta deseada la expresión genérica de la diferencia de potencial por unidad de longitud (1.56) en cada uno de los tramos. Siendo para la tensión, $\overline{V}_{ab}$, las expresiones (1.74) (1.75) y (1.76), respectivamente.

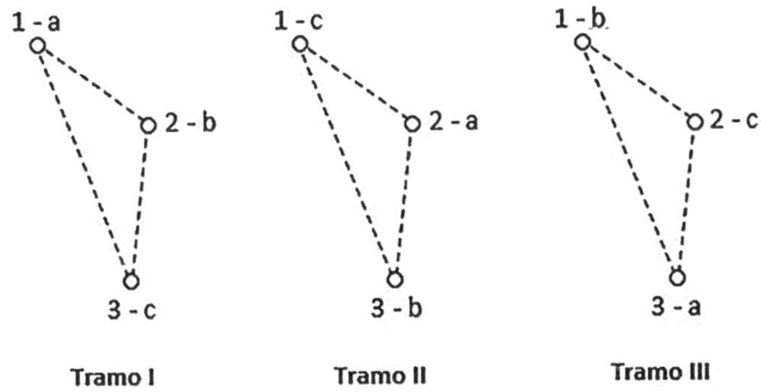

Figura 1.22: Tramos de la transposición de la línea eléctrica trifásica

$$\overline{V}_{ab-Tramo-I} = \frac{\overline{q}_a}{2\pi\varepsilon} ln \frac{D_{12}}{r_a} + \frac{\overline{q}_b}{2\pi\varepsilon} ln \frac{r_b}{D_{21}} + \frac{\overline{q}_c}{2\pi\varepsilon} ln \frac{D_{32}}{D_{31}} \tag{1.74}$$

$$\overline{V}_{ab-Tramo-II} = \frac{\overline{q}_a}{2\pi\varepsilon} ln \frac{D_{23}}{r_a} + \frac{\overline{q}_b}{2\pi\varepsilon} ln \frac{r_b}{D_{32}} + \frac{\overline{q}_c}{2\pi\varepsilon} ln \frac{D_{13}}{D_{12}} \tag{1.75}$$

$$\overline{V}_{ab-Tramo-III} = \frac{\overline{q}_a}{2\pi\varepsilon} ln \frac{D_{31}}{r_a} + \frac{\overline{q}_b}{2\pi\varepsilon} ln \frac{r_b}{D_{13}} + \frac{\overline{q}_c}{2\pi\varepsilon} ln \frac{D_{21}}{D_{23}} \tag{1.76}$$

El valor de la diferencia de potencial viene dado por el valor medio de la diferencia de potencial de los tres tramos (1.77).

$$\overline{V}_{ab} = \frac{\overline{V}_{ab-Tramo-I} + \overline{V}_{ab-Tramo-II} + \overline{V}_{ab-Tramo-III}}{3} \tag{1.77}$$

Si se supone, que los conductores tienen el mismo radio, r, algo muy habitual, aplicando (1.77) y operando se tiene que el valor de $\overline{V}_{ab}$ viene dado por la igualdad (1.78). Igualdad donde reaparece el valor definido con anterioridad de la distancia media geométrica, DMG, aplicada a la transposición según (1.79).

$$\overline{V}_{ab} = \frac{1}{6\pi\varepsilon}\left(q_a\, ln\, \frac{D_{12}D_{23}D_{31}}{r^3} + q_b\, ln\, \frac{r^3}{D_{12}D_{23}D_{31}} + q_c\, ln\, \frac{D_{12}D_{23}D_{31}}{D_{12}D_{23}D_{31}}\right)$$

$$\overline{V}_{ab} = \frac{1}{2\pi\varepsilon}\left(q_a\, ln\, \frac{\sqrt[3]{D_{12}D_{23}D_{31}}}{r} + q_b\, ln\, \frac{r}{\sqrt[3]{D_{12}D_{23}D_{31}}}\right) \tag{1.78}$$

$$\overline{V}_{ab} = \frac{1}{2\pi\varepsilon}\left(q_a\, ln\, \frac{DMG}{r} + q_b\, ln\, \frac{r}{DMG}\right) \tag{1.79}$$

De la misma forma se opera con la otra tensión compuesta necesaria, $\overline{V}_{ac}$, obteniendo, inicialmente, las expresiones (1.80) (1.81) y (1.82), correspondientes a cada uno de los respectivos tramos.

$$\overline{V}_{ac-Tramo-I} = \frac{\overline{q}_a}{2\pi\varepsilon}\, ln\, \frac{D_{13}}{r_a} + \frac{\overline{q}_b}{2\pi\varepsilon}\, ln\, \frac{D_{23}}{D_{21}} + \frac{\overline{q}_c}{2\pi\varepsilon}\, ln\, \frac{r_c}{D_{31}} \tag{1.80}$$

$$\overline{V}_{ac-Tramo-II} = \frac{\overline{q}_a}{2\pi\varepsilon}\, ln\, \frac{D_{21}}{r_a} + \frac{q_b}{2\pi\varepsilon}\, ln\, \frac{D_{31}}{D_{32}} + \frac{\overline{q}_c}{2\pi\varepsilon}\, ln\, \frac{r_c}{D_{12}} \tag{1.81}$$

$$\overline{V}_{ac-Tramo-III} = \frac{\overline{q}_a}{2\pi\varepsilon}\, ln\, \frac{D_{32}}{r_a} + \frac{\overline{q}_b}{2\pi\varepsilon}\, ln\, \frac{D_{12}}{D_{13}} + \frac{\overline{q}_c}{2\pi\varepsilon}\, ln\, \frac{r_c}{D_{23}} \tag{1.82}$$

Posteriormente, el valor de la diferencia de potencial viene dado por el valor medio de la diferencia de potencial de los tres tramos (1.83).

$$\overline{V}_{ac} = \frac{\overline{V}_{ac-Tramo-I} + \overline{V}_{ac-Tramo-II} + \overline{V}_{ac-Tramo-III}}{3} \tag{1.83}$$

Y de la misma forma, suponiendo que los conductores tienen el mismo radio, r, aplicando (1.83) y operando se tiene que el valor de $\overline{V}_{ac}$ viene dado por la igualdad (1.84).

$$\overline{V}_{ac} = \frac{1}{6\pi\varepsilon}\left(q_a\, ln\, \frac{D_{12}D_{23}D_{31}}{r^3} + q_b\, ln\, \frac{D_{12}D_{23}D_{31}}{D_{12}D_{23}D_{31}} + q_c\, ln\, \frac{r^3}{D_{12}D_{23}D_{31}}\right)$$

$$\overline{V}_{ac} = \frac{1}{2\pi\varepsilon}\left(q_a\, ln\, \frac{\sqrt[3]{D_{12}D_{23}D_{31}}}{r} + q_c\, ln\, \frac{r}{\sqrt[3]{D_{12}D_{23}D_{31}}}\right) \tag{1.84}$$

Igualdad donde reaparece el valor definido con anterioridad de la distancia media geométrica, DMG, aplicada a la transposición según (1.85).

$$\overline{V}_{ac} = \frac{1}{2\pi\varepsilon}\left(q_a\, ln\, \frac{DMG}{r} + q_c\, ln\, \frac{r}{DMG}\right) \tag{1.85}$$

Una vez obtenidas las dos tensiones compuestas necesarias, $\overline{V}_{ab}$ y $\overline{V}_{ac}$, de las igualdades (1.79) y (1.85), respectivamente, se pueden substituir en la expresión (1.73), que relaciona una tensión de fase, $\overline{V}_a$, con el sumatorio de varias tensiones compuestas, $\overline{V}_{ab}$ y $\overline{V}_{ac}$, de tal forma que al operar y simplificar se llega a la igualdad (1.86).

$$\overline{V}_a = \frac{\overline{V}_{ab} + \overline{V}_{ac}}{3} = \frac{1}{6\pi\varepsilon}\left(2\, q_a\, ln\, \frac{DMG}{r} + (q_b + q_c)\, ln\, \frac{r}{DMG}\right) \tag{1.86}$$

Si además, se tiene en cuenta que al estar el sistema equilibrado el sumatorio de las cargas es igual a cero, con lo cual $\overline{q}_a$ = - ($\overline{q}_b + \overline{q}_c$), operando y simplificando en (1.86) se reduce a (1.87).

$$\overline{V}_a = \frac{1}{2\pi\varepsilon}\left(q_a \, ln \, \frac{DMG}{r}\right) \tag{1.87}$$

Para finalizar con el cálculo de la capacidad de la fase a al neutro se concluye que la igualdad resultante (1.88) es similar a la obtenida en la línea trifásica equilibrada en el espacio (1.71) pero con la inclusión de la distancia media geométrica, DMG.

$$C_a = \frac{\overline{q}_a}{\overline{V}_a} = \frac{2\pi\varepsilon}{ln \, \dfrac{DMG}{r}} \tag{1.88}$$

Cumpliendo la totalidad del recorrido de la línea eléctrica la capacidad al neutro de las tres fases es la misma, $C_a = C_b = C_c$, de la misma forma que para un circuito equilibrado en el espacio o simétrico.

1.2.4. Efecto suelo

El suelo afecta a la capacidad de las líneas de transporte de energía eléctrica puesto que representa una superficie equipotencial que altera el campo eléctrico de la línea. Suponiendo que el suelo es un plano conductor paralelo a los conductores, el efecto del suelo se representa mediante una carga ficticia, denominada imagen, asociada a cada uno de los conductores de igual magnitud pero de signo opuesto y situada en la vertical a una distancia de la superficie similar a la distancia del conductor con dicha superficie (figura 1.23).

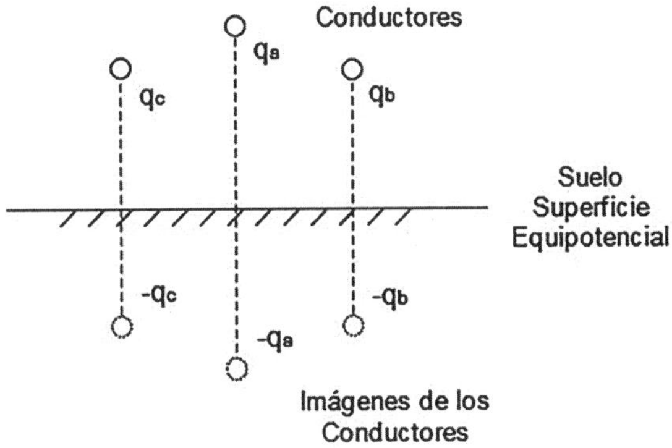

Figura 1.23: Representación del efecto suelo

Por tanto, la diferencia de potencial entre dos puntos se calcula teniendo en cuenta todas las cargas en juego mediante el principio de superposición (subsección 1.2.1). A continuación, se realiza mediante transposición la obtención de la capacidad por fase de una línea trifásica equilibrada en el tiempo teniendo en cuenta el efecto suelo según la figura 1.24. Cabe destacar el giro anti-horario realizado en la permutación de las imágenes de los conductores.

Nuevamente es preciso aplicar la expresión (1.66) o (1.73), que relaciona la tensión al neutro con las tensiones compuestas. Por tanto, se aplica para cada tensión compuesta deseada la expresión genérica de la diferencia de potencial por unidad de longitud (1.56) en cada uno de los tramos aplicando el sumatorio correspondiente de las cargas imágenes. Siendo para la tensión, $\overline{V}_{ab}$, las expresiones (1.89) (1.90) y (1.91), respectivamente.

$$\overline{V}_{ab-I} = \frac{1}{2\pi\varepsilon}\left[\overline{q}_a\left(ln\frac{D_{12}}{r_a} - ln\frac{D_{1'2}}{D_{1'1}}\right) + \overline{q}_b\left(ln\frac{r_b}{D_{21}} - ln\frac{D_{2'2}}{D_{2'1}}\right) + \overline{q}_c\left(ln\frac{D_{32}}{D_{31}} - ln\frac{D_{3'2}}{D_{3'1}}\right)\right] \tag{1.89}$$

$$\overline{V}_{ab-II} = \frac{1}{2\pi\varepsilon}\left[\overline{q}_a\left(ln\frac{D_{23}}{r_a} - ln\frac{D_{2'3}}{D_{2'2}}\right) + \overline{q}_b\left(ln\frac{r_b}{D_{32}} - ln\frac{D_{3'3}}{D_{3'2}}\right) + \overline{q}_c\left(ln\frac{D_{13}}{D_{12}} - ln\frac{D_{1'3}}{D_{1'2}}\right)\right] \tag{1.90}$$

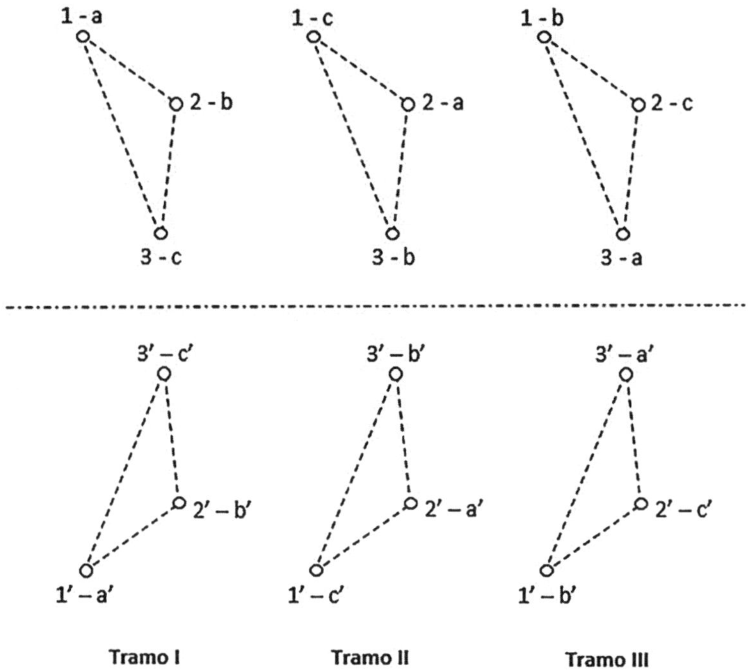

Figura 1.24: Transposición de una línea eléctrica trifásica teniendo presente el efecto suelo

$$\overline{V}_{ab-III} = \frac{1}{2\pi\varepsilon}\left[\overline{q}_a\left(ln\frac{D_{31}}{r_a} - ln\frac{D_{3'1}}{D_{3'3}}\right) + \overline{q}_b\left(ln\frac{r_b}{D_{13}} - ln\frac{D_{1'1}}{D_{1'3}}\right) + \overline{q}_c\left(ln\frac{D_{21}}{D_{23}} - ln\frac{D_{2'1}}{D_{2'3}}\right)\right] \tag{1.91}$$

El valor de la diferencia de potencial viene dado por el valor medio de la diferencia de potencial de los tres tramos (1.92).

$$\overline{V}_{ab} = \frac{\overline{V}_{ab-I} + \overline{V}_{ab-II} + \overline{V}_{ab-III}}{3} \tag{1.92}$$

Si se supone, que los conductores tienen el mismo radio, r, aplicando (1.92) y operando se tiene que el valor de la tensión compuesta $\overline{V}_{ab}$ viene dado por la igualdad (1.93). Igualdad donde reaparece el valor de la distancia media geométrica, DMG, aplicada a la transposición según (1.94).

$$\overline{V}_{ab} = \frac{1}{2\pi\varepsilon}\left[\overline{q}_a\left(ln\frac{DMG}{r} - ln\frac{DMG^*}{RMG^*}\right) + \overline{q}_b\left(ln\frac{r}{DMG} - ln\frac{RMG^*}{DMG^*}\right)\right] \quad (1.93)$$

$$DMG = \sqrt[3]{D_{12}D_{23}D_{31}} \quad (1.94)$$

Pero, por otro lado, también se tienen unas medias geométricas que representan las posibles distancias entre conductores e imágenes de la misma fase y de distintas fases, denominándose RMG* y DMG*, respectivamente.

RMG* está definida según (1.95) entre mismas fases origen e imagen, mientras que DMG* considerando que $D_{12'} = D_{1'2}$, $D_{23'} = D_{2'3}$ y $D_{31'} = D_{3'1}$ se representa mediante (1.96) entre distintas fases origen e imagen.

$$RMG^* = \sqrt[3]{D_{11'}D_{22'}D_{33'}} \quad (1.95)$$

$$DMG^* = \sqrt[6]{D_{12'}D_{1'2}D_{23'}D_{2'3}D_{31'}D_{3'1}} = \sqrt[3]{D_{12'}D_{23'}D_{31'}} \quad (1.96)$$

Todo lo expuesto se puede aplicar para el cálculo de la otra tensión compuesta necesaria, $\overline{V}_{ac}$.

Aplicando la expresión genérica de la diferencia de potencial por unidad de longitud (1.56) en cada uno de los tramos, incluyendo el respectivo sumatorio de las cargas imágenes, se obtienen las expresiones (1.97) (1.98) y (1.99), para cada uno de los correspondientes tramos, respectivamente.

$$\overline{V}_{ac-I} = \frac{1}{2\pi\varepsilon}\left[\overline{q}_a\left(ln\frac{D_{13}}{r_a} - ln\frac{D_{1'3}}{D_{1'1}}\right) + \overline{q}_b\left(ln\frac{D_{23}}{D_{21}} - ln\frac{D_{2'3}}{D_{2'1}}\right) + \overline{q}_c\left(ln\frac{r_c}{D_{31}} - ln\frac{D_{3'3}}{D_{3'1}}\right)\right] \tag{1.97}$$

$$\overline{V}_{ac-II} = \frac{1}{2\pi\varepsilon}\left[\overline{q}_a\left(ln\frac{D_{21}}{r_a} - ln\frac{D_{2'1}}{D_{2'2}}\right) + \overline{q}_b\left(ln\frac{D_{31}}{D_{32}} - ln\frac{D_{3'1}}{D_{3'2}}\right) + \overline{q}_c\left(ln\frac{r_c}{D_{12}} - ln\frac{D_{1'1}}{D_{1'2}}\right)\right] \tag{1.98}$$

$$\overline{V}_{ac-III} = \frac{1}{2\pi\varepsilon}\left[\overline{q}_a\left(ln\frac{D_{32}}{r_a} - ln\frac{D_{3'2}}{D_{3'3}}\right) + \overline{q}_b\left(ln\frac{D_{12}}{D_{13}} - ln\frac{D_{1'2}}{D_{1'3}}\right) + \overline{q}_c\left(ln\frac{r_c}{D_{23}} - ln\frac{D_{2'2}}{D_{2'3}}\right)\right] \tag{1.99}$$

Siendo el valor de la diferencia de potencial, $\overline{V}_{ac}$, el valor medio de la diferencia de potencial de los tres tramos (1.100).

$$\overline{V}_{ac} = \frac{\overline{V}_{ac-I} + \overline{V}_{ac-II} + \overline{V}_{ac-III}}{3} \tag{1.100}$$

Si se supone que los conductores tienen el mismo radio, r, aplicando (1.100) y operando se tiene que el valor de la tensión compuesta $\overline{V}_{ac}$, viene dado por la igualdad (1.101). Igualdad donde reaparece el valor de la distancia media geométrica, DMG, y las distancias medias geométricas entre conductores e imágenes de la misma fase y de distintas fases, RMG^* y DMG^*, respectivamente, según (1.95) y (1.96).

$$\overline{V}_{ac} = \frac{1}{2\pi\varepsilon}\left[\overline{q}_a\left(ln\frac{DMG}{r} - ln\frac{DMG^*}{RMG^*}\right) + \overline{q}_c\left(ln\frac{r}{DMG} - ln\frac{RMG^*}{DMG^*}\right)\right] \tag{1.101}$$

Una vez obtenidas las dos tensiones compuestas necesarias, $\overline{V}_{ab}$ y $\overline{V}_{ac}$, de las igualdades (1.79) y (1.101), respectivamente, se pueden substituir en la expresión (1.73), que relaciona una tensión de fase, $\overline{V}_a$, con el sumatorio de varias tensiones compuestas, $\overline{V}_{ab}$ y $\overline{V}_{ac}$, de tal forma que al operar y simplificar se llega a la igualdad (1.102).

$$\overline{V}_a = \frac{1}{6\pi\varepsilon}\left[2\,\overline{q}_a\left(ln\frac{DMG}{r} - ln\frac{DMG^*}{RMG^*}\right) + (\overline{q}_b + \overline{q}_c)\left(ln\frac{r}{DMG} - ln\frac{RMG^*}{DMG^*}\right)\right] \tag{1.102}$$

Si además, se tiene en cuenta que al estar el sistema equilibrado el sumatorio de las cargas es igual a cero, con lo cual $\overline{q}_a$ = - ($\overline{q}_b$ + $\overline{q}_c$), operando y simplificando en (1.102) se reduce a (1.103).

$$\overline{V}_a = \frac{\overline{q}_a}{2\pi\varepsilon}\left(ln\frac{DMG}{r} - ln\frac{DMG^*}{RMG^*}\right) \tag{1.103}$$

Finalmente, se aplica el valor de la tensión obtenida, $\overline{V}_a$, a la definición de la capacidad al neutro y se obtiene la capacidad para la fase a (1.104), siendo la misma capacidad para las tres fases al cumplir con la totalidad del recorrido de la línea eléctrica.

$$C_a = \frac{\overline{q}_a}{\overline{V}_a} = \frac{2\pi\varepsilon}{ln\dfrac{DMG}{r} - ln\dfrac{DMG^*}{RMG^*}} = C_b = C_c \tag{1.104}$$

La igualdad (1.104) confirma el incremento de la capacidad de la línea eléctrica debido al efecto suelo, ahora bien, si las distancias de los conductores al suelo son significativas respecto a las distancias entre los propios conductores, el valor del efecto suelo se puede despreciar, pues las distancias entre conductores e imágenes son similares, quedando la expresión habitual de la capacidad al neutro de una línea trifásica equilibrada con transposición (1.88).

1.2.5. Utilización de conductores en paralelo

Para analizar lo acontecido en la capacidad de las líneas eléctricas cuando se utilizan conductores paralelos se va a proceder de la siguiente manera:

- Inicialmente, se realiza el estudio de la utilización de conductores paralelos en cada una de las fases de la línea eléctrica.

- Posteriormente, los conductores paralelos se aplican en circuitos independientes.

Capacidad de una línea eléctrica con conductores en haz

Al igual que para la inductancia (subsección 1.1.4), cuando existen líneas eléctricas con varios conductores en paralelo por cada fase, se debe considerar la repercusión habida en el radio del conductor por fase utilizando el valor del radio medio geométrico, despreciando el efecto sobre la distancia media geométrica.

Los cálculos desarrollados en la inductancia para la obtención del radio medio geométrico también son válidos para la capacidad, destacando que al tratarse de la capacidad en ningún caso se considera el factor de corrección del radio propio de cada conductor.

El cuadro 1.3, representa el radio medio geométrico que se debe considerar según sea el número de conductores paralelos por fase, suponiendo que los conductores paralelos son iguales con radio de valor r, y los sucesivos conductores en sentido horario, se encuentran separados una distancia d entre sí.

Valores del radio medio geométrico, RMG, que se deben incluir en las expresiones que correspondan según la tipología de línea eléctrica que se esté considerando.

Conductores x fase	Denominación	Valor del RMG
2 Paralelos	Dúplex	$\sqrt{r\,d}$
3 Paralelos	Tríplex	$\sqrt[3]{r\,d^2}$
4 Paralelos	Cuádruplex	$\sqrt[4]{r\,\sqrt{2}\,d^3}$

Cuadro 1.3: Valores del radio medio corregido según el número de conductores paralelos por fase

Capacidad de una línea trifásica asimétrica de doble circuito

Tal y como se expuso anteriormente, al disponer de un conductor paralelo tanto de la misma fase como en fases distintas, la disposición en doble circuito precisa de un nuevo cálculo tanto de la distancia como del radio medio geométrico.

La línea eléctrica de la figura 1.25, representa la transposición realizada en una línea de doble circuito trifásico con los conductores macizos a, b y c para un circuito y a', b' y c' los del otro circuito, disponiéndose en su forma habitual, donde se ha representado con 1, 2, 3 y 1', 2', 3' las posiciones de los correspondientes amarres del apoyo de cada uno de los circuitos.

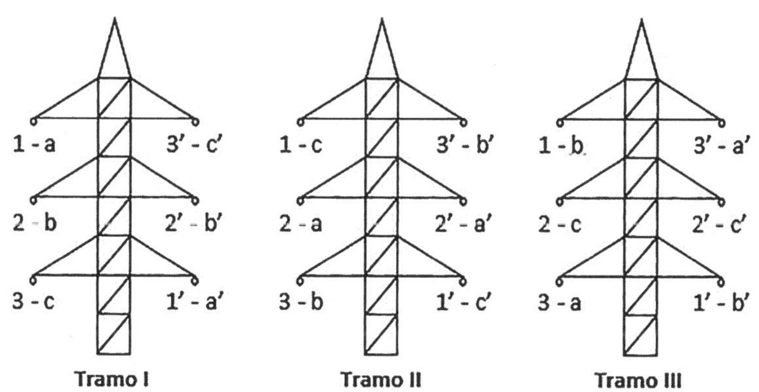

Figura 1.25: Línea eléctrica de doble circuito y disposición habitual

La aplicación de la transposición en la línea de doble circuito para el cálculo de la capacidad, aporta expresiones similares de la distancia media geométrica, DMG$_{DC}$, y del radio medio geométrico, RMG$_{DC}$, que en el caso de la inductancia. Se destaca que la distancia media geométrica entre fases tiene el mismo valor para cada uno de los tres tramos, por tanto, se puede operar solamente con el primer tramo según la igualdad (1.105).

$$DMG_{DC} = \sqrt[3]{\sqrt[4]{D_{12}D_{12'}D_{1'2}D_{1'2'}}\ \sqrt[4]{D_{23}D_{23'}D_{2'3}D_{2'3'}}\ \sqrt[4]{D_{31}D_{31'}D_{3'1}D_{3'1'}}} \tag{1.105}$$

De la misma forma para el radio medio geométrico y suponiendo que todos los conductores tienen el mismo radio, r, se tiene (1.106).

$$RMG_{DC} = \sqrt[6]{r^3\ D_{11'}\ D_{22'}\ D_{33'}} \tag{1.106}$$

Posteriormente, siendo nula la suma de las cargas que forman cada uno de los circuitos, ambas igualdades (1.105) y (1.106) se aplican en la expresión de la capacidad por fase, donde al considerar solamente el primer tramo de la transposición se puede suponer que la posición inicial de los conductores en dicho tramo sirve como referencia del respectivo amarre del apoyo, quedando la expresión general de la capacidad total por fase para una línea eléctrica trifásica de doble circuito, C_{DC}, la presentada en (1.107).

$$C_{DC} = \frac{2\pi\varepsilon}{ln\,\dfrac{\sqrt[12]{D_{ab}D_{ab'}D_{a'b}D_{a'b'}D_{bc}D_{bc'}D_{b'c}D_{b'c'}D_{ca}D_{ca'}D_{c'a}D_{c'a'}}}{\sqrt[6]{r^3\ D_{aa'}\ D_{bb'}\ D_{cc'}}}} \tag{1.107}$$

Considerando que ambos circuitos se encuentran en paralelo, se cumple la igualdad (1.108), por tanto, la capacidad por fase de cada circuito, C, resulta según (1.109).

$$C_{DC} = 2\,C = \frac{2\pi\varepsilon}{ln\,\dfrac{DMG_{DC}}{RMG_{DC}}} \tag{1.108}$$

$$C = \frac{\pi\varepsilon}{ln\,\dfrac{DMG_{DC}}{RMG_{DC}}} \tag{1.109}$$

1.2.6. Aplicación a distintos casos prácticos

A continuación, se presenta una breve descripción de como actuar para el estudio de las distintas combinaciones de los casos presentados con anterioridad, es decir, calcular las correspondientes expresiones según el número de circuitos y conductores por fase de la línea eléctrica que se estén considerado.

1. Si la línea eléctrica a estudio es trifásica de un solo circuito, se parte de la expresión genérica de la capacidad total por fase (1.110).

$$C = \frac{2\pi\varepsilon}{ln\,\dfrac{\sqrt[3]{D_{ab}\,D_{bc}D_{ca}}}{RMG}} \tag{1.110}$$

   Posteriormente, se aplica el adecuado valor del radio medio geométrico, RMG, según sea el circuito por fase: símplex, dúplex, tríplex o cuádruplex.

2. Si la línea eléctrica es trifásica de doble circuito, se parte de la expresión genérica de la capacidad total por fase para doble circuito (1.107), pero substituyendo el radio, r, del conductor por el valor genérico del radio medio geométrico, RMG, aplicado a la fase de uno de los circuitos (1.111).

$$C_{DC} = \frac{2\pi\varepsilon}{ln\,\dfrac{\sqrt[12]{D_{ab}D_{ab'}D_{a'b}D_{a'b'}D_{bc}D_{bc'}D_{b'c}D_{b'c'}D_{ca}D_{ca'}D_{c'a}D_{c'a'}}}{\sqrt[6]{RMG^3\,D_{aa'}\,D_{bb'}\,D_{cc'}}}} \tag{1.111}$$

Posteriormente, se aplica el valor del radio medio geométrico, RMG, según sea el circuito por fase: símplex, dúplex, tríplex o cuádruplex.

Por último, siendo los circuitos trifásicos paralelos iguales, para determinar la capacidad por fase de cada uno de ellos, C, se divide por dos el valor de la capacidad total por fase de doble circuito obtenida, C_{DC}, según (1.112).

$$C = \frac{C_{DC}}{2} \tag{1.112}$$

1.3. Resistencia eléctrica

La resistencia, R, es el parámetro que representa la oposición que ofrece un conductor al paso de la intensidad eléctrica a través de él.

Esta oposición depende de las características del material, de las dimensiones del conductor, de la temperatura y de la frecuencia.

Inicialmente, si se considera que a través de un conductor aislado se transporta una intensidad continua, la resistencia ofrecida por el conductor es proporcional a la resistividad del material, ρ, y a la longitud del conductor, l, e inversamente proporcional a la sección, S (1.113).

$$R = \rho\,\frac{l}{S} \quad (Ohms) \tag{1.113}$$

La resistividad, ρ, es una propiedad intrínseca del material utilizado en la fabricación del conductor. Su inversa, la conductividad, σ, representa la facilidad que tienen los electrones del material para contribuir a la conducción eléctrica.

Para que un material sea buen conductor es necesario que exista una elevada posibilidad de tener electrones en su banda de conducción para que sometido a un campo eléctrico estos se pueden desplazar en una determinada dirección estableciendo una corriente eléctrica. Las imperfecciones presentadas por el material, tipo endurecimiento o dislocaciones, pueden afectar negativamente a la conducción.

En el transporte de energía eléctrica la resistencia se ve afectada por la temperatura pero también existen otros efectos que afectan a la uniformidad de la densidad de corriente en la sección del conductor. Siempre que se mantenga la uniformidad de la distribución de intensidad en la sección del conductor la resistencia del conductor se denomina "resistencia óhmica" y eso solamente sucede con intensidad continua. Cuando aparecen otros efectos el nuevo valor de la resistencia se denomina "resistencia efectiva".

La resistencia total de un cable, formado por n conductores iguales, se obtiene dividiendo la resistencia del conductor por el número de conductores que componen el cable (1.114).

$$R_{cable} = \frac{R_{conductor}}{n} \tag{1.114}$$

1.3.1. Resistencia en función de la temperatura

A temperatura ambiente los iones de la red estructural de un conductor eléctrico vibran alrededor de posiciones neutras. Los electrones libres se encuentran con un movimiento aleatorio en ninguna dirección determinada. Ahora bien, cuando el conductor se somete a una diferencia de potencial los electrones se aceleran en una dirección definida, chocando mediante colisiones elásticas e inelásticas en su desplazamiento, frenando y acelerando periódicamente.

Según aumenta la temperatura las vibraciones internas del material aumentan, con lo cual también aumentan las colisiones dificultando el desplazamiento de los electrones libres e incrementándose la energía liberada en forma de calor.

Se tiene que la resistencia de los conductores, especialmente el cobre y el aluminio, sufren una variación casi lineal con la temperatura (figura 1.26). Cuanto menor es la temperatura se consigue que las vibraciones internas de los átomos sean mínimas reduciéndose notablemente la resistencia interna del conductor al transporte de corriente eléctrica.

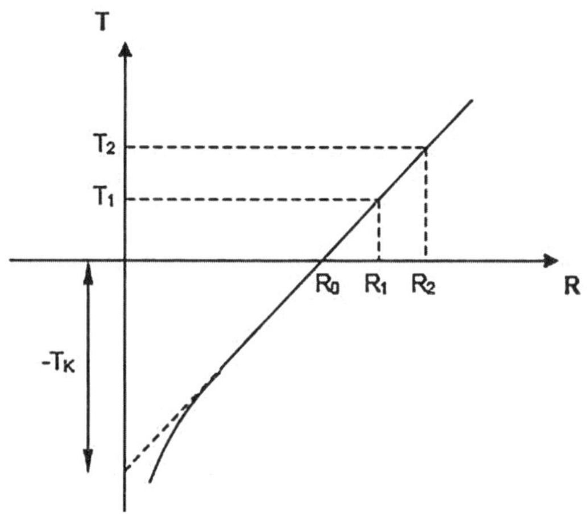

Figura 1.26: Resistencia en función de la temperatura

La variación experimentada entre dos puntos viene dada por la expresión (1.115), donde "α_{T_1}" representa el coeficiente de variación de la resistencia de un material con la temperatura. Este coeficiente depende a su vez de la temperatura.

$$R_2 = R_1 \left[1 + \alpha_{T_1} \left(T_2 - T_1\right)\right] \tag{1.115}$$

Realizando en la recta de la figura 1.26, una extrapolación para obtener el punto de corte con el eje de ordenadas, se tiene que aplicando la expresión (1.115) al punto donde la temperatura es de cero grados centígrados y al punto de resistencia nula, se obtiene (1.116). Donde el valor de temperatura obtenido, T_k, es un valor propio y característico del correspondiente material conductor.

$$0 = R_0 \left[1 - \alpha_{T_0} T_k\right] \qquad \Rightarrow \qquad \alpha_{T_0} = \frac{1}{T_k} \tag{1.116}$$

Aplicando la proporcionalidad de las componentes de la recta en función del valor, T_k, e igualando posteriormente a la expresión (1.115), se llega a la igualdad (1.117), que facilita la posibilidad de obtener con un único valor del coeficiente de resistencia sus posibles variantes a otras temperaturas mediante su expresión genérica.

$$\frac{R_2}{R_1} = \frac{T_k + T_2}{T_k + T_1} \qquad \Rightarrow \qquad R_2 = R_1 \frac{T_k + T_2}{T_k + T_1} = R_1 \left[1 + \frac{T_2 - T_1}{T_k + T_1}\right]$$

$$R_2 = R_1 \left[1 + \frac{T_2 - T_1}{T_k + T_1}\right] = R_1 \left[1 + \alpha_{T_1} \left(T_2 - T_1\right)\right]$$

$$\alpha_{T_1} = \frac{1}{T_k + T_1} \qquad \Rightarrow \qquad \alpha_{T_i} = \frac{1}{T_k + T_i} \tag{1.117}$$

Los valores de la temperatura, T_k, son datos que aportan los fabricantes de los materiales conductores para facilitar los cálculos a distintas temperaturas de trabajo.

1.3.2. Otros efectos y diseño del cableado

Tanto un conductor macizo como un cable formado por varios conductores ofrecen mayor resistencia al transporte de la intensidad en alterna que en continua. La causa principal de este incremento está originada por la aparición de líneas de flujo a través del conductor que repercuten en la uniformidad interna de la densidad de corriente, lo cual afecta negativamente al valor de la resistencia y de la inductancia interna del conductor.

También la presencia de conductores cercanos puede alterar la disposición interna de las cargas.

Los distintos efectos se consideran mediante la respectiva constante, K_i, la cual tendrá la correspondiente influencia sobre la resistencia que presentaría el conductor en caso de transportar intensidad en continua según la expresión (1.118).

$$R = R_{continua}\left(1 + K_1 + K_2 + ... + K_n\right) \qquad (1.118)$$

A continuación, se detallan estos efectos, primeramente desde el propio conductor y seguidamente los generados entre conductores. Posteriormente, se tratan otros factores referentes al diseño que también tienen su repercusión en la resistencia y en las condiciones mecánicas, comentando algunas características constructivas para mejorar las prestaciones de los cableados.

- Si se considera un cable, formado por varios conductores que conducen en el mismo sentido, del tipo al de la figura 1.27, se tiene que al transportar una intensidad alterna se generan unas líneas de flujo alrededor de cada conductor de la forma indicada.

  Según *Faraday*, para un conductor determinado la variación de las líneas de flujo en los conductores de alrededor originan unas fuerzas electromotrices en dicho conductor. Esta respuesta según la *Ley de Lenz* será de signo opuesto a la causa que lo origina, por tanto, las fuerzas electromotrices acontecidas se opondrán al sentido natural de la corriente causante de las líneas de flujo.

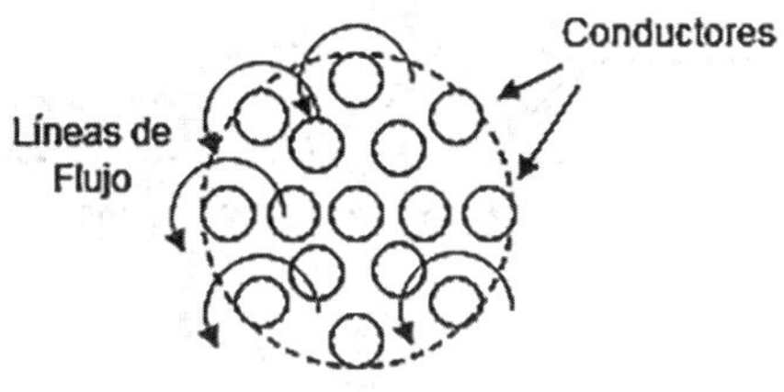

Figura 1.27: Líneas de flujo de los conductores de un cable

Obviamente, se tiene que los conductores más afectados por las líneas de flujo existentes en los alrededores son los conductores del centro del cable y los menos afectados los de la periferia. Cuestión que se traduce en una pérdida de la uniformidad de la densidad de corriente dentro del cable desplazándola y concentrándola en la periferia, es decir, acontece algo similar a la pérdida de sección del cable con su correspondiente aumento de la resistencia eléctrica.

El efecto que origina la falta de homogeneidad en la distribución de la corriente dentro del conductor se denomina "efecto piel o pelicular" y lo comentado es extrapolable a los conductores macizos siempre que la intensidad transportada sea alterna.

El efecto piel también tiene sus consecuencias en el valor de la inductancia interna del cable puesto que al variar el reparto de la densidad de corriente dentro del conductor, las líneas de flujo generadas por el mismo tampoco serán uniformes a lo largo de toda la sección. Es decir, las partes con mayor densidad de corriente serán las que menor inductancia experimentan según (1.119).

$$L = \frac{\overline{\phi}}{\overline{I}} \tag{1.119}$$

Cuanta mayor sea la frecuencia y la permeabilidad del material mayor será la repercusión del efecto pelicular, incrementándose sus consecuencias para conductores de grandes secciones, especialmente si son macizos.

Para el cobre o el aluminio a las frecuencias habituales del transporte de energía eléctrica (50/60 Hz) el efecto expuesto no suele ser significativo.

- Bajo el mismo fundamento y de la misma forma que aparecen fuerzas electromotrices inducidas en los conductores originadas por los conductores de alrededor del propio cable, puede darse el caso de que otros cables externos pero cercanos también lleguen a afectar a la uniformidad de la densidad de corriente de dicho cable. Esto es debido a la inductancia mutua entre cables y se denomina "efecto de proximidad".

  Por otro lado, la repulsión o atracción de las cargas que experimentan dos conductores próximos también generan una discontinuidad en el reparto interno de la densidad de corriente en los conductores.

  Es decir, dos conductores con carga opuesta al estar próximos sufren en las caras enfrentadas una atracción de las cargas concentrándolas desde las caras exteriores de ambos conductores.

  Si las cargas son del mismo signo al estar próximos sufren en las caras enfrentadas una repulsión de las cargas dirigiéndolas hacia las caras exteriores de los conductores (figura 1.28).

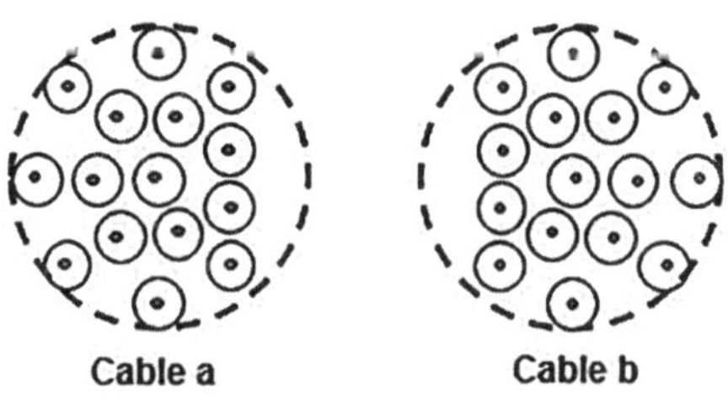

Figura 1.28: Efecto de la repulsión de cargas originada por la cercanía entre conductores

En líneas eléctricas aéreas estos últimos efectos descritos son despreciables puesto que las distancias de separación establecidas por reglamento aminoran los efectos descritos, pero en conductores que por su disposición particular se encuentren próximos es preciso tenerlos en cuenta.

La tipología del cableado también influye en las características resistivas ofrecidas por el conductor.

En primer lugar, cuando se disponen los cables trenzados, su colocación en espiral precisa de una mayor longitud de cable. El incremento de longitud afecta al valor de la resistencia total pudiendo aumentar entre el 1 y el 2% dependiendo del tipo de conductor.

Por otro lado, la forma de la sección transversal del cableado presenta una serie de ventajas y desventajas desde el punto de vista eléctrico y/o mecánico. Los fabricantes buscan la reducción de los efectos negativos y la mejor adecuación a las distintas tipologías de líneas eléctricas. Entre los objetivos buscados se encuentran los siguientes:

- Eléctricamente mitigar el efecto piel, lo cual se consigue utilizando cables formados por conductores aislados entre sí, de esta forma se consigue un aumento de la zona de conducción efectiva.

- Mecánicamente facilitar los empalmes y mejorar la flexibilidad de los conductores.

El transporte de la energía eléctrica habitualmente se realiza mediante conductores cableados en capas arrolladas helicoidalmente y de forma alternada con sentidos opuestos para evitar su desenrollado y obtener una buena flexibilidad.

1.4. Conductancia eléctrica

La intensidad que encuentra un camino alternativo para fugar del conductor se denomina "intensidad de derivación".

La facultad que ofrece un conductor para que existan intensidades de derivación se denomina conductancia, G y en el Sistema Internacional se mide en siemens. A mayor conductancia mayor magnitud de intensidad de fuga para una determinada tensión (1.120).

$$\overline{V}\, G = \overline{I} \tag{1.120}$$

Esta intensidad puede aparecer principalmente por dos razones, la primera es la falta de aislamiento del conductor y la segunda es la posible ionización del medio que rodea al conductor. A continuación se van a comentar ambas situaciones.

a) Siendo el cable tanto aislado como desnudo es preciso conseguir un aislamiento total entre las partes conductoras y los posibles elementos que faculten la intensidad de derivación a través de ellos.

   En cables aislados puede aparecer a través del propio aislante dado su envejecimiento o deterioro. En cables desnudos puede aparecer a través de uniones, amarres, aisladores, etc.

   La resistencia eléctrica que ofrece el conductor de la línea eléctrica a esta tipología de derivas de intensidad se denomina "resistencia de aislamiento".

   En un principio para líneas aéreas tiene poca relevancia pero su control en distintos puntos es referencia de la calidad de la fabricación y del correcto montaje de la línea. Cabe destacar la dificultad que se presenta a la hora de la medición de la resistencia de aislamiento a lo largo de una línea eléctrica pues es un valor que no se desarrolla con homogeneidad en toda ella puesto que es en ubicaciones puntuales donde la línea eléctrica puede sufrir alguna anomalía y su valor variar significativamente.

La resistencia de aislamiento disminuye notablemente con la humedad y su medida es un procedimiento para determinar el posible deterioro del conductor eléctrico. Otros factores que influyen en su magnitud son: el número de aisladores por cadena, el número de apoyos por kilómetro y el estado de la superficie del conductor.

Cuanto mayor sea la magnitud de la resistencia de aislamiento menor será el valor de la intensidad de derivación que acontecerá y al revés.

Según los factores que influyen en su valor, queda claro que cuanto más larga sea la línea eléctrica existen más posibilidades de que aparezcan pérdidas a través del aislamiento, de hecho, en las líneas de transmisión aéreas el efecto de la conductancia suele considerarse a partir de los 132 kV pero, en cambio, su magnitud adquiere mayor relevancia en el caso de líneas eléctricas subterráneas y submarinas dada la facultad que ofrece el medio que rodea a los conductores para la conducción de la intensidad de derivación, debiéndose considerar su posible efecto desde tensiones mucho más reducidas.

Se define la conductancia de aislamiento como la inversa de la resistencia de aislamiento (1.121).

$$G_{aislamiento} = \frac{1}{R_{aislamiento}} \tag{1.121}$$

b) Con una tensión lo suficientemente elevada el conductor de una línea eléctrica aérea puede adquirir un gradiente del campo eléctrico radial que puede alcanzar el valor de la rigidez dieléctrica del aire que lo rodea.

Cuando este suceso acontece, los átomos del aire pueden ionizarse perdiendo sus electrones más externos y facultando la conducción eléctrica del medio, lo cual ocasionaría la aparición de intensidades de derivación y las correspondientes pérdidas energéticas.

Este acontecimiento se denomina “efecto corona” y los principales factores que influyen negativamente en su aparición son: elevadas tensiones, reducidos diámetros del conductor y estrechas separaciones entre ellos, la humedad ambiental y la suciedad y rugosidad de la superficie del conductor.

Existen más posibilidades de que el efecto corona pueda aparecer cuando el diámetro del conductor es reducido puesto que la carga está más concentrada por unidad de superficie. Por tanto, para evitar la aparición del efecto corona se podría proyectar el diseño de las líneas eléctricas aumentando el diámetro de los conductores, pero ésta sería una solución muy poco rentable pues conllevaría un importante encarecimiento del proyecto.

Ahora bien, como alternativas se tienen, por un lado, la utilización del aluminio como conductor, material que precisa mayor diámetro que el cobre para la misma densidad de corriente sin sobrecoste añadido y por otro lado, la utilización de las disposiciones en haz (subsecciones 1.1.4 y 1.2.5). Mediante la disposición en haz se consigue un radio ficticio de magnitud mucho mayor que el equivalente de un único conductor para transportar la misma energía eléctrica.

La tensión para la cual el gradiente eléctrico se iguala a la rigidez dieléctrica del medio se denomina “tensión crítica disruptiva”. Superado este valor, pueden llegar a producirse efectos audibles y visibles alrededor de los conductores.

Capítulo 2

Líneas de transporte de energía eléctrica

Durante el funcionamiento de una línea de transmisión de energía eléctrica se debe garantizar la seguridad del suministro con la tensión y la frecuencia dentro de unos márgenes permitidos reglamentariamente.

Por tanto, a la hora de diseñar la línea eléctrica es importante conocer una serie de factores que pueden repercutir en el correcto funcionamiento del sistema, desde el punto de vista técnico se tienen los siguientes:

- Como se afectan mutuamente las variables presentes en el transporte de la energía eléctrica en función de los parámetros característicos de la línea eléctrica.
- La potencia máxima de transporte admisible para una línea eléctrica.

Por otro lado, desde el punto de vista de un buen diseño y eficiencia de la línea eléctrica también es interesante conocer las pérdidas energéticas asociadas al transporte eléctrico.

El estudio de las líneas trifásicas equilibradas se podrá plantear mediante la representación de sus circuitos monofásicos correspondientes, despreciando la influencia de la asimetría de las fases.

Al determinar la intensidad que circula por una fase, se obtendrán las de las otras dos fases restando 120° y 240°, respectivamente, manteniéndose la misma magnitud del módulo (figura 2.1).

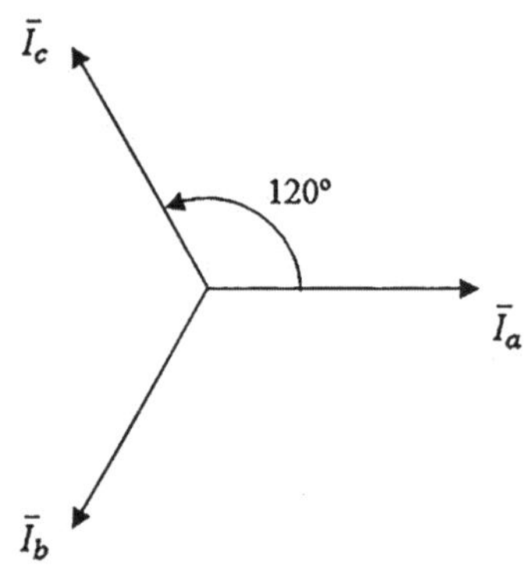

Figura 2.1: Disposición vectorial de las intensidades en un sistema trifásico equilibrado

Una línea de transporte eléctrico consta de una serie de parámetros que se engloban de la siguiente manera:

- La impedancia de la línea compuesta por la resistencia y la reactancia inductiva de la línea (parámetros directamente relacionados con la intensidad de la línea eléctrica).
- La admitancia de la línea formada por la conductancia y la susceptancia de la línea (parámetros directamente relacionados con la tensión de la línea eléctrica).

  La admitancia también se puede representar por la correspondiente impedancia en paralelo, cuestión que en ocasiones facilita la interpretación y los cálculos.

Algunos parámetros de las líneas eléctricas aéreas no son considerados hasta que el nivel de tensión no es lo suficientemente significativo, caso de la conductancia (sección 1.4). Por tanto, el análisis y la representación de una línea eléctrica se desarrolla en función del tipo de línea que corresponda.

Inicialmente, la clasificación de las líneas eléctricas se planteaba según la longitud que se cubría (cuadro 2.1), pero posteriormente, se ha preferido plantearlo según el valor de la tensión que soporte, dado que ésta viene obligada por la potencia y/o la longitud de la línea (cuadro 2.2).

Línea corta	Longitud hasta 80-100 km
Línea media	Longitud desde 80-100 hasta 250 km
Línea larga	Longitud superior a 250 km

Cuadro 2.1: Clasificación de las líneas de transporte de energía eléctrica según su longitud

Línea corta	Tercera categoría - 1 kV $< V_n <$ 30 kV
Línea media	Segunda categoría - 30 kV $\leq V_n \leq$ 66 kV
Línea larga	Primera categoría - $V_n >$ 66 kV

Cuadro 2.2: Clasificación de las líneas de transporte de energía eléctrica según el valor de la tensión nominal

El *Reglamento de Alta Tensión de 2014* introduce en la clasificación la categoría especial refiriéndose a las instalaciones de tensión nominal igual o superior a 220 kV y las de tensión inferior que formen parte de la red de transporte de energía eléctrica de acuerdo con lo establecido en la *Ley 24/2013*, de 26 de diciembre, del *Sector Eléctrico.*

Habitualmente los parámetros de la línea eléctrica se pueden representar concentrados en unos puntos determinados. Así, en el caso de las líneas corta y media, la impedancia serie de la totalidad de la línea eléctrica se representa concentrada en uno o dos puntos.

Ahora bien, en el caso de líneas largas los parámetros de la línea se representan uniformemente repartidos a lo largo de toda su longitud, aunque posteriormente, para determinados análisis, se utiliza el correspondiente modelo equivalente de la línea larga considerando los parámetros concentrados sin relevante pérdida de rigor en los cálculos.

A continuación, se van a detallar los distintos tipos de líneas de transporte eléctrico y las distintas operativas para su análisis.

2.1. Líneas eléctricas cortas

El circuito eléctrico por fase equivalente a una línea aérea corta, donde se desprecia la impedancia paralelo, está representado en la figura 2.2.

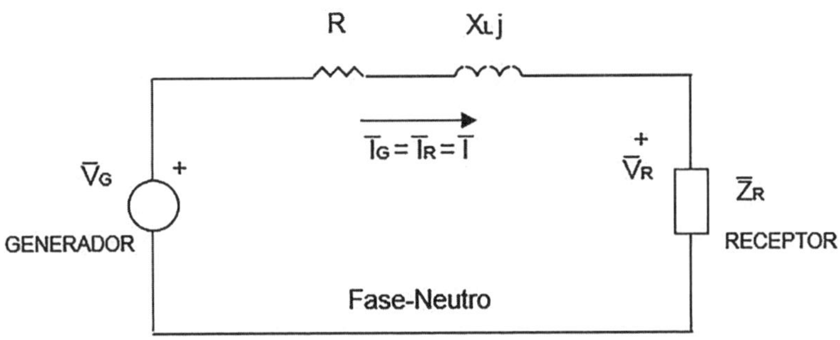

Figura 2.2: Representación del circuito eléctrico monofásico de una línea corta

R = Resistencia total en serie de la línea

X_L = Reactancia inductiva total en serie de la línea

$\overline{V}_G$ y $\overline{V}_R$ = Tensión al neutro del generador y receptor, respectivamente

$\overline{I}_G$ e $\overline{I}_R$ = Intensidad de fase del generador y receptor (signo positivo el representado de generador a receptor)

Al no existir intensidades de derivación la línea corta experimenta la misma intensidad de generador, $\overline{I}_G$, que de receptor, $\overline{I}_R$, por tanto, para esta sección la intensidad se representará sin subíndices, $\overline{I}$.

Las variables y parámetros de la línea descrita según las leyes de los circuitos eléctricos facultan la expresión (2.1), la cual se representa gráficamente en la figura 2.3, suponiendo un ángulo del receptor inductivo, es decir, tensión, $\overline{V}_R$, adelantada respecto a la intensidad, $\overline{I}$.

$$\overline{V}_G = \overline{V}_R + \overline{I}R + \overline{I}X_L j \tag{2.1}$$

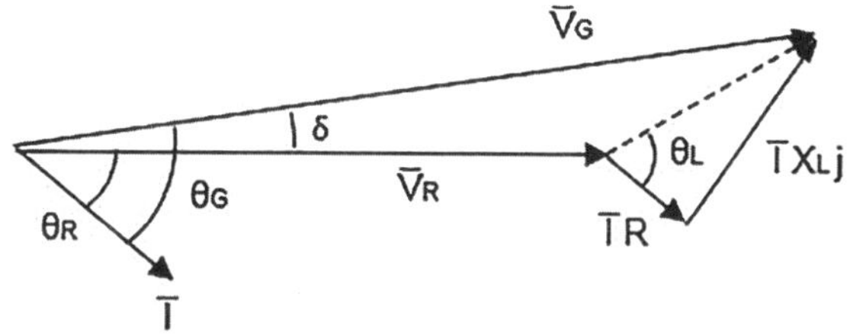

Figura 2.3: Representación gráfica de una línea corta

El ángulo de par de la línea eléctrica, δ, formado por las tensiones $\overline{V}_G$ y $\overline{V}_R$ (desplazándose de $\overline{V}_R$ a $\overline{V}_G$), con el que se trabajará en diversas operaciones, suele tener valores reducidos que se presentan dada la gran diferencia de magnitud que usualmente experimentan las líneas eléctricas entre las tensiones del generador y receptor y las correspondientes caídas en serie, además de otras cuestiones de estabilidad que se tratarán con posterioridad. Ahora bien, para representar gráficamente con la suficiente claridad es preferible dar mayor magnitud a las caídas de tensión tanto resistiva como reactiva y consecuentemente, al ángulo de par, δ.

Por otro lado, se tiene el ángulo de la impedancia serie de la línea eléctrica, θ_L, el cual permanece constante ante cualquier cambio o variación de tensiones y/o intensidades pues es un ángulo característico de la línea representada.

De hecho, a continuación, se va a estudiar la variación que experimenta la tensión del generador cuando se varía el factor de potencia al receptor, $\cos\theta_R$.

En la figura 2.3, se ha representado una línea eléctrica corta con un factor de potencia del receptor inductivo donde la tensión del generador alcanza unos valores máximos. Según se va variando el factor de potencia y el ángulo de la intensidad va disminuyendo en magnitud, el triángulo formado por los parámetros serie de la línea eléctrica va girando en función del factor de potencia de la carga conectada en el extremo receptor, llegando a alcanzar un factor de potencia del receptor resistivo (figura 2.4).

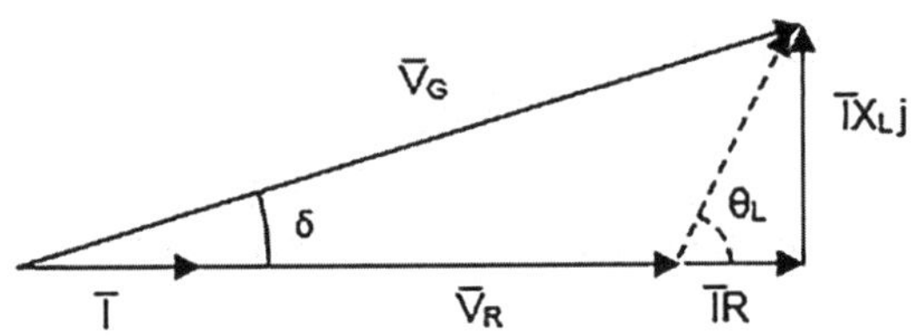

Figura 2.4: Línea corta con factor de potencia al receptor resistivo

Posteriormente, al adelantar la intensidad a la tensión del receptor, $\overline{V}_R$, con un factor de potencia del receptor capacitivo, observando la figura 2.5, se deduce que el valor del módulo de la tensión del receptor puede llegar a superar al valor del módulo de la tensión del generador. Existe un punto de trabajo en el que los valores de los módulos de las tensiones de receptor y generador coinciden, a ese punto se le denomina "punto Ferranti".

Ahora bien, se resalta que según varía el factor de potencia del receptor se tiene que el triángulo formado por los parámetros serie de la línea eléctrica en las tres figuras 2.3, 2.4 y 2.5, va girando manteniendo el valor del ángulo de la impedancia serie constante, θ_L, pero si además, tampoco varía la magnitud de la intensidad el triángulo es idéntico en los tres casos.

Por otro lado, se tienen las potencias complejas por fase en los extremos generador, $\overline{S}_G$ y receptor, $\overline{S}_R$ (2.2), cumpliéndose el sentido de flujo de potencias arbitrario el descrito en (2.3), tomándose como positivo el sentido desde

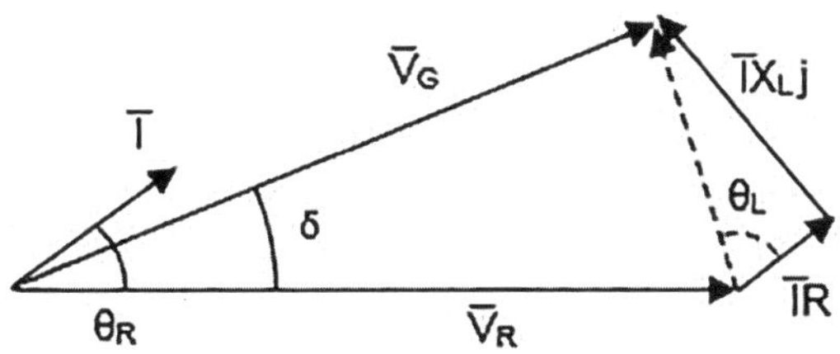

Figura 2.5: Línea corta con factor de potencia al receptor capacitivo

el generador hacia el receptor, siendo el convenio de signos para la potencia coincidente con el de la intensidad.

$$\overline{S}_G = P_G + Q_G j = \overline{V}_G \, \overline{I}^* \qquad \overline{S}_R = P_R + Q_R j = \overline{V}_R \, \overline{I}^* \tag{2.2}$$

$$\text{Flujo positivo} \Rightarrow \overline{S}_G - \overline{S}_R > 0 \qquad \text{Flujo negativo} \Rightarrow \overline{S}_G - \overline{S}_R < 0 \tag{2.3}$$

Siendo la condición indispensable que se debe cumplir para que la línea no pierda su carácter de transmisión energética es que la potencia activa del generador sea mayor que la potencia activa del receptor.

Por otro lado, las pérdidas activas por fase, P_p, y las reactivas por fase, Q_p, se tienen según (2.4).

$$P_p = P_G - P_R = R\, I^2 \qquad Q_p = Q_G - Q_R = X_L\, I^2 \tag{2.4}$$

2.1.1. Potencia aparente en la línea eléctrica

Para analizar la repercusión que tiene la variación de cualquiera de las componentes de la potencia aparente transportada al receptor en las demás variables se parte de la línea eléctrica corta de la figura 2.6, donde se representa una línea con factor de potencia al receptor inductivo ($\theta_R < 0$) y de la cual se pueden extraer las siguientes consideraciones:

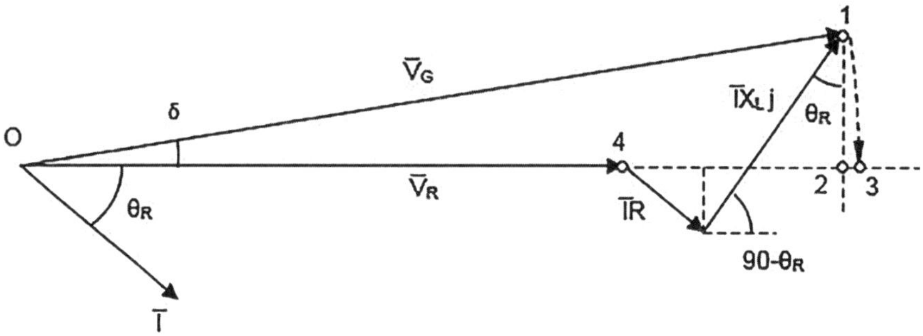

Figura 2.6: Análisis gráfico de una línea eléctrica corta

- Al trazar una perpendicular por el punto 1 respecto al eje de abscisas se obtiene el punto 2.

  Al hacer centro en el punto O con radio $\overline{O1}$ se obtiene el punto 3. Al considerar unos valores modulares significativos de la tensión del generador y del receptor comparándolos con las pérdidas de la línea y una pequeña magnitud del ángulo de par, δ, formado por los vectores de las tensiones de generador y de receptor, es factible asumir que el segmento $\overline{23}$ es despreciable, por tanto, se acepta la aproximación gráfica de que el módulo de la tensión del generador es similar al segmento $\overline{O2}$ sin excesivo error.

  En definitiva se puede considerar que la variación entre los módulos de las tensiones de generador y receptor está dada aproximadamente por el valor del segmento $\overline{42}$.

- Por otro lado, la variación del ángulo existente entre las tensiones de generador y receptor es proporcional al valor del segmento $\overline{12}$.

  Dicho de otro modo, el valor del ángulo de par, δ, es proporcional a la magnitud del segmento $\overline{12}$.

Considerando el correspondiente signo del ángulo del receptor, θ_R, según sea inductivo o capacitivo, los valores de los segmentos $\overline{42}$ y $\overline{12}$ se obtienen gráficamente mediante las expresiones (2.5) y (2.6), respectivamente.

$$\overline{42} = IR\cos\theta_R - IX_L\sin\theta_R \tag{2.5}$$

$$\overline{12} = IX_L\cos\theta_R + IR\sin\theta_R \tag{2.6}$$

A partir de las expresiones de las potencias activa, P_R y reactiva, Q_R, al receptor (2.8), se puede poner la intensidad de la expresión (2.5) y (2.6) en función de dichas potencias según (2.9) y (2.10), respectivamente, teniendo en cuenta el valor conjugado de la intensidad a la hora de expresar el valor de la potencia reactiva al receptor.

$$\overline{S}_R = P_R + Q_R j = \overline{V}_R\,\overline{I}^* \tag{2.7}$$

$$P_R = V_R\,I\,\cos\theta_R \qquad\qquad Q_R = -V_R\,I\,\sin\theta_R \tag{2.8}$$

$$\overline{42} = \frac{R\,P_R + X_L\,Q_R}{V_R} \tag{2.9}$$

$$\overline{12} = \frac{X_L\, P_R - R\, Q_R}{V_R} \tag{2.10}$$

A partir de estas últimas expresiones (2.9) (2.10) y de las consideraciones efectuadas con anterioridad sobre las variaciones en módulo y argumento de las tensiones de generador y receptor se puede confirmar que la transmisión de potencia aparente a través de una línea eléctrica, causa una variación en la tensión en módulo y argumento.

Además, considerando que habitualmente el valor de la resistencia de la línea eléctrica, R, es reducido frente al de la reactancia inductiva, X_L, se puede valorar, despreciando el valor de la resistencia en las expresiones (2.9) y (2.10), que la variación del módulo de la tensión según $\overline{42}$ es debida principalmente a la transmisión de potencia reactiva, mientras que la variación en el argumento según $\overline{12}$ se deberá a la transmisión de potencia activa.

Por tanto, la variación del ángulo de par está relacionado con la transmisión de potencia activa a través de la línea eléctrica y la variación del módulo de la tensión se puede modificar mediante la potencia reactiva del sistema eléctrico.

Por último, de la expresión de la potencia aparente al receptor (2.7) se puede despejar el módulo de la intensidad al receptor (2.11), la cual al sustituirla en la expresión de las pérdidas activas de la línea eléctrica se observa la relación existente entre las pérdidas activas por fase, P_p, con la potencia reactiva transmitida según (2.12).

$$I^2 = \frac{(P_R^2 + Q_R^2)}{V_R^2} \tag{2.11}$$

$$P_p = R\, I^2 = \frac{R\,(P_R^2 + Q_R^2)}{V_R^2} \tag{2.12}$$

2.2. Líneas eléctricas medias

El circuito monofásico equivalente a una línea aérea media, donde se tienen presente los parámetros en paralelo, puede representarse de dos formas distintas, según como se consideren concentrados los parámetros involucrados. A continuación, se van a presentar ambas posibilidades, detallando sus particularidades.

Inicialmente, en los dos casos que a posteriori se plantean, para la representación de las líneas eléctricas aéreas consideradas medias se obtienen los resultados operando solamente con impedancias, para facilitar la operativa.

La impedancia paralelo, $\overline{Z}_P$, está formada por una parte real y otra imaginaria, pero siempre que se hable de líneas medias aéreas la parte real, asociada a la conductancia de la línea (sección 1.4), puede considerarse despreciable y en nuestro estudio así se va a plantear, mientras no se diga lo contrario. Otra cuestión sería si se hablase de líneas eléctricas medias submarinas o soterradas, en tales casos, el estudio se debería realizar de distinta manera pues la conductancia en este tipo de líneas es más significativa.

Debido a que la información en catálogos suministrada por los fabricantes sobre los conductores utilizados en el diseño de las líneas eléctricas vienen en unidades por kilómetro, se resalta la importancia de la proporcionalidad directa o inversa con la longitud total de la línea eléctrica según corresponda a la situación del parámetro característico en el circuito eléctrico, es decir, en serie o en paralelo.

Respecto a las potencias complejas por fase en los extremos generador, $\overline{S}_G$ y receptor, $\overline{S}_R$, utilizando las adecuadas intensidades al generador y receptor, respectivamente, se cumplen las mismas expresiones (2.2) y convenio de signos que para las líneas cortas (2.3).

2.2.1. Líneas eléctricas medias en T

El primer circuito a analizar se denomina circuito en T, el cual considera la impedancia en paralelo, $\overline{Z}_P$, concentrada en el punto medio, T, de la línea de transmisión pero, en cambio, la impedancia en serie, $\overline{Z}_S$, se encuentra repartida en dos partes iguales, correspondientes a la mitad de la longitud, concentradas en ambos extremos de la línea (figura 2.7).

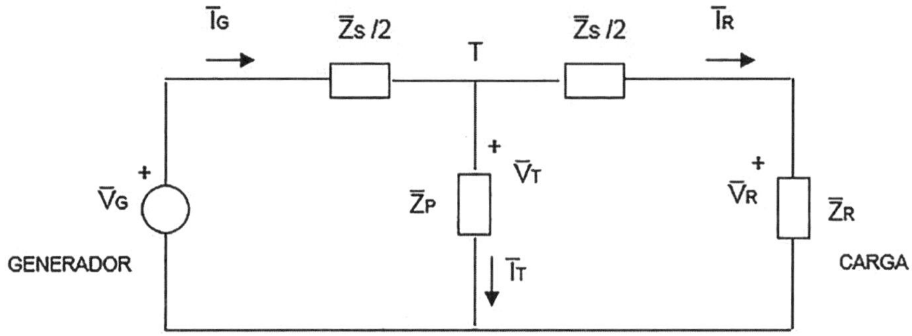

Figura 2.7: Representación del circuito eléctrico monofásico de una línea media en T

Inicialmente, los valores totales por línea de la resistencia, R, y de la reactancia inductiva, X_Lj al tratarse de una impedancia serie, $\overline{Z}_S$, son los valores aportados en catálogo por unidad de longitud multiplicados por la longitud total, L, de la línea eléctrica.

Obtenidos los valores totales por línea de la resistencia, R, y de la reactancia inductiva, X_Lj al concentrar en cada extremo la impedancia en serie correspondiente a la mitad de la longitud de la línea eléctrica, el parámetro de cada uno de los extremos tiene el valor expresado en (2.13).

$$\frac{\overline{Z}_S}{2} = \frac{R + X_Lj}{2} = \frac{R}{2} + \frac{X_Lj}{2} \quad (ohms) \tag{2.13}$$

En el caso de la línea media aérea, tal y como se comentó con anterioridad, se desprecia la parte real de la impedancia paralelo, asociada al valor de la conductancia, G. Por tanto, la impedancia en paralelo, $\overline{Z}_P$, se reduce al efecto capacitivo representado mediante la correspondiente reactancia capacitiva, $-X_C j$.

Si los datos vienen dados por el valor de la reactancia capacitiva de una fase al neutro por unidad de longitud, $-x_C j$, se tiene que la reactancia capacitiva total, $-X_C j$, de una fase al neutro viene dada por la expresión (2.14), donde se observa la proporcionalidad inversa con la longitud de la línea eléctrica al ser una impedancia en paralelo.

$$\overline{Z}_P = -X_C j = \frac{-x_C j}{L} \quad (ohms) \tag{2.14}$$

Cabe resaltar que los valores por unidad de longitud de la reactancia capacitiva son elevados, lo que se traduce en que para distancias cortas, similares a una línea corta, la reactancia total en paralelo es muy alta y por tanto la intensidad de derivación, $\overline{I}_T$, es despreciable. En cambio, según aumenta el valor de la longitud de la línea el valor de la reactancia total en paralelo disminuye y por tanto, aumenta proporcionalmente la intensidad de derivación, $\overline{I}_T$, y en consecuencia, las pérdidas experimentadas en la línea.

Las variables y parámetros de la línea descrita según las leyes de los circuitos eléctricos facultan la expresión (2.15), la cual se representa gráficamente en la figura 2.8, suponiendo un ángulo del receptor inductivo.

$$\overline{V}_G = \overline{V}_R + \overline{I}_G \left(\frac{R}{2} + \frac{X_L j}{2}\right) + \overline{I}_R \left(\frac{R}{2} + \frac{X_L j}{2}\right) \tag{2.15}$$

En la figura 2.8, se observa el carácter puramente capacitivo de la rama en paralelo, lo que conlleva a que la respectiva intensidad, $\overline{I}_T$, se encuentre adelantada 90° respecto a la correspondiente tensión del nudo T, $\overline{V}_T$.

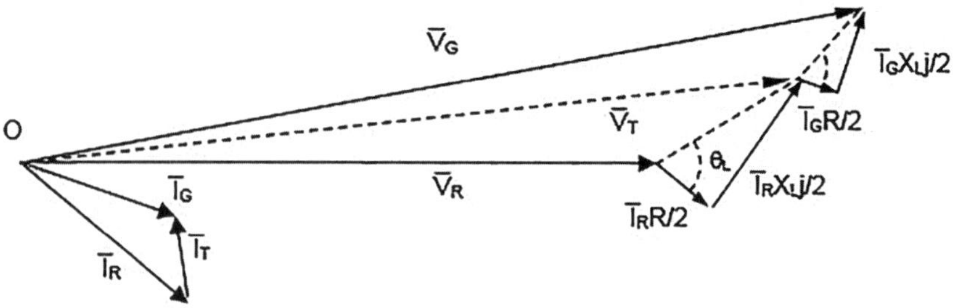

Figura 2.8: Representación gráfica de una línea media en T

Por otro lado, también se observa que los dos triángulos formados por las respectivas caídas de tensión en serie tienen el mismo ángulo, θ_L, correspondiente a la impedancia serie, $\overline{Z}_S$.

Habitualmente, para resolver el circuito eléctrico, son conocidos los valores de los parámetros de la línea eléctrica y las variables precisas del receptor para cumplir unas determinadas condiciones de suministro. Por tanto, para resolver el circuito es preciso calcular la tensión del nudo T, $\overline{V}_T$, para obtener el valor de la intensidad, $\overline{I}_T$. Una vez calculada la intensidad $\overline{I}_T$, se procede a aplicar un sumatorio de intensidades en el nudo, T, obteniendo la intensidad del generador, $\overline{I}_G$, para finalmente, obtener la tensión del generador, $\overline{V}_G$.

Ahora bien, las pérdidas de la línea eléctrica ya no se pueden obtener idénticamente al caso de las líneas cortas, pues la totalidad de la intensidad no circula a través de la impedancia serie, $\overline{Z}_S$. Por tanto, para el circuito de la figura 2.8, se tienen las pérdidas activas por fase, P_p, y las reactivas por fase, Q_p, según (2.16). También sería posible para obtener las pérdidas reactivas de la línea calcular las correspondientes pérdidas asociadas a cada parámetro reactivo, cuestión factible pues son conocidas todas las intensidades del circuito, ahora bien, es un trabajo más laborioso.

$$P_p = P_G - P_R = \frac{R}{2}\left(I_G^2 + I_R^2\right) \qquad Q_p = Q_G - Q_R \tag{2.16}$$

2.2.2. Líneas eléctricas medias en pi

El segundo circuito a analizar se denomina circuito en pi, el cual considera la impedancia en serie, $\overline{Z}_S$, concentrada en el punto medio de la línea de transmisión pero, en cambio, la impedancia en paralelo, $\overline{Z}_P$, se encuentra repartida en dos partes iguales, correspondientes a la mitad de la longitud, concentradas en ambos extremos de la línea (figura 2.9).

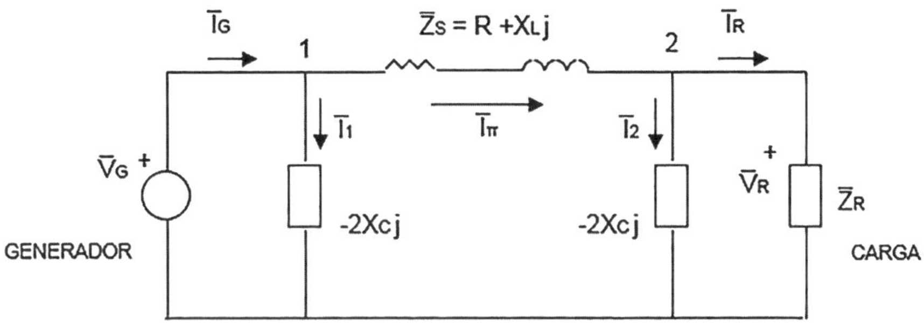

Figura 2.9: Representación del circuito eléctrico monofásico de una línea media en pi

Inicialmente, los valores totales por línea de la resistencia, R, y de la reactancia inductiva, $X_L j$ al tratarse de una impedancia serie, son los valores por unidad de longitud multiplicados por la longitud total, L, de la línea eléctrica.

Si los parámetros vienen dados por el valor de la reactancia capacitiva de una fase al neutro por unidad de longitud, $-x_C j$, se tiene que la impedancia paralelo total, $\overline{Z}_P$, de una fase al neutro viene dada por la expresión (2.17), donde se observa la proporcionalidad inversa con la longitud de la línea eléctrica al ser una impedancia en paralelo.

$$\overline{Z}_P = -X_C j = \frac{-x_C j}{L} \quad (ohms) \tag{2.17}$$

Nuevamente se destaca la inversa proporcionalidad de la reactancia capacitiva con la distancia adquiriendo valores elevados para distancias cortas, simulando un circuito abierto, y reduciendo progresivamente su magnitud según aumenta la longitud de la línea eléctrica.

Al concentrar en cada extremo la impedancia capacitiva correspondiente a la mitad de la longitud de la línea eléctrica, el parámetro correspondiente a cada uno de los extremos tiene el valor expresado en (2.18).

$$\frac{-x_C j}{\frac{L}{2}} = -2\, X_C j \quad (ohms) \tag{2.18}$$

Las variables y parámetros de la línea descrita según las leyes de los circuitos eléctricos facultan la expresión (2.19), la cual se representa gráficamente en la figura 2.10, suponiendo un ángulo del receptor inductivo.

$$\overline{V}_G = \overline{V}_R + \overline{I}_\pi R + \overline{I}_\pi X_L j \tag{2.19}$$

En la figura 2.10, se observa el carácter puramente capacitivo de las ramas en paralelo, lo que conlleva a que las respectivas intensidades, $\overline{I}_1$ y $\overline{I}_2$, se encuentren adelantadas 90° respecto a las respectivas tensiones, $\overline{V}_G$ y $\overline{V}_R$.

Conocidos los valores de los parámetros de la línea eléctrica y las variables precisas del receptor, inicialmente, mediante la tensión del receptor, $\overline{V}_R$, se calcula la intensidad del paralelo, $\overline{I}_2$, lo que permite aplicar nudos en 2 y obtener la intensidad, $\overline{I}_\pi$. Seguidamente, se puede calcular la tensión del generador, $\overline{V}_G$, que faculta el calculo de la intensidad de derivación, $\overline{I}_1$, y la resolución total del circuito.

Las pérdidas de la línea eléctrica tampoco se pueden obtener idénticamente al caso de las líneas cortas, pues han aparecido derivaciones a través de las

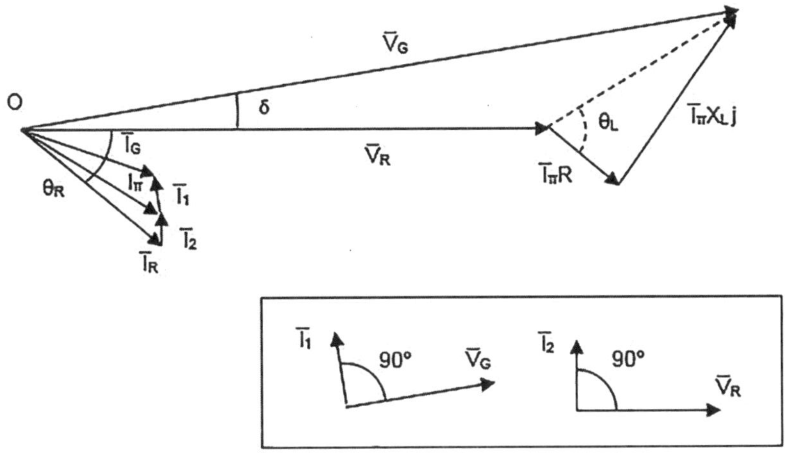

Figura 2.10: Representación gráfica de una línea media en pi

ramas en paralelo. Para el circuito de la figura 2.10, se tienen las pérdidas activas por fase, P_P, y las reactivas por fase, Q_P, según (2.20).

$$P_P = P_G - P_R = RI_\pi^2 \qquad Q_P = Q_G - Q_R \tag{2.20}$$

En este caso, también sería posible calcular las pérdidas reactivas de la línea calculando las correspondientes pérdidas asociadas a cada parámetro reactivo.

Para finalizar se destaca que la representación de las líneas aéreas en pi es más utilizada que la representación en T, debido al mejor reparto que posibilita la rama paralelo entre los extremos de entrada y salida de la energía eléctrica ofrecido por las primeras y de esta forma posibilitar la aplicación de nudos al análisis del sistema eléctrico. De hecho, en próximos capítulos (capítulo 7) las líneas eléctricas formarán parte de un sistema más complejo donde no siempre la energía eléctrica fluye en un único sentido y para su análisis es más utilizada la representación de la línea en pi.

2.3. Regulación

Cuando una línea eléctrica tiene aplicado un valor constante de tensión en el generador y se desconecta totalmente la carga del receptor, se experimenta en los bornes de salida una variación de la magnitud modular de la tensión del receptor. La variación porcentual que experimenta el módulo de la tensión del receptor al desconectar la carga con respecto al que tenía en carga se denomina "regulación de tensión" según (2.21).

$$\text{Regulación en}\,\% = \frac{V_{R_0} - V_R}{V_R} \cdot 100 \tag{2.21}$$

La regulación es un valor relevante para conocer la disposición que puede presentar una línea eléctrica ante los posibles cambios de demanda asociados a los receptores conectados. En una línea corta con capacidad despreciable, la magnitud del módulo de la tensión del receptor sin carga coincide con la magnitud del módulo de la tensión del generador, puesto que las intensidades de derivación son despreciables y la intensidad serie se anula totalmente resultando un circuito abierto.

En una línea corta para un factor de potencia del receptor inductivo y resistivo, observando las figuras 2.3 y 2.4, se deduce que los valores de regulación son positivos, alcanzando valores máximos. En cambio, para un factor de potencia del receptor capacitivo, observando la figura 2.5, se deduce que los valores de regulación pueden adquirir resultados diversos. El valor del módulo de la tensión del receptor puede llegar a superar al valor del módulo de la tensión del generador, ocurriendo entonces que el valor de la regulación es negativo.

Para el cálculo de la regulación en las líneas eléctricas medias al desconectar la carga manteniendo constante la tensión del generador, $\overline{V}_G$, aparece, a diferencia de las líneas cortas, una intensidad de vacío, $\overline{I}_0$, a través de la rama paralelo. Por tanto, es preciso calcular su valor para obtener la tensión de vacío, $\overline{V}_{R_0}$ y aplicar la fórmula correspondiente (2.21). Para su cálculo en las líneas eléctricas largas se utiliza el correspondiente circuito equivalente en pi de la línea (sección 2.5).

2.4. Operativa con admitancias

La tensión, $\overline{V}$, y la intensidad, $\overline{I}$, de un circuito eléctrico se encuentran relacionadas según las expresiones (2.22). Siendo la admitancia, $\overline{Y}$, la inversa de la impedancia, $\overline{Z}$ (2.23).

$$\overline{V} = \overline{I}\,\overline{Z} \qquad\qquad \overline{V}\,\overline{Y} = \overline{I} \tag{2.22}$$

$$\overline{Y} = \frac{1}{\overline{Z}} \tag{2.23}$$

La admitancia paralelo de la línea eléctrica se encuentra formada por la conductancia, G, y la susceptancia, B, según (2.24), representando la primera la resistencia ofrecida a la intensidad de derivación (sección 1.4) y la segunda la capacidad (sección 1.2) entre conductores y tierra. Cuando el valor de la impedancia esté formado por parte resistiva y parte reactiva la admitancia correspondiente se obtendrá según (2.25).

$$\overline{Y}_P = G + Bj \tag{2.24}$$

$$\overline{Y} = \frac{1}{R + Xj} = \frac{1}{R + Xj}\left(\frac{R - Xj}{R - Xj}\right)$$

$$\overline{Y} = \frac{R}{R^2 + X^2} - \frac{Xj}{R^2 + X^2} = G + Bj \tag{2.25}$$

Se recuerda que la asociación serie de admitancias se resuelve según (2.26) y la asociación paralelo con (2.27).

$$\frac{1}{\overline{Y}} = \frac{1}{\overline{Y}_1} + \frac{1}{\overline{Y}_2} + \frac{1}{\overline{Y}_3} + ... + \frac{1}{\overline{Y}_n} \tag{2.26}$$

$$\overline{Y} = \overline{Y}_1 + \overline{Y}_2 + \overline{Y}_3 + ... + \overline{Y}_n \tag{2.27}$$

2.4.1. Aplicación práctica en la línea eléctrica media en pi

A continuación, se va a desarrollar el cálculo operativo de la regulación en una línea eléctrica media en pi, utilizando la admitancia del paralelo (figura 2.11), donde la admitancia total en paralelo, $\overline{Y}_P$, se encuentra repartida en dos partes iguales, correspondientes a la mitad de la longitud, concentradas en ambos extremos de la línea.

Inicialmente, los valores totales por línea de la resistencia, R, y de la reactancia inductiva, $X_L j$ al tratarse de una impedancia serie, son los valores por unidad de longitud multiplicados por la longitud total, L, de la línea eléctrica.

Respecto a la admitancia paralelo, $\overline{Y}_P$, está formada por la conductancia, G y la susceptancia, Bj, en el caso de la línea media aérea, tal y como se comentó con anterioridad, se desprecia el valor de la conductancia, G.

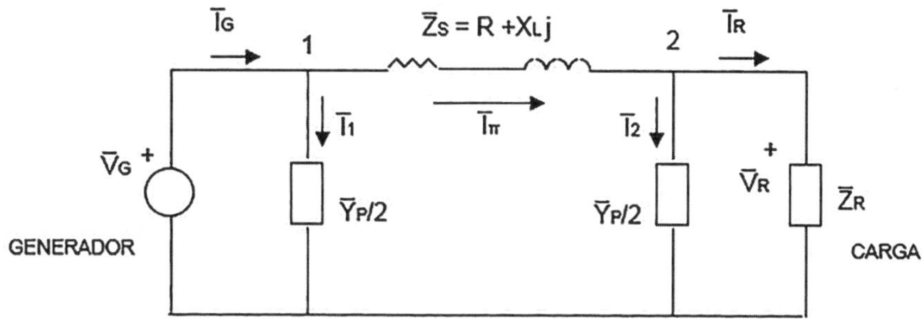

Figura 2.11: Representación del circuito eléctrico monofásico de una línea media en pi

$$\overline{Y}_P = \text{Admitancia paralelo total de la línea eléctrica}$$

Si los datos aportan el valor de la susceptancia capacitiva de una fase al neutro por unidad de longitud, bj, se tiene que la admitancia capacitiva total, Bj, de una fase al neutro viene dada por la expresión (2.28), donde se observa la proporcionalidad directa con la longitud de la línea eléctrica al ser una admitancia en paralelo, al revés de lo sucedido anteriormente con la impedancia en paralelo (subsección 2.2.2).

$$\overline{Y} = Bj = bj\, L \quad (mhos) \tag{2.28}$$

Al concentrar en cada extremo la susceptancia correspondiente a la mitad de la longitud de la línea eléctrica, el parámetro designado para cada uno de los extremos tiene el valor expresado en (2.29).

$$bj\,\frac{L}{2} = \frac{Bj}{2} \quad (mhos) \tag{2.29}$$

Las variables y parámetros de la línea descrita según las leyes de los circuitos eléctricos facultan la expresión (2.30).

$$\overline{V}_G = \overline{V}_R + \overline{I}_\pi R + \overline{I}_\pi X_L j \tag{2.30}$$

Conociendo los datos de los parámetros y del receptor, $\overline{V}_R$ e $\overline{I}_R$, el valor de la intensidad de paralelo, $\overline{I}_2$, se obtendrá según la expresión (2.31), para posteriormente aplicar el sumatorio de intensidades al nudo 2 según (2.32).

$$\overline{I}_2 = \frac{\overline{V}_R Bj}{2} \tag{2.31}$$

$$\overline{I}_\pi = \overline{I}_R + \overline{I}_2 \tag{2.32}$$

Lo que permite la obtención de la tensión del generador, $\overline{V}_G$, según (2.30), para el posterior cálculo, primero de la intensidad del paralelo, $\overline{I}_1$, mediante (2.33), y segundo de la intensidad del generador, $\overline{I}_G$, aplicando (2.34).

$$\overline{I}_1 = \frac{\overline{V}_G Bj}{2} \tag{2.33}$$

$$\overline{I}_G = \overline{I}_\pi + \overline{I}_1 \tag{2.34}$$

El valor de la tensión del receptor en vacío, $\overline{V}_{R_0}$, se obtiene desconectando la carga, $\overline{I}_R = 0$, y manteniendo el mismo valor de la tensión del generador, $\overline{V}_G$, que se ha obtenido con anterioridad. La intensidad de vacío se calcula según (2.35), destacando la suma de los parámetros involucrados.

$$\overline{I}_0 = \frac{\overline{V}_G}{R + X_L j + \dfrac{2}{Bj}} \tag{2.35}$$

A continuación, se halla el valor de la tensión del receptor en vacío (2.36) para aplicarla, finalmente, en la expresión general de la regulación (2.21).

$$\overline{V}_{R_0} = \frac{2\,\overline{I}_0}{Bj} \tag{2.36}$$

2.5. Líneas eléctricas largas

La adecuada solución de una línea de transporte aérea larga y la única que proporciona gran precisión en el cálculo, requiere considerar que los parámetros de la línea no están concentrados, sino distribuidos uniformemente a lo largo de todo ella.

El circuito monofásico equivalente a una línea aérea larga, se representa en la figura 2.12, donde no se utilizan parámetros concentrados porque se trata de calcular la línea con la impedancia y la admitancia monofásicas uniformemente repartidas. Si se considera un elemento infinitesimal de la línea y se calcula la diferencia de tensión e intensidad en los extremos de entrada y salida (considerando el sentido de la intensidad representado), se llega a una expresión que permite la representación de las variables en un punto cualquiera de la línea.

Se tienen, la distancia del elemento infinitesimal al extremo receptor, x, la longitud de dicho elemento, dx, y la impedancia y la admitancia por unidad de longitud de la línea, $\overline{z}$ e $\overline{y}$ [1], respectivamente. Por tanto, la impedancia del elemento diferencial de la línea es $(z\, dx)$, y la admitancia $(y\, dx)$.

[1]Se detalla que para no sobrecargar en exceso las expresiones matemáticas a partir de este momento en el desarrollo de las fórmulas referidas a las líneas largas los vectores aso-

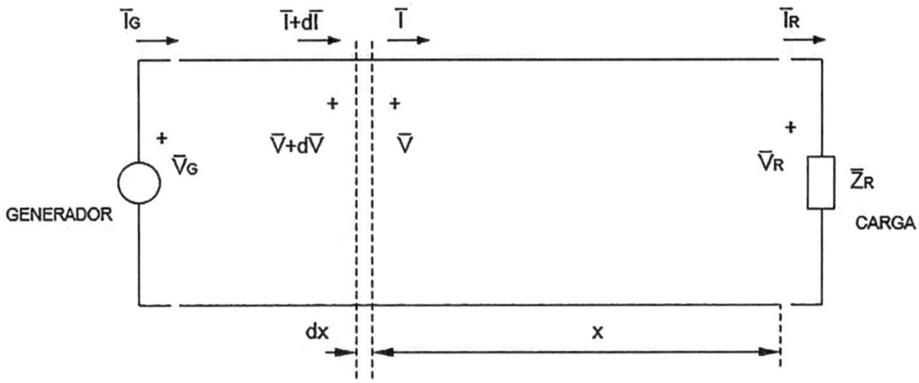

Figura 2.12: Representación de un elemento infinitesimal de una línea larga

Observando la figura 2.12, se tiene la tensión al neutro, $\overline{V}$, del extremo del elemento diferencial más próximo al receptor. Dicha tensión representa la expresión compleja de la tensión eficaz, cuya amplitud y fase varían con la distancia al receptor, x, a lo largo de la línea, a causa de la impedancia repartida uniformemente a lo largo de toda su longitud.

Del mismo modo, la tensión al neutro del elemento diferencial más próximo al extremo generador es $\overline{V} + d\overline{V}$. Por tanto, el aumento de la tensión a lo largo del elemento diferencial de línea, en el sentido creciente de la distancia al receptor, es $d\overline{V}$ y de la misma forma y teniendo en cuenta los parámetros definidos anteriormente se cumplen las expresiones (2.37).

$$d\overline{V} = \overline{I}z\,dx \quad \rightarrow \quad \frac{d\overline{V}}{dx} = \overline{I}z \tag{2.37}$$

Volviendo a la figura 2.12, se tiene la intensidad que sale del elemento diferencial hacia la carga, $\overline{I}$. La amplitud y fase de dicha intensidad varían

ciados a la impedancia, $\overline{z}$, y a la admitancia, $\overline{y}$, por unidad de longitud, no se representarán con el símbolo de vector, sin que esto signifique una pérdida de su carácter vectorial.

con la distancia al receptor a lo largo de la línea, a causa de la admitancia repartida uniformemente a lo largo de toda su longitud. Si la intensidad que entra en el elemento diferencial es $\overline{I} + d\overline{I}$, la diferencia de la intensidad respecto a la que sale en sentido hacia la carga está definida en (2.38).

$$d\overline{I} = \overline{V} y\, dx \quad \longrightarrow \quad \frac{d\overline{I}}{dx} = \overline{V} y \tag{2.38}$$

Derivando, respecto a (x), las expresiones (2.37) y (2.38) y sustituyendo en ambas expresiones los valores iniciales de $(d\overline{V}/dx)$ y de $(d\overline{I}/dx)$, se llega a las expresiones (2.39).

$$\frac{d^2\overline{V}}{d^2x} = z\frac{d\overline{I}}{dx} \qquad \frac{d^2\overline{I}}{d^2x} = y\frac{d\overline{V}}{dx}$$

$$\frac{d^2\overline{V}}{d^2x} = zy\,\overline{V} \qquad \frac{d^2\overline{I}}{d^2x} = zy\,\overline{I} \tag{2.39}$$

De esta forma se tienen dos expresiones (2.39), una con las variables, $\overline{V}$ y x, y otra con las variables, $\overline{I}$ y x.

Las soluciones de $\overline{V}$ e $\overline{I}$ son expresiones cuyas derivadas segundas, respecto a x, son iguales a las correspondientes expresiones originales multiplicadas por un factor (zy), esto tiene, para la primera expresión de la tensión, una solución del tipo exponencial como la mostrada en (2.40), cuya segunda derivada cumpliría con la expresión (2.39) para la tensión, lo cual la convierte en una solución válida.

$$\overline{V} = A_1\, exp\,(\sqrt{zy}\, x) + A_2\, exp\,(-\sqrt{zy}\, x) \tag{2.40}$$

Si, por otro lado, se sustituye está solución (2.40) en la expresión $d\overline{V}/dx = \overline{I}z$, se obtiene la expresión (2.41), válida para la intensidad y con las mismas constantes.

$$\overline{I} = \frac{1}{\sqrt{\frac{z}{y}}}\,[A_1\,exp\,(\sqrt{zy}\,x) - A_2\,exp\,(-\sqrt{zy}\,x)] \tag{2.41}$$

Las constantes A_1 y A_2 pueden hallarse teniendo en cuenta las condiciones en el extremo receptor de la línea (2.42).

$$x = 0 \qquad \Rightarrow \qquad \overline{V} = \overline{V}_R \quad e \quad \overline{I} = \overline{I}_R \tag{2.42}$$

Si se define como impedancia característica, $\overline{Z}_C$, al valor dado en (2.43).

$$\overline{Z}_C = \sqrt{\frac{z}{y}} \tag{2.43}$$

Substituyendo los valores de la tensión e intensidad para x=0 en las expresiones (2.40) y (2.41) y teniendo presente el valor de la impedancia característica, $\overline{Z}_C$ (2.43), se obtienen los valores de las constantes A_1 y A_2 definidos en (2.44).

$$A_1 = \frac{\overline{V}_R + \overline{I}_R\overline{Z}_C}{2} \qquad A_2 = \frac{\overline{V}_R - \overline{I}_R\overline{Z}_C}{2} \tag{2.44}$$

Si se define como constante de propagación, $\overline{\gamma}$, al valor dado en (2.45).

$$\overline{\gamma} = \sqrt{zy} \tag{2.45}$$

Substituyendo en los valores de tensión e intensidad, (2.40) y (2.41), respectivamente, los valores obtenidos de las constantes (2.44), el valor de la impedancia característica (2.43) y el valor de la constante de propagación (2.45), se llega a las expresiones (2.46), las cuales aportan los valores eficaces de tensión e intensidad, así como sus ángulos de fase, en cualquier punto de la línea, supuestamente conocidos los valores en el receptor y los parámetros de la línea.

$$\overline{V} = \frac{\overline{V}_R + \overline{I}_R \overline{Z}_C}{2} \; exp\,(\gamma x) + \frac{\overline{V}_R - \overline{I}_R \overline{Z}_C}{2} \; exp\,(-\gamma x) \tag{2.46}$$

$$\overline{I} = \frac{\dfrac{\overline{V}_R}{\overline{Z}_C} + \overline{I}_R}{2} \; exp\,(\gamma x) - \frac{\dfrac{\overline{V}_R}{\overline{Z}_C} - \overline{I}_R}{2} \; exp\,(-\gamma x)$$

Se recuerda que para determinar los nuevos parámetros denominados impedancia característica y constante de propagación se utilizan los valores vectoriales de impedancia y admitancia por unidad de longitud de la línea eléctrica ($\overline{z}$ e $\overline{y}$).

Los valores de las expresiones (2.46), para una distancia al receptor de magnitud, la longitud total de la línea, L, aportarían los valores de la tensión e intensidad del generador, según (2.47).

$$\overline{V}_G = \frac{\overline{V}_R + \overline{I}_R \overline{Z}_C}{2} \; exp\,(\gamma L) + \frac{\overline{V}_R - \overline{I}_R \overline{Z}_C}{2} \; exp\,(-\gamma L) \tag{2.47}$$

$$\overline{I}_G = \frac{\dfrac{\overline{V}_R}{\overline{Z}_C} + \overline{I}_R}{2}\; exp\,(\gamma L) - \frac{\dfrac{\overline{V}_R}{\overline{Z}_C} - \overline{I}_R}{2}\; exp\,(-\gamma L)$$

Tal y como se comentó con anterioridad (subsección 2.2.2), frecuentemente en la realización de ejercicios prácticos de rendimiento, análisis de flujo o cortocircuitos, se utilizan los circuitos eléctricos de una línea media en pi.

Habitualmente, cualquier línea de transmisión eléctrica considerada larga puede representarse con la suficiente precisión[2], en lo que se refiere a las condiciones en sus extremos, por un circuito equivalente en pi, cuestión que faculta enormemente los cálculos.

2.5.1. Análisis según las constantes

Tanto la impedancia característica, $\overline{Z}_C$, como la constante de propagación, $\overline{\gamma}$, son expresiones complejas. Su utilización ayuda a interpretar las ecuaciones de las líneas largas y además, facilita su correcta aplicación práctica y como se estudiará posteriormente, a realizar un adecuado diseño de las líneas de transporte de energía eléctrica.

Respecto a la constante de propagación

La constante de propagación, $\overline{\gamma}$, se compone de una parte real, denominada constante de amortiguación, α, y de una parte imaginaria, denominada, constante de fase, βj (2.48), lo cual si se aplica a las expresiones de la tensión e intensidad (2.46) se obtienen las expresiones (2.49).

$$\overline{\gamma} = \alpha + \beta j \tag{2.48}$$

[2]La precisión es referida a la hora de confirmar los resultados obtenidos de las variables operando con los parámetros equivalentes y los reales, los cuales para una longitud próxima a la de la línea media son casi los mismos.

$$\overline{V} = \frac{\overline{V}_R + \overline{I}_R \overline{Z}_C}{2}\, exp\,(\alpha x)\ exp\,(j\,\beta x) + \frac{\overline{V}_R - \overline{I}_R \overline{Z}_C}{2}\, exp\,(-\alpha x)\ exp\,(-j\,\beta x) \tag{2.49}$$

$$\overline{I} = \frac{\dfrac{\overline{V}_R}{\overline{Z}_C} + \overline{I}_R}{2}\, exp\,(\alpha x)\ exp\,(j\,\beta x) - \frac{\dfrac{\overline{V}_R}{\overline{Z}_C} - \overline{I}_R}{2}\, exp\,(-\alpha x)\ exp\,(-j\,\beta x)$$

En las expresiones (2.49) la variación que experimentan los términos exponenciales en función de la distancia al receptor, x, del punto considerado ayudan a explicar las variaciones de tensión e intensidad en cualquier instante. Si se tiene:

- El primer término exponencial, $exp\,(\alpha x)$, cambia de valor real proporcionalmente con la distancia al receptor, x.
- El segundo término exponencial $exp\,(j\,\beta x)$, se define como (2.50), y produce un desfase de β radianes por unidad de longitud de la línea eléctrica.

$$exp\,(j\,\beta x) = \cos\beta x + \sin j\,\beta x = 1 \tag{2.50}$$

En consecuencia, si se analiza la expresión de la tensión (2.49) en función de la distancia existente al receptor, se tiene:

- Un primer término que aumenta su valor real y se adelanta en fase, a medida que aumenta la distancia al extremo receptor, x.

  Este primer término se denomina "tensión incidente".

- Un segundo término que disminuye su valor real y se retrasa en fase, a medida que aumenta la distancia al extremo receptor, x.

  Este segundo término se denomina "tensión reflejada".

En cualquier punto de la línea, la tensión es la suma de las tensiones incidente y reflejada, en ese punto.

Al ser la expresión de la intensidad igualmente afectada por la constante de propagación, $\overline{\gamma}$, también se puede considerar como la suma de las intensidades incidente y reflejada.

Respecto a la impedancia característica

Si la línea eléctrica termina con un valor de impedancia igual a la impedancia característica, $\overline{Z}_C$, resulta que el valor de la tensión en el receptor está definido según (2.51), lo cual substituyendo dicho valor en la expresión de la tensión (2.49), se obtiene (2.52).

$$\overline{V}_R = \overline{I}_R\,\overline{Z}_C \tag{2.51}$$

$$\overline{V} = \frac{\overline{V}_R + \overline{I}_R\overline{Z}_C}{2}\;exp\,(\alpha x)\;\;exp\,(j\,\beta x) + 0 \tag{2.52}$$

El segundo término es nulo, lo que equivale a decir que no existe tensión reflejada y tampoco existe intensidad reflejada.

Una línea eléctrica con una carga conectada igual a su impedancia característica se denomina línea plana o infinita. Habitualmente, las líneas de distribución no terminan en su impedancia característica, pero tal y como se va a comprobar a continuación, su valor sirve como referencia para el diseño y adaptación de las líneas eléctricas.

En cambio, las líneas de comunicaciones si terminan en su impedancia característica y de esta forma, se elimina la onda reflejada y se mejora la calidad de la señal.

2.5.2. Diseño y variaciones de carga en la línea eléctrica

Si se desprecia la resistencia serie de la línea, $R = 0$, y se considera infinita la resistencia de aislamiento y además, sin derivación por efecto corona, $G = 0$, se tiene que las partes reales de la impedancia y la admitancia son nulas. Por tanto, según la expresión (2.53) se comprueba que la impedancia característica no depende de la frecuencia y es función expresamente de la inductancia y capacidad de la línea con un carácter puramente resistivo.

$$\overline{Z}_C = \sqrt{\frac{z}{y}} = \sqrt{j\,2\pi f L\,\frac{-j}{2\pi f C}} = \sqrt{\frac{L}{C}} \tag{2.53}$$

Este carácter puramente resistivo de la impedancia característica se puede extrapolar a la línea eléctrica conectando una carga al receptor de valor igual al de la impedancia característica (figura 2.13), lo cual aplicando las igualdades de la tensión e intensidad para un punto cualquiera de la línea eléctrica (2.46), aporta la igualdad (2.54), que indica un valor de impedancia resistiva constante a lo largo de toda la línea eléctrica.

$$\overline{Z} = \frac{\overline{V}}{\overline{I}} \quad \rightarrow \quad \text{Siendo } \overline{Z}_R = \frac{\overline{V}_R}{\overline{I}_R} = \overline{Z}_C \quad \Rightarrow \quad \overline{Z} = \overline{Z}_C \tag{2.54}$$

Estas cuestiones cobran suma importancia en el diseño y condiciones de funcionamiento de las líneas de transmisión de energía eléctrica consideradas largas, utilizándose para el cálculo de la capacidad de transmisión de energía

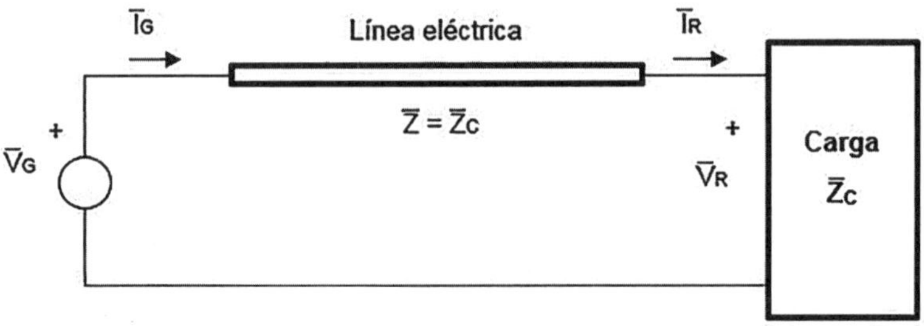

Figura 2.13: Línea eléctrica conectada a una carga igual que la impedancia característica de la propia línea

eléctrica, siendo la potencia trifásica de transporte que se toma como referencia la denominada "potencia característica", P_c (2.55), que representa la potencia de transmisión de una línea eléctrica con una carga conectada de valor la impedancia característica.

$$P_c = \frac{V_{R\,\text{Línea}}^2}{Z_c} \tag{2.55}$$

El carácter resistivo de la línea eléctrica indica que las potencias reactivas en serie y en derivación se anulan entre sí, representando la caída de tensión en cualquier punto de la línea como una caída resistiva cuestión relevante en la reducción de pérdidas y de la citada caída de tensión a lo largo de la línea eléctrica.

Por otro lado, al tener la carga el valor de la impedancia característica el factor de potencia del receptor es la unidad.

A partir de la expresión (2.49) para el caso particular de la tensión en el generador, es decir $x = L$, y una carga igual a la impedancia de receptor, $\overline{Z}_R$, operando con las expresiones trigonométricas correspondientes, se obtiene la igualdad (2.56).

$$\overline{V}_G = \overline{V}_R \cosh \gamma\, L + \overline{I}_R \overline{Z}_C \sinh \gamma\, L \tag{2.56}$$

En la igualdad (2.56), expresión válida para líneas eléctricas de cualquier longitud, los factores que multiplican a las variables $\overline{V}_R$ e $\overline{I}_R$, son constantes y propios de la línea eléctrica, por tanto, una variación en la carga no influirá en su valor.

Por tanto, para analizar lo sucedido según varía la potencia demandada por el receptor en comparativa de la potencia característica se observa la expresión (2.56) e inicialmente se supone, primero, que la tensión al generador permanece constante y segundo, que en las variaciones de carga se mantiene el mismo factor de potencia inicial, con lo cual se pueden extraer las siguientes posibilidades:

- Si la potencia demandada fuera mayor que la potencia característica, es decir, si la intensidad demandada por el receptor fuera mayor que la establecida con una carga igual a la impedancia característica, resultaría que según aumenta el módulo de la intensidad, $\overline{I}_R$, disminuye en magnitud la tensión al receptor, $\overline{V}_R$, existiendo mayor caída de tensión en la línea eléctrica.

  El tener una mayor caída de tensión en la línea eléctrica se traduce en un aumento del efecto inductivo serie.

- En cambio, si la potencia demandada fuera menor que la potencia característica, es decir, si la intensidad demandada por el receptor fuera menor que la establecida con la impedancia característica en el receptor, resultaría que según disminuye el módulo de la intensidad, $\overline{I}_R$, aumenta en magnitud la tensión al receptor, $\overline{V}_R$, existiendo menor caída de tensión en la línea eléctrica.

  El tener una menor caída de tensión en la línea eléctrica se traduce en un aumento del efecto capacitivo.

Se observa que un aumento de la intensidad del receptor por encima de la inicialmente proyectada repercute en las pérdidas de la línea eléctrica, como era de suponer.

Las caídas de tensión comentadas no son deseadas en las líneas eléctricas, además, si la línea estudiada es larga los factores que representan a los parámetros multiplicados por la longitud cobran una magnitud significativa, por tanto, para diseñar una línea eléctrica considerada larga se parte del valor de la potencia característica como referencia y para trabajar en su cercanía, analizando el posible desfase que puede experimentar la carga con respecto a la impedancia característica.

De esta forma, si fuera necesario se plantearían las adecuadas modificaciones de la impedancia característica de la línea para que la tensión del receptor se mantuviera en los márgenes establecidos reglamentariamente. Es decir, observando las expresiones de la potencia e impedancia características (2.53) y (2.55), respectivamente, se tendría (2.57), donde:

$$\overline{Z}_C = \sqrt{\frac{L}{C}} \qquad P_c = \frac{V^2_{R\,\text{Línea}}}{Z_c}$$

$$P_c = \frac{V^2_{R\,\text{Línea}}}{\sqrt{\dfrac{z}{y}}} \tag{2.57}$$

- Si la potencia demandada es mayor que la potencia característica se puede establecer el reducir el valor de la impedancia característica y así aumentar la potencia característica según (2.57) para igualar las potencias demandada y la característica modificada.

  Esto se podría obtener reduciendo la inductancia serie conectando condensadores en serie o aumentando la capacidad en paralelo.

- Si la potencia demandada es menor que la potencia característica se puede establecer el aumentar el valor de la impedancia característica y así reducir la potencia característica según (2.57) para igualar las potencias demandada y la característica modificada.

Esto, principalmente, se podría obtener reduciendo la capacidad en paralelo conectando inductancias. Se destaca que la conexión de inductancias en serie no es deseable pues genera caídas adicionales de tensión.

De esta forma se modificarían los parámetros de la línea eléctrica para adecuar sus prestaciones a las necesidades requeridas.

En el caso de líneas eléctricas que no sean largas es más factible operar con cargas mayores de la potencia característica pues al ser la longitud menor la influencia de los parámetros también es menor.

Respecto a los supuestos considerados para facilitar el análisis de la expresión (2.56) se considera que tanto si la tensión del generador se mantiene constante como si no se mantuviera, la caída de tensión experimentada afectaría en más o menos medida a las tensiones de cada uno de los extremos pero siguiendo las mismas pautas expuestas.

Respecto a la variación del factor de potencia de la carga también posee su repercusión en el sistema de transmisión, tal y como se ha visto en el estudio de las líneas eléctricas (subsección 2.1.1). Habitualmente las cargas tienen un efecto inductivo, lo cual incrementaría las caídas comentadas en el sistema de transporte, por tanto, también puede resultar interesante controlar el factor de potencia del grupo receptor, mediante la conexión de bancos de condensadores en paralelo, para que la intensidad del receptor tenga un desfase adecuado.

Capítulo 3

Análisis gráfico "Blondel-Thilemans"

El análisis gráfico de las variaciones de tensión, intensidad o potencia de un circuito cuando cambia alguna de las variables, no solamente ahorra gran cantidad de tiempo, cuando el número de puntos a calcular es grande, sino que sirve también para explicar alguno de los resultados obtenidos. Además, se tiene la posibilidad de representar gráficamente los lugares geométricos de las variables de un circuito, como respuesta al cambio experimentado por alguna otra.

Para la representación de una línea eléctrica resulta interesante obtener expresiones de las variables más sencillas, para ello, se parte de que los parámetros de una línea eléctrica se pueden considerar de valor constante para una determina longitud y se propone el representar las variables en función de unas constantes que sean función de los parámetros, obteniendo expresiones del tipo (3.1) y (3.2), donde aparecen las constantes A, B, C y D, denominadas "constantes generalizadas".

$$\overline{V}_G = A\,\overline{V}_R + B\,\overline{I}_R \tag{3.1}$$

$$\overline{I}_G = C\,\overline{V}_R + D\,\overline{I}_R \tag{3.2}$$

Las condiciones necesarias para representar una parte de la línea eléctrica mediante las constantes generalizadas o como un cuadripolo pasivo, son las siguientes:

- Que no incluya ninguna fuente de tensión.
- Que los parámetros de resistencia, inductancia y capacidad, sean constantes.
- Que tengan dos terminales de entrada y dos de salida.

De esta forma se cumplen, entre otras, las siguientes propiedades:

- Las constantes generalizadas son números complejos de la forma:

  $$A_a \quad B_b \quad C_c \quad D_d$$

  Se destaca que a lo largo del presente capítulo se omitirán los símbolos de vector en las correspondientes constantes generalizadas para evitar la sobrecarga de las figuras y expresiones analíticas, ahora bien, se indicará adecuadamente cuando se utilicen los valores modulares.

- En un cuadripolo pasivo se verifica la igualdad (3.3).

  $$A\,D - B\,C = 1 \tag{3.3}$$

- Si el cuadripolo es simétrico, se cumple la igualdad, A = D.

Según el tipo de línea eléctrica, el cálculo de las constantes generalizadas se desarrolla obteniendo las expresiones del tipo (3.1) y (3.2) e igualando. Respecto a la línea eléctrica larga se puede operar mediante el circuito equivalente en pi con los valores equivalentes de impedancia y admitancia totales de la línea.

A continuación, se va a desarrollar el diagrama de *Blondel-Thilemans*, en el cual las principales variables representadas son tensiones e intensidades, bajo el cumplimiento de los demás parámetros que forman el sistema. Aunque también se podrán tratar variables de potencia a distinta escala que la correspondiente. Posteriormente, se tratan otros diagramas donde la unidad principal es la potencia, la cual también se representa bajo la influencia de otras variables.

Los pasos anteriores se realizarán, primeramente, tomando como referencia los valores de las variables al receptor para posteriormente, dibujar diagramas similares tomando como referencia las variables al generador. Por último, se representan los diagramas de potencias conjuntamente.

Uno de los principales objetivos de las representaciones gráficas será el determinar la zona de trabajo estable del sistema eléctrico a estudio.

3.1. Diagrama de tensiones al receptor

Se considera una de las fases y se representan gráficamente las expresiones obtenidas de las constantes generalizadas, para cualquier tipo de línea eléctrica, mediante la expresión genérica de tensiones (3.4).

$$\overline{V}_G = A\,\overline{V}_R + B\,\overline{I}_R \tag{3.4}$$

Tomando la tensión del receptor, $\overline{V}_R$, como referencia y origen de fases, una intensidad al receptor, $\overline{I}_R$, retrasada respecto a la tensión (en general, el factor de potencia, θ_R, viene determinado por la carga) y representando las caídas de tensión, $A\overline{V}_R$ y $B\overline{I}_R$, se obtiene el diagrama vectorial de tensiones de una red eléctrica (figura 3.1), trabajando en el punto 1, donde se visualiza la obtención de $\overline{V}_G$.

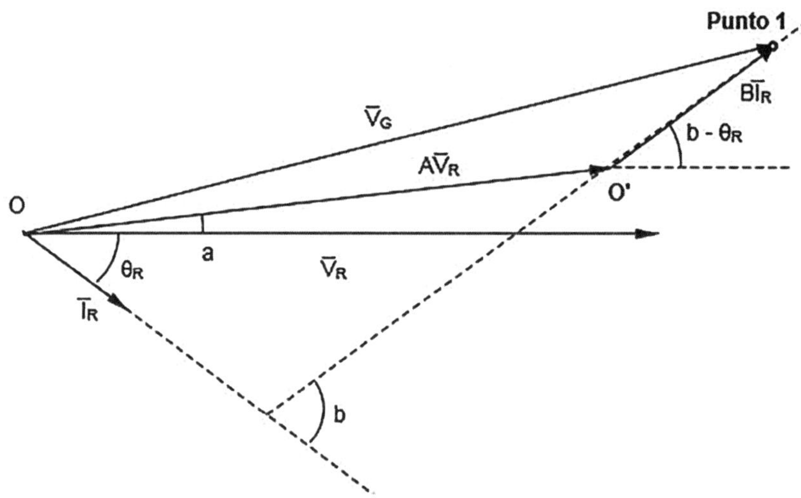

Figura 3.1: Diagrama de tensiones al receptor de una red de transporte eléctrico

A partir de la figura 3.1, considerando la tensión $\overline{V}_R$ y el módulo de la intensidad al receptor $\overline{I}_R$, ambas constantes, se pueden realizar, entre otros, las tareas descritas a continuación, siguiendo la figura 3.2:

- El arco de radio O'1 y centro en O', representa el lugar geométrico de los puntos con distintos factores de potencia, considerando los límites impuestos por la potencia de trasmisión, P_R, positiva (posteriormente se detalla la obtención de los ejes de referencia).

  Cabe destacar que al igual que se hizo en el caso de la representación de las líneas cortas, para determinar los límites del lugar geométrico o del arco descrito en la figura 3.2, también se debe tener presente que el ángulo de par tiene que ser positivo. Por tanto, el arco que representa el

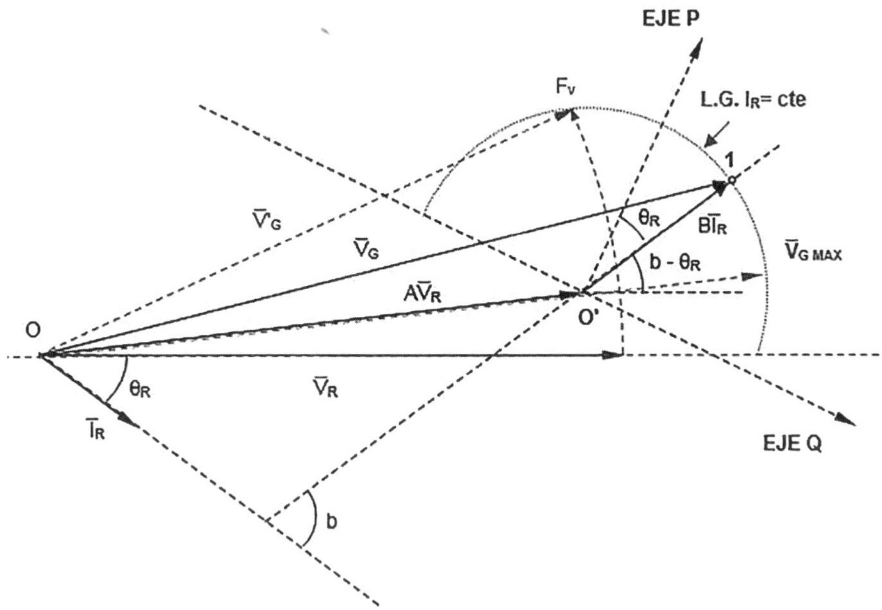

Figura 3.2: Cálculos desarrollados en el diagrama de tensiones al receptor

lugar geométrico de los posibles puntos de trabajo, bajo las condiciones previamente establecidas, parte del eje de abscisas.

- La tensión de generador máxima, $\overline{V}_{G\,Max}$ es el segmento trazado desde el centro O hasta el arco de los distintos factores de potencia cuyo valor sea máximo.

  En el caso de la figura 3.2, es el segmento cuyo valor modular se obtiene sumando las caídas $A\,\overline{V}_R$ y $B\,\overline{I}_R$, ambas en módulo.

- Para determinar el punto donde los módulos de la tensión del generador y la del receptor son iguales se opera, con centro en O y radio el módulo de $\overline{V}_R$ se traza un arco, donde corta al arco de los distintos factores de potencia se obtiene el punto F_V, punto denominado como "Punto Ferranti para tensiones".

  En consecuencia, el efecto Ferranti consiste en disminuir la tensión al principio de la línea de transmisión eléctrica, es decir, reducir el módulo de $\overline{V}_G$ aproximándolo al valor del módulo de $\overline{V}_R$.

- A distinta escala modular se pueden obtener las direcciones de los ejes de potencia activa y reactiva por fase a partir de $B\,\overline{I}_R$, y de sus componentes según el ángulo, θ_R, para el punto de trabajo 1, según las igualdades (3.5) y (3.6).

$$B\,\overline{I}_R \cos\theta_R \Rightarrow Eje\ de\ P_R \tag{3.5}$$

$$B\,\overline{I}_R \sin\theta_R \Rightarrow Eje\ de\ Q_R \tag{3.6}$$

Además, utilizando el multiplicador de valor $\frac{V_R}{B}$ también se podría obtener el valor modular de P_R y Q_R según las expresiones (3.7) y (3.8).

$$B\,I_R \cos\theta_R \frac{V_R}{B} = P_R \tag{3.7}$$

$$B\,I_R \sin\theta_R \frac{V_R}{B} = Q_R \tag{3.8}$$

Aunque inicialmente solamente se utiliza el valor modular del multiplicador también es factible su uso para próximas aplicaciones considerando sus argumentos puesto que B es constante generalizada y permanece constante en módulo y argumento y respecto a la tensión del receptor aunque podría considerarse con una variación en módulo su argumento se mantiene como referencia del sistema, todo lo cual indica que las direcciones obtenidas no se verán modificadas ante los posibles cambios que se presenten pues éstos afectarán a otras variables. Es decir, se están obteniendo las direcciones en función de parámetros que no van a variarse, por tanto, se pueden considerar como ejes de referencia.

De esta forma se obtiene la representación de los ejes de potencia (eje P y Q) en el diagrama vectorial.

Si además de todo lo expuesto se considera la posible variación de la intensidad de receptor, $\overline{I}_R$, en módulo, fase o ambas, se tienen nuevas posibilidades gráficas, entre las que se encuentran:

- La recta O'1, representaría el lugar geométrico de los puntos con un factor de potencia constante para distintos valores modulares de $\overline{I}_R$.
- Los lugares geométricos para una determinada variación en módulo de la intensidad de receptor, $\overline{I}_R$, vienen dados por arcos concéntricos con centro en el punto O' y el correspondiente radio de valor modular, $B\,I_R$, variado en la misma proporción que el módulo de la intensidad, y bajo los mismos límites impuestos.

Pudiéndose representar más casos en los que a partir de unos valores se pueden obtener otros posibles valores que cumplan con las condiciones marcadas por los parámetros de la línea eléctrica representada.

Este tipo de representación genérica aplicable a cualquier tipo de línea de transporte de energía eléctrica se denomina "diagrama de Blondel-Thilemans".

También se dispone del diagrama correspondiente para la representación de las intensidades al receptor a partir de la expresión (3.9).

$$\overline{I}_G = C\,\overline{V}_R + D\,\overline{I}_R \tag{3.9}$$

Análogamente al comentario para la tensión, en la escala de intensidades se puede desarrollar un diagrama semejante. Donde, cabe destacar, que también existe un punto de trabajo donde la magnitud de la intensidad del generador y la del receptor son iguales, punto que se denomina punto Ferranti de intensidades.

Naturalmente, el punto Ferranti de tensiones no se corresponde en el funcionamiento al punto Ferranti de intensidades.

3.2. Diagrama de potencias al receptor

Como se ha visto con el diagrama de tensiones al receptor (sección 3.1), la representación gráfica aporta muchas ventajas y posibilidades de cálculo. Ahora bien, en muchos casos las variables deseadas pueden estar en función de la potencia aparente del receptor o de alguna de sus componentes, lo cual hace deseable la representación de nuevos diagramas cuyas variables estén representadas por unidades de potencia, por ejemplo, a la hora de conocer la máxima potencia activa del receptor que se puede transportar a través de la línea eléctrica analizada sin pérdida de estabilidad, o la capacidad necesaria para mejorar el factor de potencia un determinado margen.

A continuación, se van a tratar estos casos desde el diagrama de potencias al receptor. Para ello se precisan realizar las siguientes trasformaciones a partir del diagrama de tensiones al receptor de la figura 3.2:

- Primero se deben multiplicar todas las variables por la magnitud $\frac{V_R}{B}$ en módulo.

  De esta forma se consigue que todas las variables pasen a tener dimensiones de potencia.

- Posteriormente, se debe girar todo el diagrama el ángulo correspondiente al vector de $\frac{\overline{V}_R}{B}$.

  Al haberse considerado la tensión del receptor como referencia a cero grados, el ángulo resultante es $-b$ grados.

  Al girar el diagrama $-b$ grados (es decir, girando en sentido horario) el eje de la potencia activa positiva representado pasa a coincidir con el eje de abscisas positivo. En cambio, el eje de potencia reactiva inductiva coincide con el eje de ordenadas negativo.

- Por tanto, para mantener el signo del convenio de potencias reactivas (inductivo = positivo), se debe abatir todo el diagrama respecto al eje de abscisas.

Resultando con todo ello el diagrama de potencias al receptor de la figura 3.3, donde se observan varios detalles relevantes:

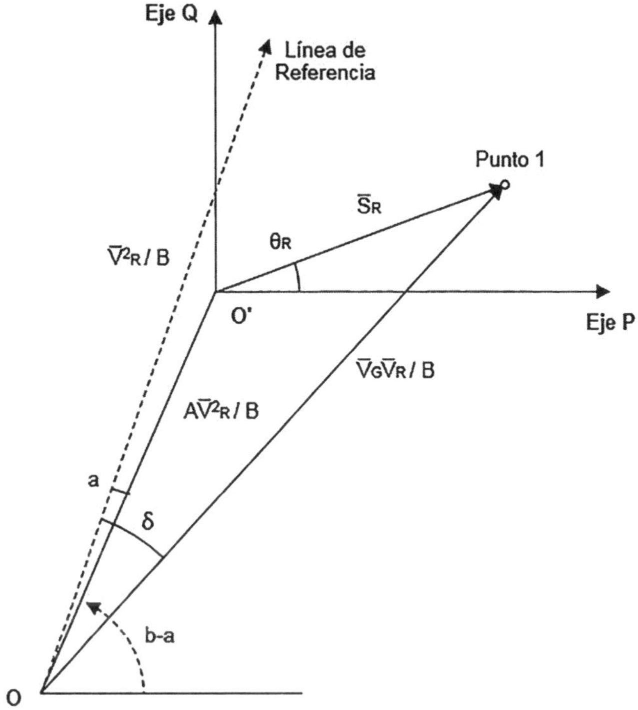

Figura 3.3: Diagrama de potencias al receptor de una red de transporte eléctrico

- Respecto a los ángulos solamente pueden variar su magnitud: δ y θ_R, puesto que los demás corresponden a las constantes generalizadas de la línea.

  Por tanto, la dirección de la recta que une los centros O y O' siempre permanece constante y tendrá un ángulo $b - a$ respecto a la horizontal.

- Del mismo modo, la línea denominada de referencia, se encuentra a b grados respecto a la horizontal y era la línea correspondiente al eje de abscisas en el diagrama de tensiones al receptor de origen.

Por tanto, la línea de referencia sirve para medir el ángulo de par, existente entre la tensión de receptor y generador, δ, desde el diagrama de origen.

- En el caso particular de la línea eléctrica representada en el diagrama el ángulo θ_R, tiene un valor positivo, lo cual representa un factor de potencia del generador inductivo.

A partir de la figura 3.3, considerando la tensión $\overline{V}_R$ y el módulo de la intensidad al receptor $\overline{I}_R$, ambos constantes, se pueden realizar, entre otras, las tareas descritas a continuación, siguiendo la figura 3.4.

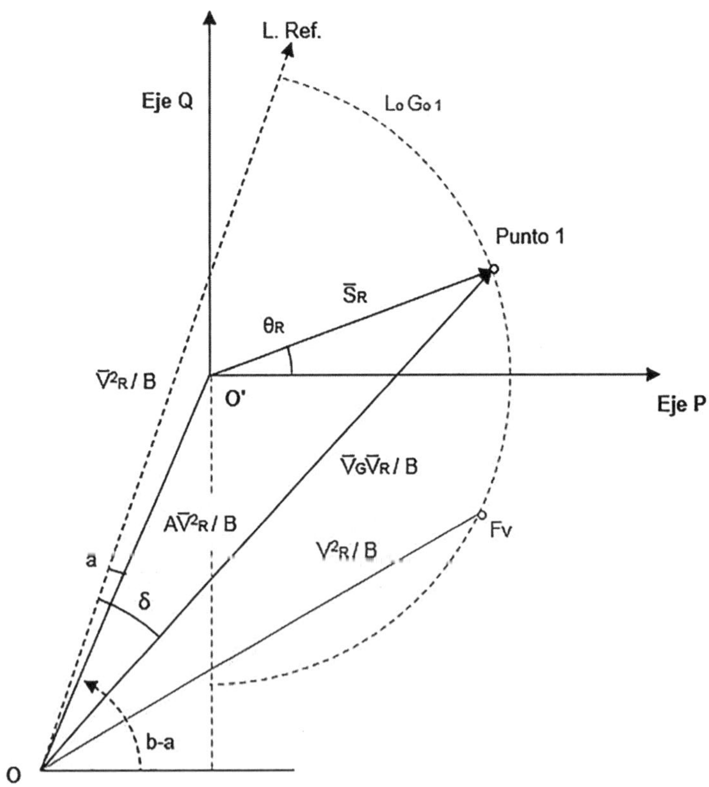

Figura 3.4: Cálculos desarrollados en el diagrama de potencias al receptor

- El arco de radio O'1 y centro en O', representa el lugar geométrico, $L_0\, G_{0\,1}$, de los puntos con distintos factores de potencia al receptor, considerando los límites impuestos por la potencia de trasmisión, P_R, positiva.

  Cabe destacar que al igual que se ha hecho con anterioridad, para determinar el lugar geométrico o las partes válidas del arco descrito en la figura 3.4, también se debe tener presente que el ángulo de par sea positivo, es decir, la línea de referencia es uno de los límites para el lugar geométrico.

- Para determinar el punto Ferranti donde los módulos de la tensión del generador y la del receptor son iguales se opera, con centro en O y como radio el módulo $\frac{V_R^2}{B}$ se traza un arco, donde corta al arco de los distintos factores de potencia, se obtiene el punto F_V.

Si además de todo lo expuesto se considera que también es posible la variación del módulo de la intensidad de receptor, $\overline{I}_R$, continuando $\overline{V}_R$ constante, se tienen nuevas posibilidades gráficas (figura 3.5), entre las que se comentan las siguientes:

- La recta O'1, representaría el lugar geométrico de los puntos con un factor de potencia constante.

- Las variaciones en módulo de la intensidad de receptor, $\overline{I}_R$, vienen dadas por arcos concéntricos con centro en el punto O' y el correspondiente radio de valor modular $V_R\, I_R$, variando en la misma proporción que la intensidad.

  Por ejemplo, para valores superiores en magnitud al tenido en origen para el punto 1, se obtiene el lugar geométrico definido por $L_0\, G_{0\,2}$, siendo para magnitudes menores el definido por $L_0\, G_{0\,3}$.

- La potencia activa máxima admisible al receptor variando la intensidad de receptor, $\overline{I}_R$, pero manteniendo constante el módulo de la tensión

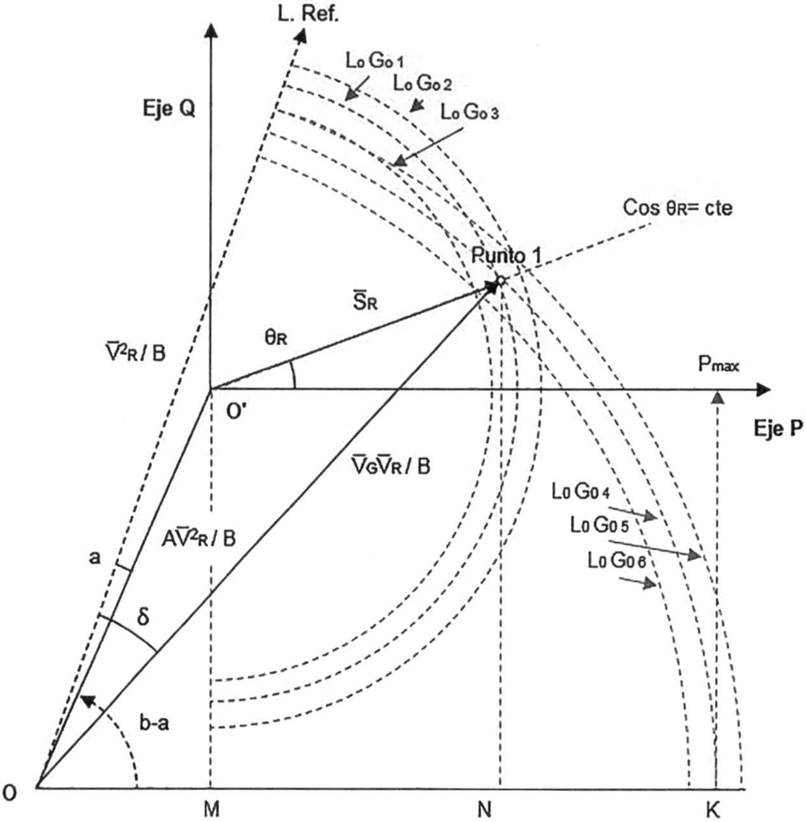

Figura 3.5: Nuevos cálculos desarrollados en el diagrama de potencias al receptor

del generador, $\overline{V}_G$ y la tensión del receptor, $\overline{V}_R$, se puede calcular a partir de la figura 3.5.

Tomando como referencia la horizontal que pasa por el punto O y es paralela al eje de potencia activa se tiene la igualdad (3.10). Donde el segmento $\overline{MN}$ representa la potencia activa del receptor del punto 1, del cual se quiere obtener su valor máximo.

$$\overline{MN} = \overline{ON} - \overline{OM} \tag{3.10}$$

Substituyendo en (3.10), los valores de los segmentos en función de las variables del diagrama, se tiene la igualdad (3.11).

$$\overline{MN} = \frac{V_G\,V_R}{B}\,cos(b-\delta) - \frac{A\,V_R^2}{B}\,cos(b-a) \qquad (3.11)$$

En las igualdades (3.11) se sabe que las constantes generalizadas son constantes en módulo y fase, por tanto, para un determinado valor de $\overline{V}_R$ se tiene que el valor del segmento $\overline{OM}$ permanece constante. Por lo cual el único valor que puede variar es el primer miembro del sumando, $\overline{ON}$, y solamente en función del ángulo de par, δ que es el único valor variable pues la magnitud V_G también permanece constante.

En definitiva, para que $\overline{MN}$ sea máximo el ángulo de par debe ser igual al ángulo b, consiguiendo así la máxima potencia de transferencia al receptor (3.12). Valores que al mismo tiempo sirven como límites del correspondiente lugar geométrico para unos determinados valores constantes de $\overline{V}_R$ y del módulo de $\overline{V}_G$ pues, además de otras razones relacionadas con la estabilidad (capítulo 9), no interesaría trabajar con ángulos de par más elevados para transportar menor magnitud de potencia activa al receptor.

$$\overline{MN}_{Max} = \overline{MK} = P_{R_{Max}} \qquad \Rightarrow \qquad \delta = b \qquad (3.12)$$

- En consecuencia, los lugares geométricos resultantes de otras posibles variaciones del módulo de $\overline{V}_G$ manteniendo $\overline{V}_R$ constante, se representan mediante arcos con centro en O y radio con el correspondiente valor en módulo de $\overline{V}_G$, limitados, por un extremo, por la línea de referencia o si fuera el caso potencia activa positiva y por el otro extremo, por el valor del ángulo de par igual al ángulo b (δ=b).

  Por tanto, se tiene que para un valor de magnitud el módulo de la tensión del generador igual a la existente en el punto de trabajo 1, se obtiene el lugar geométrico $L_0 G_{0\,4}$. Para un valor superior en magnitud se obtiene $L_0\, G_{0\,5}$ y para un valor inferior $L_0\, G_{0\,6}$.

Cabe destacar que todos los arcos obtenidos son concéntricos en el punto O, puesto que no se ha variado el valor de $\overline{V}_R$, cuestión a tratar posteriormente.

Hasta ahora se ha tenido presente que el valor de la tensión del receptor permanecía constante en módulo y argumento, lo que suponía que el centro, punto O, permanecía fijo. Ahora bien, si también se varía el valor modular de $\overline{V}_R$, hay que determinar el nuevo centro resultante, lo cual también determina un cambio de posición de las correspondientes líneas de referencia (figura 3.6).

De tal forma que se parte del punto de trabajo 1, permaneciendo la magnitud modular de la tensión al generador constante, y se desean calcular los lugares geométricos resultantes para distintos valores de la magnitud de la tensión del receptor.

En el caso de que se decrementase la magnitud del módulo de $\overline{V}_{R\,1}$, pasando a valer $V_{R\,2}$, lo primero que se tendría que obtener es el nuevo centro O_2, y su correspondiente línea de referencia. Posteriormente, con centro en O_2, se trazaría el respectivo arco $\frac{V_G\, V_{R\,2}}{B}$ con los límites adecuados, resultando el lugar geométrico, $L_2\, G_{0\,2}$

De la misma forma para un incremento de la magnitud modular de $\overline{V}_{R\,1}$, pasando a valer $V_{R\,3}$, se obtendría el centro O_3, resultando el lugar geométrico, $L_3\, G_{0\,3}$.

Destacando de la representación dada en la figura 3.6, los siguientes puntos:

- Al variar la magnitud modular de $\overline{V}_R$, los arcos obtenidos no son concéntricos.
- El cambio de posición de la línea de referencia obliga a determinar los ángulos de par respecto a las nuevas referencias.

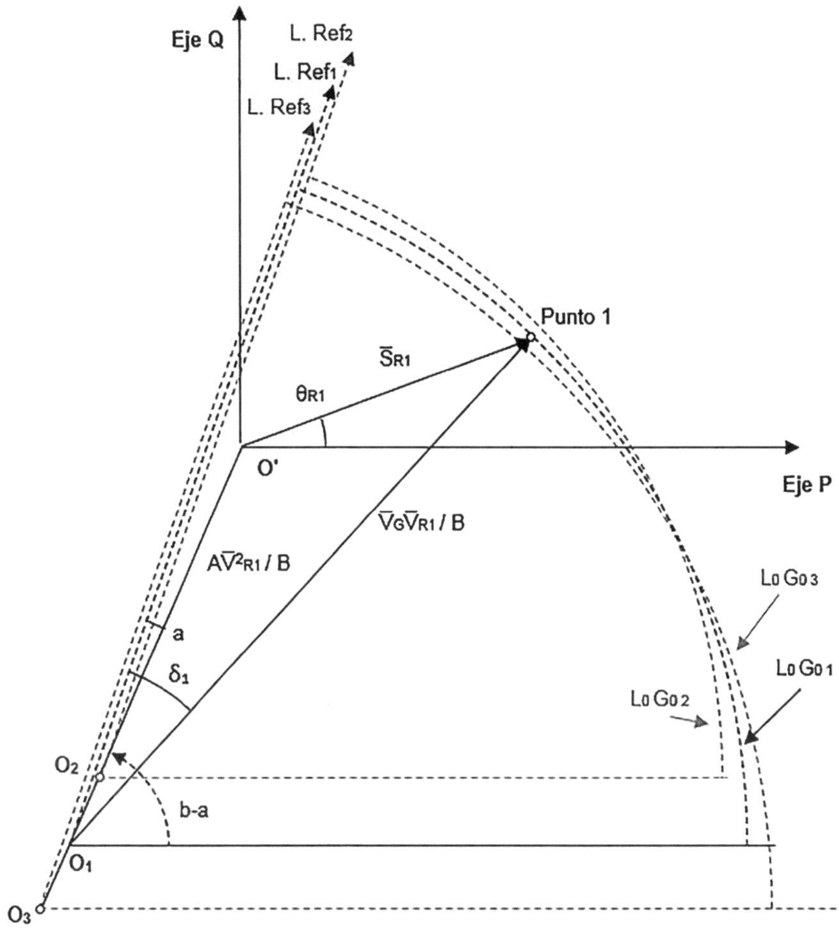

Figura 3.6: Puntos de trabajo en el diagrama de potencias al receptor variando el módulo de la tensión al receptor

- Los límites extremos de los correspondientes lugares geométricos también cambian su posición respecto a la horizontal.

A todo lo comentado, se podrían representar más casos, en los cuales a partir de unos datos determinados se pueden obtener otros posibles valores que cumplan con las condiciones marcadas por los parámetros de la línea eléctrica representada.

Por ejemplo, a partir de lo tratado en la figura 3.3, se puede plantear la siguiente tarea: dado el diagrama de potencias al receptor obtenido a partir de las condiciones de un punto de trabajo (punto 1 de la figura 3.7), calcular el módulo de la nueva tensión al generador y la capacidad precisa a conectar en el extremo receptor para rebajar el ángulo del receptor a un determinado valor, θ_{R2}, sabiendo que permanecen constantes el módulo de la tensión y la potencia activa, ambos del receptor.

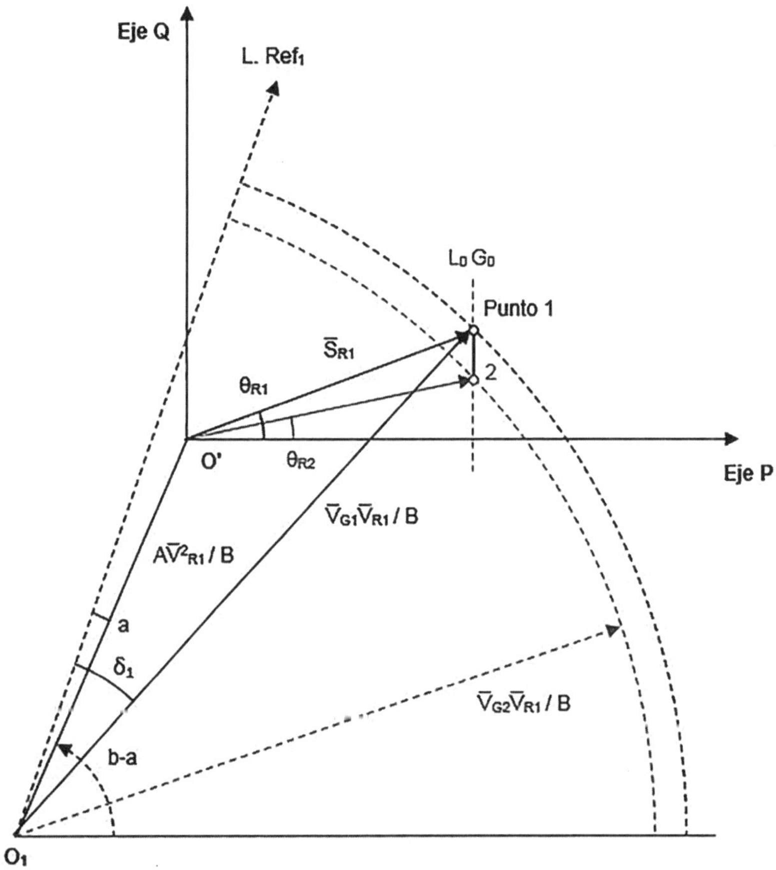

Figura 3.7: Obtención de la potencia reactiva en un diagrama de potencias al receptor

Dependiendo donde se coloquen los condensadores en el sistema eléctrico adquieren distintas finalidades. Cuando se conectan condensadores en paralelo cerca de la carga o receptor se tiene que bien una parte o la totalidad de la intensidad reactiva inductiva consumida por la carga es aportada por los condensadores. De esta forma, se consiguen diversos objetivos, entre los que se encuentran:

- Al existir un menor consumo de intensidad reactiva de la red por parte de la carga se mejora el factor de potencia del receptor.
- Con menor intensidad disminuyen las pérdidas energéticas asociadas.
- Se reduce la caída de tensión aguas arriba del receptor, es decir, disminuye la magnitud en módulo de la tensión del generador, tal y como se vio en las líneas eléctricas cortas (sección 2.1).

Observando la figura 3.7, se sabe que la potencia activa al receptor permanece constante, por tanto, se traza una vertical por el punto 1, representando el lugar geométrico de la misma potencia activa. Al aportar el enunciado el nuevo valor del ángulo del receptor, θ_{R2}, se obtiene el punto 2 que representa el nuevo punto de trabajo.

Al ser uno de los casos donde el centro O_1 no sufre desplazamiento pues el módulo de la tensión del receptor permanece invariable, la magnitud del segmento $\overline{O_1 2}$ sirve para obtener con la correspondiente escala el valor de la nueva tensión del generador mediante (3.13).

$$\overline{O_1 2} = \frac{V_{G\,2}\, V_{R\,1}}{B} \quad \Rightarrow \quad V_{G\,2} = \frac{\overline{O_1 2}\, B}{V_{R\,1}} \tag{3.13}$$

La magnitud del segmento $\overline{12}$ corresponde, con la respectiva escala, a la potencia reactiva, Q_C, necesaria por fase a incorporar en el extremo receptor. Cuestión que posibilitará según la igualdad (3.14) obtener el valor de la correspondiente capacidad, C.

$$\overline{12} \Rightarrow Q_C = \frac{V_{R1}^2}{X_c} = \frac{V_{R1}^2}{1/wC} = V_{R1}^2\, 2\pi\, f\, C \tag{3.14}$$

3.2.1. Diagrama de potencias al receptor de la línea corta

Para una línea de transmisión de energía eléctrica denominada corta, el valor de las constantes generalizadas está dado por las igualdades (3.15), con las que se obtiene el diagrama de potencias de la figura 3.8.

$$\overline{V}_G = \overline{V}_R + \overline{Z}_L\, \overline{I}_R \qquad\qquad \overline{I}_G = \overline{I}_R \tag{3.15}$$

$$A = 1_0 \qquad B = \overline{Z}_L \qquad C = 0 \qquad D = 1_0$$

De los citados valores (3.15) y observando la figura 3.8, se destacan las siguientes consideraciones:

- La coincidencia de la recta que une los centros O y O' con la línea de referencia al ser nulo el ángulo de la constante generalizada, A.
- La igualdad del valor del argumento de la constante B con el ángulo de la impedancia serie de la línea corta.

Si se plantea obtener el lugar geométrico, $L_0\, G_0$ de los puntos de trabajo con el módulo de la tensión más el módulo de la intensidad, ambos al receptor constantes, se obtiene el arco de la figura 3.8.

Al considerarse una línea corta y al mismo tiempo mantenerse constante el módulo de la intensidad, resulta que las pérdidas activas, P_p, y reactivas, Q_p,

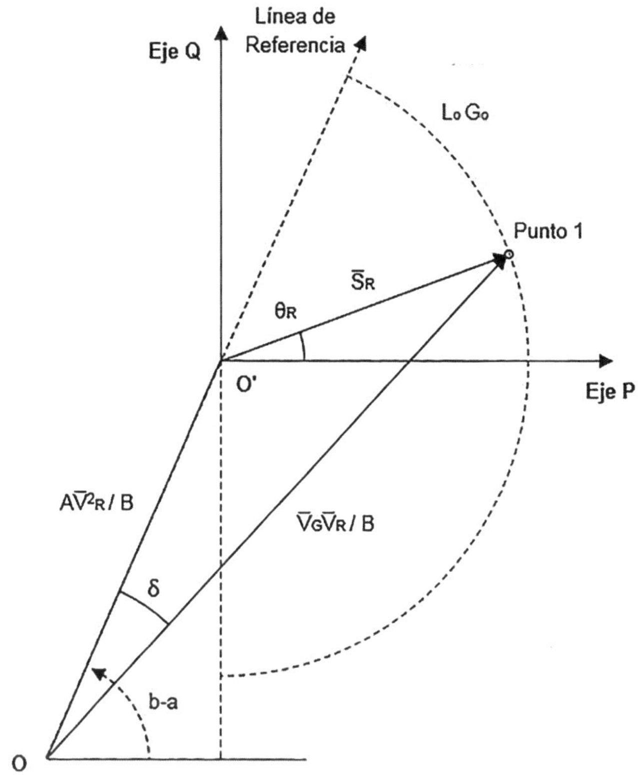

Figura 3.8: Representación gráfica del lugar geométrico con las mismas pérdidas en una línea eléctrica corta

de todos los puntos de trabajo del arco son las mismas según las igualdades (3.16). Característica especial de las líneas cortas al tener la totalidad de los parámetros concentrados recorridos por la misma intensidad, $\overline{I}_R$.

$$P_p = R\, I_R^2 \qquad\qquad Q_p = X_L\, I_R^2 \tag{3.16}$$

Por tanto, el arco de la figura 3.8, representa el lugar geométrico de los puntos del diagrama con el mismo valor de pérdidas activas y reactivas en la línea eléctrica, manteniéndose el módulo de la tensión y de la intensidad, ambos al receptor, constantes.

Al tratarse del diagrama de potencias al receptor, el radio del arco tiene de magnitud el producto $V_R I_R$, donde al substituir el valor de I_R por el dado de las expresiones (3.16), se obtiene el valor del radio del lugar geométrico, en la escala correspondiente, en función de las pérdidas de la línea eléctrica según (3.17).

$$\text{Radio } \overline{O'1} = V_R \sqrt{\frac{P_p}{R}} = V_R \sqrt{\frac{Q_p}{X_L}} \tag{3.17}$$

Cabe destacar, al igual que anteriores ejemplos, que el lugar geométrico obtenido hay que limitarlo según las condiciones de estabilidad de la línea eléctrica, las cuales limitarían la zona a los puntos con potencia al receptor y ángulo de par, ambos, positivos.

3.3. Diagrama de tensiones al generador

A partir de las expresiones genéricas de tensiones (3.1) e intensidades (3.2) y cumpliendo con las correspondientes propiedades, operando se puede llegar a las igualdades (3.18) y (3.19).

$$\overline{V}_R = D\,\overline{V}_G - B\,\overline{I}_G \tag{3.18}$$

$$\overline{I}_R = -C\,\overline{V}_G + A\,\overline{I}_G \tag{3.19}$$

Se considera una de las fases y se representan gráficamente las expresiones obtenidas de las constantes generalizadas, para cualquier tipo de línea eléctrica, inicialmente, a partir de las tensiones, mediante la expresión genérica de tensiones (3.18).

Tomando la tensión del generador, $\overline{V}_G$, como referencia y origen de fases, una intensidad al generador, $\overline{I}_G$ retrasada respecto a la tensión y representando las caídas de tensión, $D\,\overline{V}_G$ y $-B\,\overline{I}_G$, se obtiene el diagrama vectorial de tensiones de una red eléctrica (figura 3.9), trabajando en el punto 1, donde se visualiza la obtención de $\overline{V}_R$.

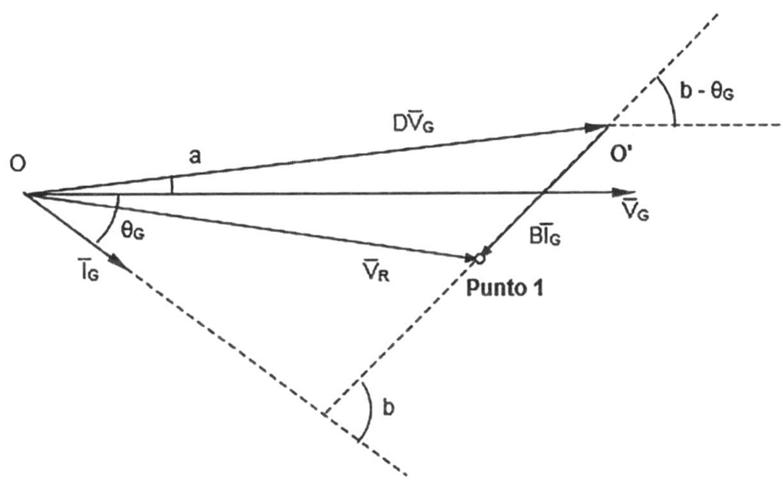

Figura 3.9: Diagrama de tensiones al generador de una red de transporte eléctrico

A partir de la figura 3.9, considerando la tensión al generador $\overline{V}_G$ y el módulo de la intensidad al generador, ambos constantes, se cumplen casos interesantes a seguir a partir de la figura 3.10.

- El arco de radio O'1 y centro en O', representa el lugar geométrico de los puntos de distintos factores de potencia, considerando los límites impuestos por la potencia de trasmisión, P_G, positiva (posteriormente se detalla la obtención de los ejes de referencia).

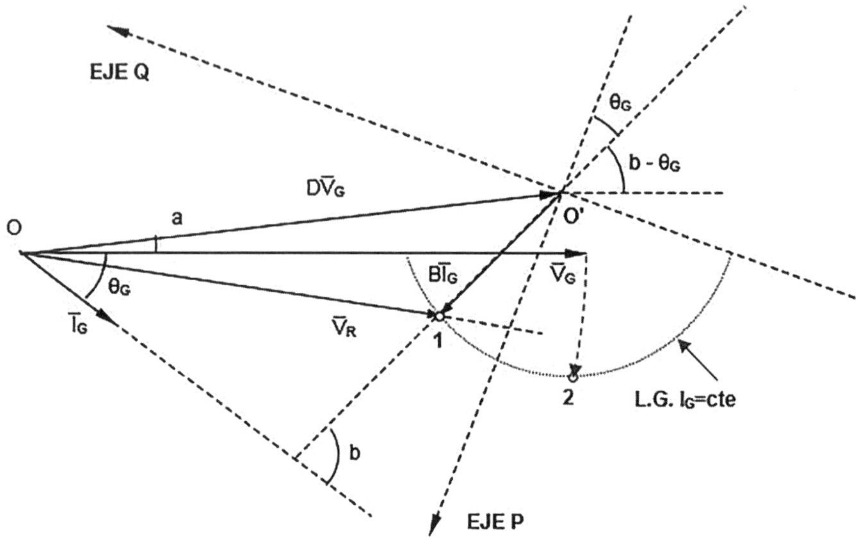

Figura 3.10: Cálculos desarrollados en el diagrama de tensiones al generador

Cabe destacar que al igual que se hizo en el caso de la representación de las líneas cortas, para determinar el lugar geométrico o las partes válidas del arco descrito en la figura 3.10, también se debiera tener presente que el ángulo de par debe ser positivo. Por tanto, el arco que representa el lugar geométrico de los posibles puntos de trabajo, bajo las condiciones previamente establecidas, parte del eje de abscisas.

- La tensión de receptor máxima, $\overline{V}_{R\,Max}$, es el segmento trazado desde el centro O hasta el arco de los distintos factores de potencia cuyo valor sea máximo.

- Para determinar el punto donde los módulos de la tensión del generador y la del receptor son iguales se opera, con centro en O y radio el módulo de $\overline{V}_G$ se traza un arco, donde corta al arco de los distintos factores de potencia, se obtiene el punto 2 deseado.

- A una escala modular distinta se pueden obtener las direcciones de los ejes de potencia activa y reactiva por fase al generador a partir de $B\,\overline{I}_G$, y de sus componentes según el ángulo, θ_G, para el punto de trabajo 1, según las igualdades (3.20) y (3.21). Además, utilizando el multiplicador de valor $\frac{V_G}{B}$ también se podría obtener el valor modular de P_G y Q_G según las igualdades (3.22) y (3.23).

$$B\,\overline{I}_G \cos\theta_G \,\frac{V_G}{B} \Rightarrow Eje\; de\; P_G \tag{3.20}$$

$$B\,\overline{I}_G \sin\theta_G \,\frac{V_G}{B} \Rightarrow Eje\; de\; Q_G \tag{3.21}$$

$$B\,I_G \cos\theta_G \,\frac{V_G}{B} = P_G \tag{3.22}$$

$$B\,I_G \sin\theta_G \,\frac{V_G}{B} = Q_G \tag{3.23}$$

Aunque inicialmente solamente se utiliza el valor modular del multiplicador, de la misma forma que se hizo para el diagrama de tensiones del receptor, también es factible su uso para próximas aplicaciones considerando sus argumentos puesto que B es constante generalizada y permanece constante en módulo y argumento y respecto a la tensión del generador aunque podría considerarse con una variación en módulo su argumento se mantiene como referencia del sistema, todo lo cual indica que las direcciones obtenidas no se verán modificadas ante los posibles cambios que se presenten pues éstos afectarán a otras variables. Es decir, se están obteniendo las direcciones en función de parámetros que no van a variarse, por tanto, se pueden considerar como ejes de referencia.

Lo que ayuda a la representación de los ejes de potencia (eje P y Q) en el diagrama vectorial.

Si además de todo lo expuesto se considera la posible variación de la intensidad de generador, $\overline{I}_G$, en módulo, fase o ambas, se tienen nuevas posibilidades gráficas, entre las que se encuentran:

- La recta O'1, representaría el lugar geométrico de los puntos con un factor de potencia constante para distintos valores modulares de $\overline{I}_G$.
- Las variaciones en módulo de la intensidad de generador, $\overline{I}_G$, vienen dadas por arcos concéntricos con centro en el punto O' y el correspondiente radio de valor modular, $B\ I_G$, variando en la misma proporción que el módulo de la intensidad, y bajo los mismos límites impuestos.

Y al igual que lo sucedido para el diagrama de tensiones al receptor, se pueden representar otros casos, en los cuales a partir de unos valores se pueden obtener otros posibles que cumplan con las condiciones marcadas por los parámetros de la línea eléctrica representada.

Análogamente, en la escala correspondiente, se puede desarrollar un diagrama semejante pero de intensidades al generador a partir de la expresión (3.19).

3.4. Diagrama de potencias al generador

A partir del diagrama de tensiones representado (sección 3.3) obtenido de los datos de fase del generador y siguiendo pautas similares a las del caso del extremo receptor, se puede obtener el diagrama de potencias en el extremo generador.

En otros muchos casos las variables deseadas pueden estar en función de la potencia aparente del generador o de alguna de sus componentes, lo cual hace necesaria la representación de nuevos diagramas cuyas variables estén representadas por unidades de potencia, por ejemplo, a la hora de conocer la máxima potencia activa del generador que se puede transportar a través de la línea eléctrica analizada sin pérdida de estabilidad.

A continuación, se van a tratar estos casos desde el diagrama de potencias al generador. Para ello se precisan realizar las siguientes trasformaciones a partir del diagrama de tensiones al generador de la figura 3.10, que si bien son similares a las desarrolladas en el caso del diagrama de potencias al receptor, no son del todo idénticas.

- Primero se deben multiplicar todas las variables por la magnitud $\frac{V_G}{B}$ en módulo.

  De esta forma se consigue que todas las variables pasen a tener dimensiones de potencia.

- Posteriormente, se debe girar todo el diagrama el ángulo correspondiente al vector de $\frac{\overline{V}_G}{B}$.

  Al haberse considerado la tensión del generador como referencia a cero grados, el ángulo resultante es $-b$ grados.

  Al girar el diagrama $-b$ grados (es decir, girando en sentido horario) el eje de la potencia activa positiva representado pasa a coincidir con el eje de abscisas negativo y el eje de potencia reactiva inductiva coincide con el eje de ordenadas positivo.

- Por tanto, para mantener el signo del convenio de potencias activas positivas en la representación, se debe abatir todo el diagrama respecto al eje de ordenadas.

  Resultando con todo ello el diagrama de potencias al generador de la figura 3.11.

En la figura 3.11, se observan varios detalles relevantes:

- Respecto a los ángulos solamente pueden variar su magnitud: δ y θ_G, puesto que los demás corresponden a las constantes generalizadas de la línea.

  Por tanto, la dirección de la recta que une los centros O y O' siempre permanece constante y tendrá un ángulo $b - d$ respecto a la horizontal.

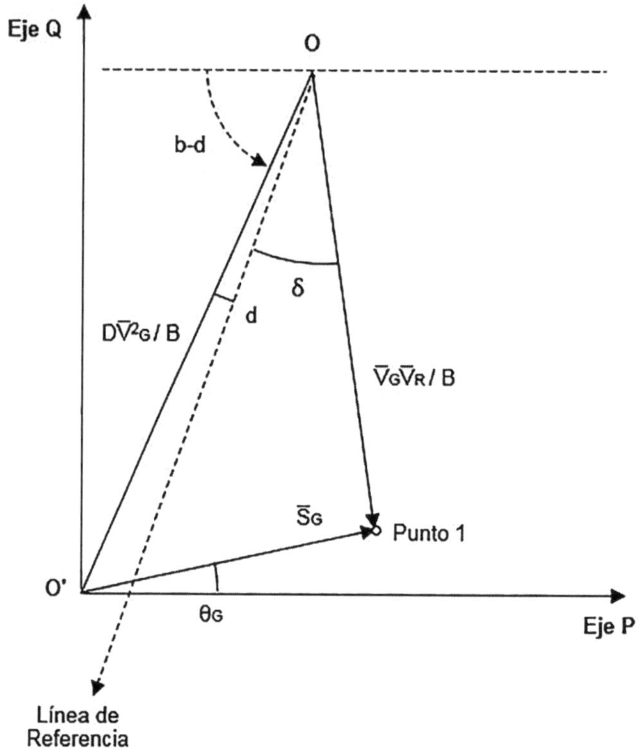

Figura 3.11: Diagrama de potencias al generador de una red de transporte eléctrico

- Del mismo modo, la línea denominada de referencia, se encuentra a b grados respecto a la horizontal y era la línea correspondiente al eje de abscisas en el diagrama de tensiones al generador de origen.

  Por tanto, la línea de referencia sirve para medir el ángulo de par, existente entre la tensión de receptor y generador desde el diagrama de origen. Su signo vendrá dado tomando como convenio el positivo desplazándose desde $\overline{V}_R$ a $\overline{V}_G$ en sentido anti-horario en el diagrama de tensiones, lo cual se traduce en el diagrama de potencias al generador desplazándose desde la recta $\overline{O1}$ hacia la línea de referencia en sentido horario.

- En el caso particular de la línea eléctrica representada en el diagrama el ángulo θ_G, tiene un valor positivo, lo cual representa un factor de potencia del generador inductivo.

Si en lugar de un factor de potencia del generador inductivo fuera un factor de potencia capacitivo se obtendría un diagrama de potencias como el de la figura 3.12, donde considerando la tensión $\overline{V}_G$ y el módulo de la intensidad al generador, $\overline{I}_G$, ambos constantes, se pueden realizar, entre otras, las tareas descritas a continuación.

- El arco de radio O'1 y centro en O', representa el lugar geométrico, $L_0\, G_{0\,1}$, de los puntos con distintos factores de potencia al generador, considerando los límites impuestos por la potencia de trasmisión, P_G, positiva.

  Se destaca que al igual que se ha hecho anteriormente, para determinar el lugar geométrico o las partes válidas del arco descrito en la figura 3.12, también se debe tener presente que el ángulo de par sea positivo, es decir, la línea de referencia es otro límite para el lugar geométrico.

- Para determinar el punto donde los módulos de la tensión del generador y la del receptor son iguales se opera, con centro en O y radio $\dfrac{V_G^2}{B}$ se traza un arco, donde corta al arco de los distintos factores de potencia, obteniéndose el punto 2 con igual magnitud en módulo de las tensiones, en este caso, se mantiene constante el módulo de la tensión del generador variando el de la tensión del receptor.

Si además de todo lo expuesto se considera que también es posible la variación del módulo de la intensidad de generador, $\overline{I}_G$, continuando $\overline{V}_G$ constante, se tienen nuevas posibilidades gráficas (figura 3.13), entre las que se comentan las siguientes:

- La recta O'1, representaría el lugar geométrico de los puntos con un factor de potencia del generador constante.

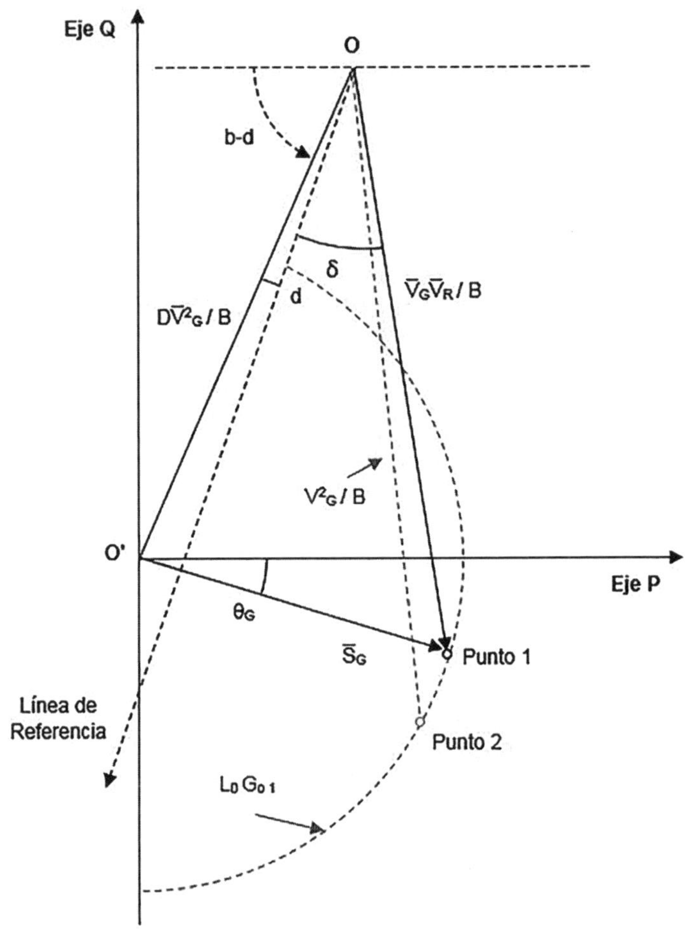

Figura 3.12: Cálculos desarrollados en el diagrama de potencias al generador

- Las variaciones en módulo de la intensidad de generador, $\overline{I}_G$, vienen dadas por arcos concéntricos con centro en el punto O' y el correspondiente radio de valor modular $V_G\, I_G$, variando en la misma proporción que la intensidad.

  Por ejemplo, para valores superiores en magnitud al tenido en origen para el punto 1, se obtiene el lugar geométrico definido por $L_0\, G_{0\,2}$, siendo para magnitudes menores el definido por $L_0\, G_{0\,3}$.

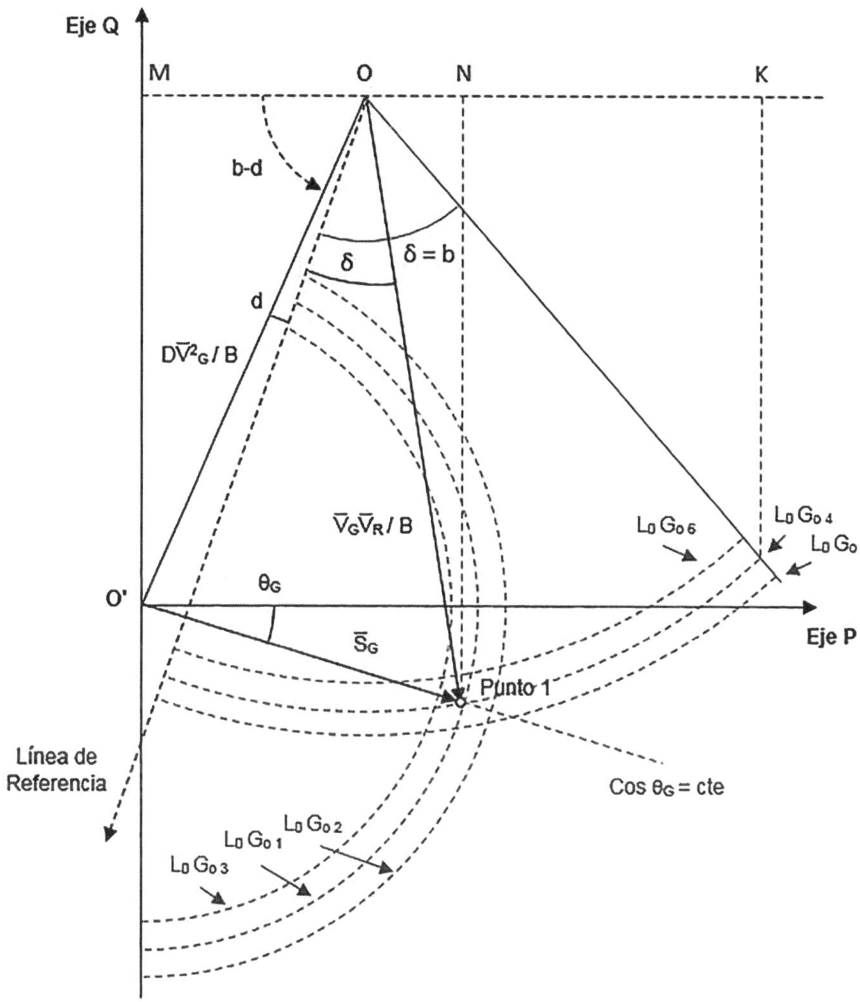

Figura 3.13: Nuevos cálculos desarrollados en el diagrama de potencias al generador

- La potencia activa máxima admisible al generador variando la intensidad de generador, $\overline{I}_G$, pero manteniendo constantes el módulo de la tensión al receptor y la tensión del generador, $\overline{V}_G$, se puede calcular a partir de la figura 3.13.

Tomando como referencia la horizontal que pasa por el punto O y es paralela al eje de potencia activa se tiene la igualdad (3.24). Donde el segmento $\overline{MN}$ representa la potencia activa del generador del punto 1, del cual se quiere obtener su valor máximo.

$$\overline{MN} = \overline{MO} + \overline{ON} \tag{3.24}$$

Substituyendo en (3.24), los valores de los segmentos en función de las variables del diagrama, se tiene la igualdad (3.25).

$$\overline{MN} = \frac{D\,V_G^2}{B}\,cos\,(b-d) + \frac{V_G\,V_R}{B}\,cos\,[180-(\delta+b)] \tag{3.25}$$

En la igualdad (3.25) se sabe que las constantes generalizadas son constantes en módulo y fase, por tanto, para un determinado valor modular de $\overline{V}_G$ se tiene que el valor del segmento $\overline{MO}$ permanece constante. Por lo que el único valor que puede variar es el segundo miembro del sumando, $\overline{ON}$, y solamente en función del ángulo de par, δ, que es el único valor variable pues la magnitud modular V_R también permanece constante.

En definitiva, para que $\overline{MN}$ sea máximo se debe cumplir que, $180 = \delta + \mathrm{b}$, cuestión que resulta imposible pues el ángulo b no puede ser mayor de 90º y el ángulo de par, δ, tampoco interesa tal y como se vio anteriormente (sección 3.2). Por tanto, se toma como valor límite del ángulo de par el valor del ángulo b (3.26), cumpliéndose la misma condición que se tenía para el diagrama de potencias al receptor.

$$\overline{MN}_{Max} = \overline{MK} = P_{G_{Max}} \qquad \Rightarrow \qquad \delta = b \tag{3.26}$$

- En consecuencia, los lugares geométricos resultantes de otras posibles variaciones del módulo de $\overline{V}_R$ manteniendo $\overline{V}_G$ constante, se representan mediante arcos con centro en O y radio con el correspondiente valor modular de la tensión del receptor limitados, por un extremo, por la línea de referencia o si fuera el caso potencia activa positiva y por el otro extremo, por el valor del ángulo de par igual al ángulo b (δ=b).

  Por tanto, se tiene que para un valor de magnitud el módulo de la tensión al receptor igual a la existente en el punto de trabajo 1, se obtiene el lugar geométrico $L_0\,G_{0\,4}$. Para un valor superior en magnitud se obtiene $L_0\,G_{0\,5}$ y para un valor inferior $L_0\,G_{0\,6}$.

  Cabe destacar que todos los arcos obtenidos son concéntricos en el punto O, puesto que no se ha variado el valor de $\overline{V}_G$, cuestión a tratar posteriormente.

Hasta ahora se ha tenido presente que el valor de la tensión del generador permanecía constante en módulo y argumento, lo que suponía que el centro, punto O, permanecía fijo. Ahora bien, si se varía el valor modular de $\overline{V}_G$, hay que determinar el nuevo centro resultante, lo cual también determina un cambio de posición de las correspondientes líneas de referencia (figura 3.14).

De tal forma que se parte del punto de trabajo 1, permaneciendo la magnitud modular de la tensión al receptor constante, y se desean calcular los lugares geométricos resultantes para distintos valores del módulo de la tensión del generador.

En el caso de que se incrementase la magnitud del módulo de $\overline{V}_{G\,1}$, lo primero que se tendría que obtener es el nuevo centro O_2, y su correspondiente línea de referencia. Posteriormente, con centro en O_2, se trazaría el respectivo arco $\frac{V_{G\,2}\,V_R}{B}$ con los límites adecuados, resultando el lugar geométrico, $L_2\,G_{0\,2}$.

De la misma forma para un decremento de la magnitud del módulo de $\overline{V}_{G\,1}$, se obtendría el centro O_3, resultando el lugar geométrico, $L_3\,G_{0\,3}$.

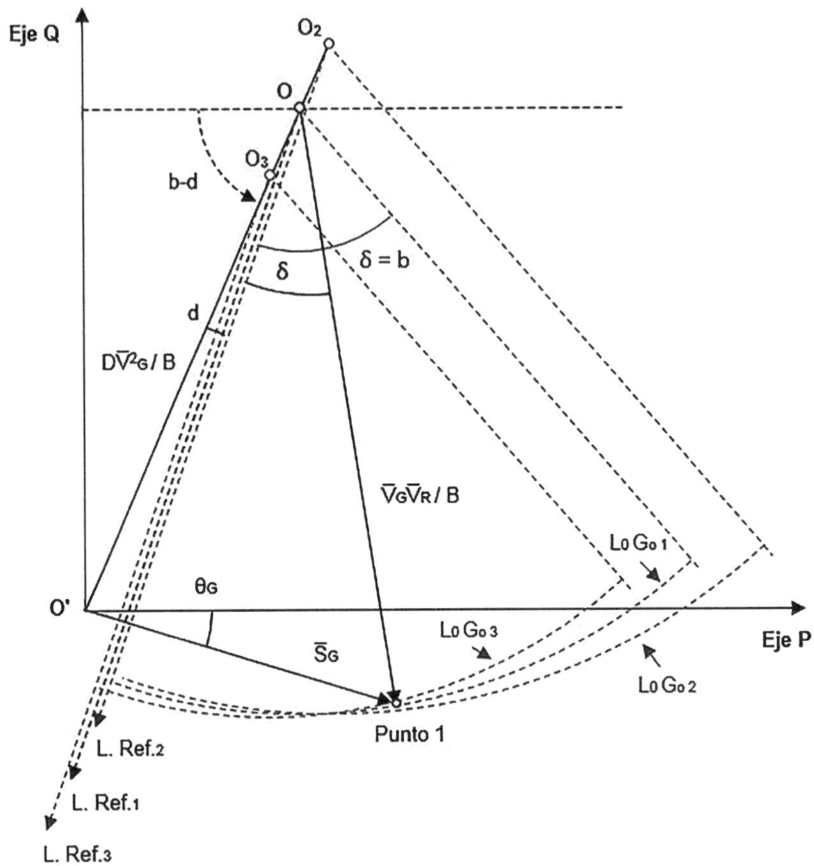

Figura 3.14: Puntos de trabajo en el diagrama de potencias al generador variando el módulo de la tensión del generador

Destacando de la representación dada en la figura 3.14, los siguientes puntos:

- Al variar la magnitud modular de $\overline{V}_G$, los arcos obtenidos no son concéntricos.
- El cambio de posición de la línea de referencia obliga a determinar los ángulos de par respecto a las nuevas referencias.

- Los límites extremos de los correspondientes lugares geométricos también cambian su posición respecto a las rectas que representan el ángulo de par igual a b.

Al igual que para el diagrama de potencias del receptor a todo lo comentado se podrían añadir más casos, donde, a partir de unos valores iniciales se pueden obtener otros posibles valores que cumplan con las condiciones marcadas por los parámetros de la línea eléctrica representada.

3.4.1. Diagrama de potencias al generador de la línea corta

De la misma forma que se realizó en el diagrama de potencias al receptor para una línea de transmisión de energía eléctrica corta, donde el valor de las constantes generalizadas está dado por las igualdades (3.27), si se plantea obtener el lugar geométrico de los puntos de trabajo con el módulo de la tensión y el módulo de la intensidad, ambos al generador constantes (figura 3.15), también se obtiene el arco que representa los puntos de trabajo, $L_0 G_{0\,1}$, con las mismas pérdidas activas, P_p, y reactivas, Q_p, según las igualdades (3.28) y (3.29), resultando ahora respecto a los valores del generador.

Característica especial de las líneas cortas al tener la totalidad de los parámetros concentrados recorridos por la misma intensidad $\overline{I}_G$ que es la misma que $\overline{I}_R$.

$$A = 1_0 \qquad B = \overline{Z}_L \qquad C = 0 \qquad D - 1_0 \tag{3.27}$$

$$P_p = R\, I_G^2 \qquad Q_p = X_L\, I_G^2 \tag{3.28}$$

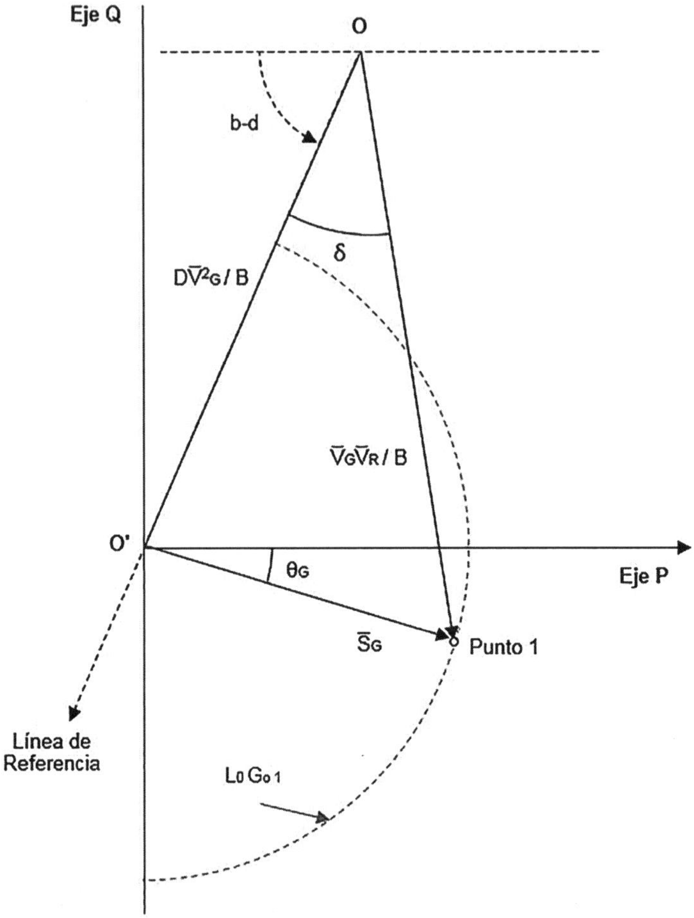

Figura 3.15: Lugar geométrico con las mismas pérdidas en una línea eléctrica corta

$$\text{Radio } \overline{O'1} = V_G \sqrt{\frac{P_p}{R}} = V_G \sqrt{\frac{Q_p}{X_L}} \tag{3.29}$$

Por tanto, el arco de la figura 3.15, limitado según corresponde, representa el lugar geométrico de los puntos del diagrama con el mismo valor de pérdidas activas y reactivas en la línea eléctrica, manteniéndose el módulo de la tensión y de la intensidad, ambos al generador, constantes.

3.5. Diagrama circular doble de potencias

El diagrama doble de potencias se obtiene combinando los correspondientes diagramas de potencia del receptor y del generador característicos de la misma línea eléctrica, lo que faculta las siguientes posibilidades:

- Conseguir los datos de uno de los diagramas de potencias, bien sea del receptor o del generador, desde el gráfico del otro.

  Lo que permite obtener gráficamente las variables de un extremo de la línea eléctrica desde los valores del otro extremo.

- Comparar los datos desde ambos extremos de la línea eléctrica, por ejemplo, para obtener gráficamente las pérdidas de la línea.

Para la construcción del diagrama doble es necesario considerar cuales son los parámetros o variables que se pueden utilizar al pasar de un diagrama al otro. Para ello se tienen las siguientes consideraciones basándose en la figura 3.16:

- Se cumplen las propiedades de los cuadripolos pasivos donde A=D, en módulo y fase.

- Los centros O, O' y O" se encuentran alineados.

- El ángulo de par y la magnitud modular $\frac{V_G\,V_R}{B}$, son los mismos para el diagrama de potencias del generador que para el diagrama del receptor.

- Las líneas de referencia siempre se encuentran a un ángulo b desde la horizontal.

Todo lo cual permite obtener un gráfico (figura 3.15) donde se han obtenido las variables de ambos extremos de la línea eléctrica representado, entre otras posibilidades, las pérdidas activas experimentadas en el transporte eléctrico.

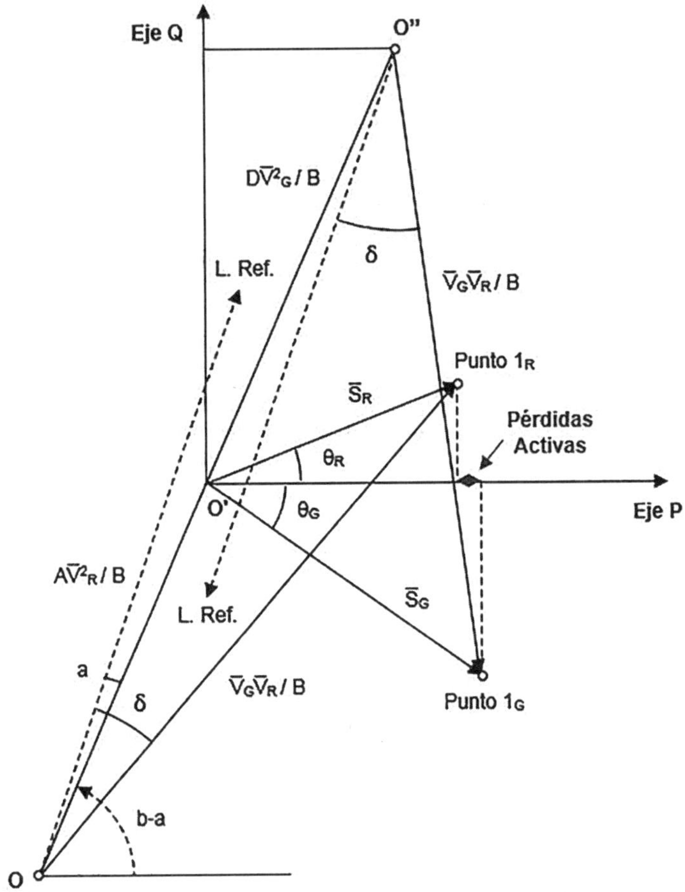

Figura 3.16: Diagrama doble de potencias de una red de transporte eléctrico

Cabe recalcar que se puede empezar tanto desde el diagrama de potencias del receptor como desde el diagrama del generador.

Por último, se comenta que para el incremento de magnitud modular de una de las dos tensiones permaneciendo el de la otra constante, se tienen arcos concéntricos en un diagrama y no concéntricos en el otro. Por ejemplo, si se varía el módulo de la tensión del generador permaneciendo el de la tensión del receptor constante, se tienen arcos concéntricos en el diagrama de potencias del receptor y no concéntricos en el del generador.

Capítulo 4

Método en por unidad

4.1. Representación de las cantidades eléctricas "en por unidad o en tanto por uno"

Un sistema eléctrico de potencia está constituido principalmente por un número determinado de generadores, cargas, transformadores y líneas de transmisión, con distintos niveles de tensión. Los cálculos desarrollados para determinar las distintas variables del sistema eléctrico se simplifican significativamente utilizando el método "en por unidad".

Este método consiste en utilizar como valores eléctricos los cocientes de los valores eléctricos reales ($\overline{V} = V_{\phi}$) divididos por una base o magnitud eléctrica en módulo de referencia, V_b en el ejemplo (4.1). Estos cocientes se denominan valores en por unidad, los cuales son adimensionales y mantienen el mismo argumento o fase que los valores reales originales.

$$\overline{V}_{pu} = \frac{\overline{V}\,(\text{voltios})}{V_b\,(\text{voltios})} = \left(\frac{V}{V_b}\right)_{\phi} \tag{4.1}$$

Las bases son magnitudes modulares con las unidades correspondientes y se eligen arbitrariamente según interese o facilite los cálculos, pero se elegirán de tal manera que las leyes de los circuitos eléctricos se cumplan. Es decir, si se tienen los valores de base, V_b, I_b, S_b y Z_b, solamente se puede elegir dos de ellos arbitrariamente debiendo posteriormente relacionar los otros dos. Lo habitual es partir de los valores base de la potencia y de la tensión, S_b y V_b, respectivamente, dado que en los transformadores la potencia de entrada, $\overline{S}_{\text{entrada}}$, es igual a la de salida, $\overline{S}_{\text{salida}}$, y no se ve afectada la magnitud de la potencia en los distintos tramos al aplicar el método en por unidad.

Además, al relacionar las tensiones de base, V_b, de los distintos tramos del sistema eléctrico según las relaciones de transformación de los transformadores presentes, como se verá posteriormente, los valores en por unidad pueden utilizarse como si se trabajase a lo largo de todo el sistema con el mismo nivel de tensión, cuestión que facilita enormemente los cálculos. Otras ventajas importantes que aporta el método en por unidad son las siguientes:

- Respecto a las máquinas eléctricas se tiene:
  - Utilizando el método en por unidad basado en los valores nominales del equipo, las impedancias internas de las máquinas varían dentro de márgenes muy reducidos, pudiendo servir esta característica para comprobar la solución de los problemas desarrollados.
  - También sirven para comparar las características de distintas máquinas, dado que al comparar máquinas de distintas potencias, los valores reales de los parámetros pueden ser muy dispares y de difícil comparativa entre ellos.
- La estrechez en la variación de las magnitudes eléctricas también se agradece en los sistemas de potencia a la hora de ajustarse a los márgenes permitidos en el correspondiente reglamento.

Se podrían citar aún más ventajas que aporta este método pero es preferible presentarlo como una gran herramienta de enorme aportación en el tratamiento y cálculo de sistemas eléctricos.

4.2. Conversión en por unidad a nuevas bases

Puede ocurrir que los distintos equipos conectados a una misma red faciliten mediante la información de las placas características los datos en por unidad referidos a unas bases distintas a las que se desean utilizar para el problema en cuestión. En estos casos, es preciso referir los valores en por unidad a las nuevas bases deseadas.

Se tiene un valor real de tensión, $\overline{V}$, del sistema eléctrico referido a dos valores distintos de bases según (4.2). Partiendo de la premisa de que para cualquier base utilizada o valor en por unidad aportado, el valor real de la variable es único, se obtiene la relación entre los valores en por unidad de la igualdad (4.3).

$$\overline{V}_{pu1} = \frac{\overline{V}}{V_{b1}} \qquad \overline{V}_{pu2} = \frac{\overline{V}}{V_{b2}} \tag{4.2}$$

$$\overline{V}_{pu1}\, V_{b1} = \overline{V}_{pu2}\, V_{b2} \tag{4.3}$$

De la misma forma se obtiene para las intensidades según (4.4), las potencias según (4.5) y las impedancias según (4.6).

$$\overline{I}_{pu1}\, I_{b1} = \overline{I}_{pu2}\, I_{b2} \tag{4.4}$$

$$\overline{S}_{pu1}\, S_{b1} = \overline{S}_{pu2}\, S_{b2} \tag{4.5}$$

$$\overline{Z}_{pu1}\, Z_{b1} = \overline{Z}_{pu2}\, Z_{b2} \tag{4.6}$$

Si se sustituye en la expresión de las impedancias (4.6), los valores de la impedancia base por sus relaciones correspondientes con los valores de tensión y potencia bases, se obtiene (4.7), igualdad que facilita la obtención de los nuevos valores mediante aplicación directa de los datos disponibles en las placas de características de los transformadores.

$$\overline{Z}_{pu_1}\, \frac{V_{b_1}^2}{S_{b_1}} = \overline{Z}_{pu_2}\, \frac{V_{b_2}^2}{S_{b_2}} \tag{4.7}$$

Capítulo 5

Transformador de potencia

El transformador es una máquina eléctrica estática de inducción electromagnética encargada, principalmente, de transformar unas magnitudes determinadas de tensión e intensidad alternas, en otras de distinta magnitud.

Según el sentido de la intensidad que circula a través del transformador se tiene que el devanado por donde entra la intensidad se denomina "primario" y el devanado por donde sale la intensidad se denomina "secundario".

Una de las principales aplicaciones del transformador es interconectar distintos niveles de tensión de un sistema de energía eléctrica, permitiendo de este modo el transporte de la energía eléctrica a grandes distancias pues valores de tensión elevados están acompañados de valores reducidos de intensidad (reducción de la sección del conductor, reducción de costes, etc.). En un sistema eléctrico se encuentran distintas instalaciones destinadas a la variación del nivel de tensión, las cuales según su función reciben distintas denominaciones (terminología según *Real Decreto 337/2014*):

- La subestación de transformación es la instalación destinada a la transformación de energía eléctrica mediante uno o varios transformadores cuyos secundarios se emplean en la alimentación de otras subestaciones o centros de transformación.

- El centro de transformación es la instalación que comprende uno o varios transformadores, aparamenta de alta tensión y de baja tensión, conexiones y elementos auxiliares, para suministrar energía en baja tensión (inferior a 1kV) a partir de una red de alta tensión o viceversa.

A continuación, se va a estudiar el circuito eléctrico equivalente del transformador de potencia tratando levemente su funcionamiento. Posteriormente, se estudia el método en por unidad en los transformadores y la obtención del circuito eléctrico equivalente de los transformadores de regulación.

5.1. Circuito eléctrico equivalente

En un transformador monofásico como el representado en la figura 5.1, la intensidad alterna, $\bar{i}_1$, produce un flujo alterno en el núcleo ferromagnético, $\overline{\phi}$, cuya variación causa fuerzas electromotrices inducidas, de tal forma que durante el funcionamiento del transformador el devanado del primario se magnetiza y el devanado del secundario se desmagnetiza. Este efecto se representa mediante la relación de transformación, $\overline{m}$, que relaciona los valores eficaces de las variables del devanado primario y las del secundario según (5.1).

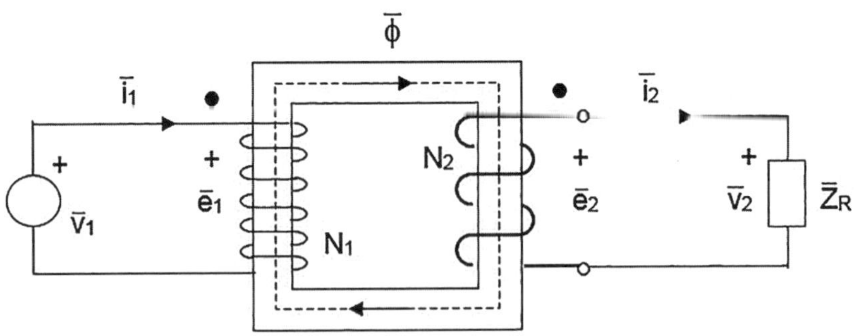

Figura 5.1: Transformador monofásico

$$\frac{\overline{V}_1}{\overline{V}_2} = \frac{\overline{E}_1}{\overline{E}_2} = \frac{\overline{I}_2}{\overline{I}_1} = \overline{m} \quad \text{(Relación de transformación)} \tag{5.1}$$

Para concretar el valor de la relación de transformación, $\overline{m}$ y suponiendo que no se están considerando los transformadores con regulación de fase (sección 5.3) se destaca lo siguiente:

- Considerando los valores aplicados en (5.1) magnitudes por fase el desfase de la relación de transformación es cero y se puede aplicar directamente la igualdad (5.2).

$$\overline{m} = \left(\frac{N_1}{N_2}\right)_0 \tag{5.2}$$

- Si no se tuviera en cuenta el circuito monofásico de la figura 5.1, y se considerasen los valores aplicados en (5.1) tensiones de línea el desfase de la relación de transformación, $\overline{m}$, para un transformador trifásico puede ser distinta de cero pero siempre múltiplo de 30º (entre 0 y 330º incluidos) dependiendo como sea la conexión que presentan los devanados entre sí.

Por otro lado, para obtener el denominado circuito eléctrico equivalente exacto reducido al primario del transformador (figura 5.2) se desarrollan los siguientes pasos:

- Se incorporan resistencias y reactancias en serie con ambos arrollamientos representando las pérdidas por efecto joule y los flujos de dispersión.
- Posteriormente, se iguala el número de espiras de ambos devanados extrayendo la relación de transformación al circuito eléctrico, en este caso al secundario, obteniendo los nuevos valores indicados con una tilde.

- Se obtiene el circuito eléctrico equivalente del núcleo ferromagnético considerando la intensidad que absorbe el transformador en vacío, $\overline{I}_0$, cuya componente reactiva, I_μ, produce el flujo magnético y la componente activa, I_{Fe}, representa las pérdidas en el hierro por efecto Joule.

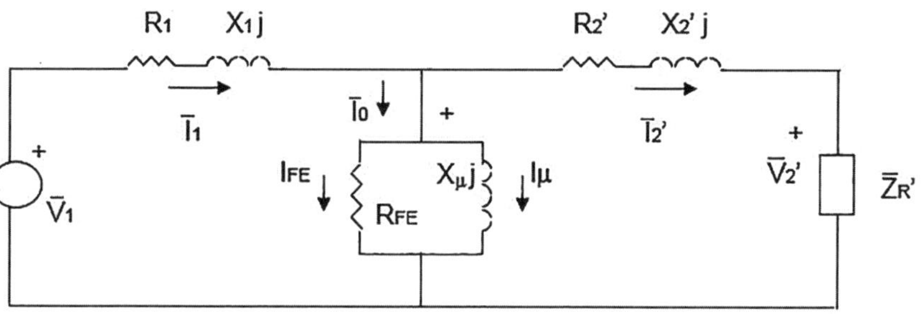

Figura 5.2: Circuito eléctrico equivalente exacto reducido al primario

Al calcular la caída de tensión provocada por el transformador se puede prescindir de la rama paralelo dada la pequeña magnitud de la intensidad de vacío, $\overline{I}_0$, frente a $\overline{I}_1$ e $\overline{I}_2'$, según figura 5.3, donde R_{cc} y $X_{cc}j$ se denominan resistencia y reactancia de cortocircuito, respectivamente, y representa el circuito que principalmente se utiliza en el análisis de sistemas eléctricos de alta tensión.

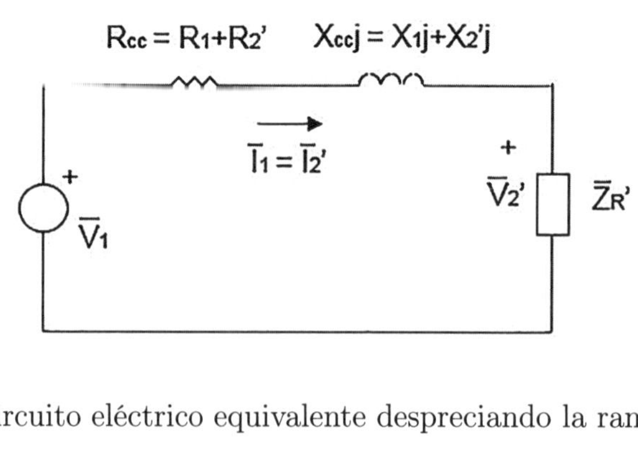

Figura 5.3: Circuito eléctrico equivalente despreciando la rama en paralelo

Además, para grandes transformadores en diversas aplicaciones también se desprecia la R_{cc} frente la $X_{cc}j$, utilizando ésta última en los circuitos equivalentes.

5.2. Aplicación del método en por unidad en transformadores

Al existir dos niveles de tensión distintos se plantea el problema de elegir las bases para expresar los valores en por unidad a ambos lados del transformador. Eligiendo las bases de la tensión para cada lado del transformador de manera que sean proporcionales a la relación de transformación del mismo, se tiene la relación (5.3) que relaciona las bases de la tensión entre el primario y el secundario. Posteriormente, relacionando variables, también se obtiene la relación entre bases de las intensidades del primario y del secundario (5.4).

$$V_{Pb} = \left(\frac{N_P}{N_S}\right) V_{Sb} \tag{5.3}$$

$$I_{Pb} = \left(\frac{N_S}{N_P}\right) I_{Sb} \tag{5.4}$$

Con las igualdades (5.3) y (5.4) se determina que las bases de potencia para cada lado del transformador son las mismas (5.5) y las de las impedancias están definidas según la expresión (5.6).

$$S_{Pb} = S_{Sb} = S_b \tag{5.5}$$

$$Z_{Pb} = \left(\frac{N_P}{N_S}\right)^2 Z_{Sb} \tag{5.6}$$

Al aplicar el método en por unidad a las relaciones en el primario del transformador y sustituir los correspondientes valores por sus equivalentes al secundario se comprueba que los valores de las tensiones en por unidad son iguales para el primario y para el secundario del transformador según (5.7),.

$$\overline{V}_{Ppu} = \frac{\overline{V}_P}{V_{Pb}} = \frac{\left(\frac{N_P}{N_S}\right)\overline{V}_S}{\left(\frac{N_P}{N_S}\right)V_{Sb}} = \frac{\overline{V}_S}{V_{Sb}} \quad \Rightarrow$$

$$\Rightarrow \quad \overline{V}_{Ppu} = \overline{V}_{Spu} \tag{5.7}$$

De la misma forma, aplicando el método en por unidad a las intensidades se obtiene una similitud de valores en el primario y en el secundario (5.8).

$$\overline{I}_{Ppu} = \frac{\overline{I}_P}{I_{Pb}} = \frac{\left(\frac{N_S}{N_P}\right)\overline{I}_S}{\left(\frac{N_S}{N_P}\right)I_{Sb}} = \frac{\overline{I}_S}{I_{Sb}} \quad \Rightarrow$$

$$\Rightarrow \quad \overline{I}_{Ppu} = \overline{I}_{Spu} \tag{5.8}$$

Es decir, siempre que las bases se elijan de acuerdo a la relación de transformación, la tensión, la intensidad y la potencia expresados en por unidad tienen igual valor en el primario y en el secundario del transformador.

A la hora de trabajar con las impedancias se tienen los valores bases del primario y del secundario, los cuales al estar relacionados entre sí de la forma (5.6) las correspondientes impedancias equivalentes de un transformador vistas desde el primario o vistas desde el secundario quedan según (5.9) y (5.10), respectivamente. Al dividir ambas expresiones por el valor base correspondiente bien del primario o bien del secundario, también se obtiene la igualdad de valores en por unidad dada en (5.11).

$$\overline{Z}_{P\,equivalente} = \overline{Z}_P + \left(\frac{N_P}{N_S}\right)^2 \overline{Z}_S \tag{5.9}$$

$$\overline{Z}_{S\,equivalente} = \frac{\overline{Z}_P}{\left(\frac{N_P}{N_S}\right)^2} + \overline{Z}_S \tag{5.10}$$

$$\Rightarrow \quad \overline{Z}_{P\,equivalente\,pu} = \overline{Z}_{S\,equivalente\,pu} \tag{5.11}$$

Para los estudios de sistemas eléctricos en régimen permanente equilibrado donde solo se requiere la determinación de la caída de tensión originada por el transformador se utiliza el correspondiente circuito equivalente despreciando la rama paralelo del transformador.

De esta manera, se trabaja con el valor de impedancia de cortocircuito, suma de la resistencia, R_{cc} y la reactancia, $X_{cc}j$, vistas anteriormente, la cual tal y como se ha comprobado, puede ser vista desde el primario o desde el secundario con el mismo valor en por unidad (5.12).

$$\frac{\overline{Z}_{Pcc}}{Z_{Pb}} = \frac{\left(\frac{N_P}{N_S}\right)^2 \overline{Z}_{Scc}}{\left(\frac{N_P}{N_S}\right)^2 Z_{Sb}} = \frac{\overline{Z}_{Scc}}{Z_{Sb}} \tag{5.12}$$

$$\Rightarrow \quad \overline{Z}_{Pcc\,pu} = \overline{Z}_{Scc\,pu}$$

Por tanto, la impedancia de cortocircuito del transformador, expresada en por unidad, es la misma independientemente del devanado al que este referida. Se vuelve a recalcar que esto es cierto únicamente si las bases de tensión del lado secundario y las del lado primario del transformador guardan la correspondiente relación de transformación y además, la base de potencia es la misma para ambos devanados.

Por tanto, cuando se obtenga como dato la impedancia de cortocircuito o equivalente en por unidad, la cual aparece en la placa de características del transformador, el circuito equivalente en por unidad se puede representar como parte de la red primaria o como parte de la red secundaria.

Los datos aportados en la placa de características del transformador vienen referenciados a los valores nominales de dicho transformador, es decir, los valores base utilizados en la determinación de la impedancia de cortocircuito en por unidad del transformador son los valores nominales de los correspondientes devanados.

Por tanto, en el sistema eléctrico estudiado donde se han elegido arbitrariamente unos valores base, que posiblemente no coincidan con los valores nominales del transformador, será preciso desarrollar una conversión de valores en por unidad a nuevas bases (sección 4.2) eligiendo adecuadamente la nueva base del lado deseado del transformador.

Con lo descrito se consigue una de las principales ventajas del método en por unidad que es la representación del sistema eléctrico sin los diferentes niveles de tensión que acarrean los transformadores.

A continuación, se desarrolla un ejercicio donde se exponen los pasos a seguir para la aplicación del método en por unidad en sistemas eléctricos con transformadores.

Ejercicio teórico-práctico

Se tiene un sistema eléctrico representado por el esquema monofásico en la figura 5.4, que se describe a continuación.

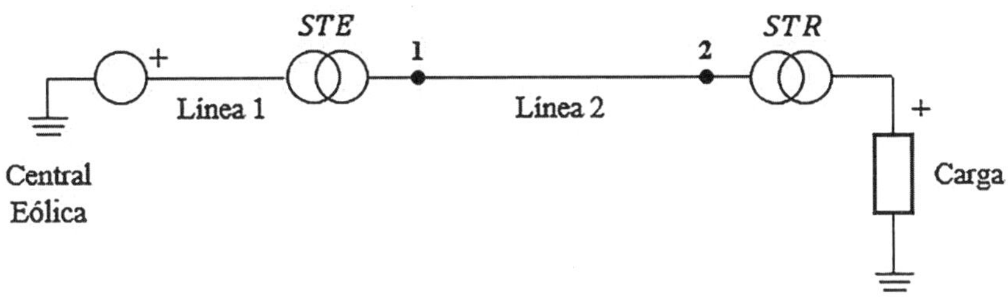

Figura 5.4: Esquema monofásico del sistema eléctrico propuesto

Se parte de una central eólica generadora que se conecta a una subestación transformadora elevadora, STE, a través de una línea de transmisión de energía eléctrica corta que tiene una reactancia serie 0,666j Ω. La salida de la subestación se conecta a una línea eléctrica media en pi de 100 kilómetros de longitud. Se sabe que la línea en pi termina en otra subestación eléctrica transformadora reductora, STR, que abastece a un grupo receptor.

La línea en pi tiene los siguientes valores por fase:

$$R = 0,0726 \frac{\Omega}{km} \qquad X_L j = 0,5445 j \frac{\Omega}{km} \qquad X_C j = 3,63\, 10^6 j \ \Omega\, km$$

La STE tiene: relación de transformación m_{STE}=20/66, potencia S=10 MVA y $X_{pu}j = 0,025j$

La STR tiene: relación de transformación m_{STR}=10/55, potencia S=10 MVA y $X_{pu}j = 0,048j$

Los valores base por fase al receptor son: V_b=12 kV y S_b=6 MVA

El receptor tiene por fase una tensión nominal de 12 kV con una potencia receptora de 5,4 MVA con factor de potencia 0,8 (i).

Calcular mediante el método en por unidad, el factor de potencia y el valor real de la tensión de salida de la central eólica generadora.

Nota: Para los valores en pu se utilizará un máximo de cuatro decimales para los valores modulares y dos para los ángulos.

Solución

Inicialmente se substituyen los elementos del sistema por sus equivalentes eléctricos según los datos del enunciado (figura 5.5). Al mismo tiempo se determinan las distintas zonas de trabajo separadas por los transformadores existentes en el sistema, los cuales corresponden a las subestaciones transformadoras STE y STR.

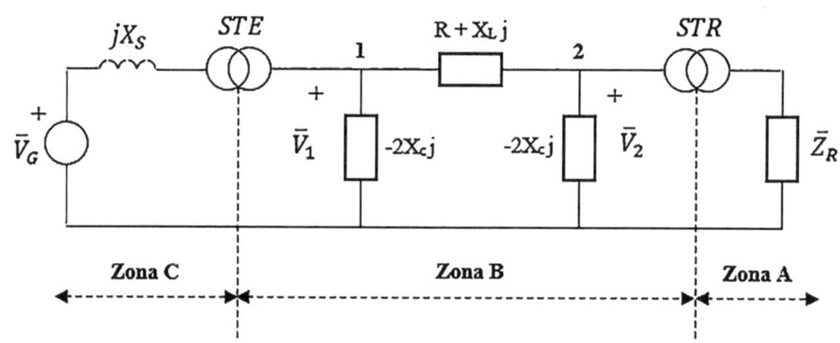

Figura 5.5: Representación y reparto de zonas del sistema propuesto

A cada zona de trabajo le corresponden unos valores base determinados. Según el enunciado se tiene que para la zona A, V_{b_A}=12 kV y S_{b_A}=6 MVA, lo cual aporta según (5.13) los valores bases de la impedancia, Z_{b_A} y de la intensidad, I_{b_A}.

$$Z_{b_A} = \frac{V_{b_A}^2}{S_{b_A}} = \frac{(12\,kV)^2}{6\,\mathrm{MVA}} = 24\,\mathrm{ohms} \qquad I_{b_A} = \frac{S_{b_A}}{V_{b_A}} = \frac{6\,\mathrm{MVA}}{12\,\mathrm{kV}} = 500\,\mathrm{A} \quad (5.13)$$

Para la zona B se aplica la relación de transformación de la subestación STR a los valores base de la zona A según (5.14), respetando la correlación entre los lados del primario y secundario con los valores base correspondientes. De está forma, se obtiene el valor base de la impedancia, Z_{b_B}, según (5.15).

$$m_{STR} = \frac{10}{55} = \frac{V_{b_A}}{V_{b_B}} = \frac{12\,\mathrm{kV}}{V_{b_B}} \Rightarrow V_{b_B} = 66\,\mathrm{kV} \qquad S_{b_A} = S_{b_B} = 6\,\mathrm{MVA} \quad (5.14)$$

$$Z_{b_B} = \frac{V_{b_B}^2}{S_{b_B}} = \frac{(66\,\mathrm{kV})^2}{6\,\mathrm{MVA}} = 726\,\mathrm{ohms} \qquad I_{b_B} = \frac{S_{b_B}}{V_{b_B}} = \frac{6\,\mathrm{MVA}}{66\,\mathrm{kV}} = 90,91\,\mathrm{A} \quad (5.15)$$

De la misma forma, para la zona C se aplica la relación de transformación de la subestación STE a los valores base de la zona B según (5.16), respetando la correlación entre los lados del primario y secundario con los valores base correspondientes. De esta forma, se obtiene el valor base de la impedancia, Z_{b_C}, según (5.17).

$$m_{STE} = \frac{66}{20} = \frac{V_{b_B}}{V_{b_C}} = \frac{66\,\mathrm{kV}}{V_{b_B}} \Rightarrow V_{b_C} = 20\,\mathrm{kV} \qquad S_{b_B} = S_{b_C} = 6\,\mathrm{MVA} \quad (5.16)$$

$$Z_{b_C} = \frac{V_{b_C}^2}{S_{b_B}} = \frac{(20\,\mathrm{kV})^2}{6\,\mathrm{MVA}} = 66,67\,\mathrm{ohms} \qquad I_{b_C} = \frac{S_{b_C}}{V_{b_C}} = \frac{6\,\mathrm{MVA}}{20\,\mathrm{kV}} = 300\,\mathrm{A} \quad (5.17)$$

	V_b kV	S_b MVA	Z_b ohms	I_b A
Zona A	12	6	24	500
Zona B	66	6	726	90,91
Zona C	20	6	66,67	300

Cuadro 5.1: Valores base de las distintas zonas del sistema eléctrico

Quedando los valores base de las distintas zonas del sistema eléctrico propuesto según el cuadro 5.1.

El siguiente paso es determinar los valores en por unidad de los parámetros del sistema aplicando los valores base según la zona que corresponda.

La reactancia en cortocircuito del transformador de la STR está aportada en valor en por unidad, por tanto, se debe realizar una conversión del valor, lo cual tal y como se indicó anteriormente tiene el mismo resultado haciéndolo en el lado de alta tensión como en el de baja siempre que se utilizan los valores adecuados. Por tanto, si se elige el lado de baja tensión, los valores base correspondientes son los de la zona A según (5.18). En cambio, si se elige el lado de alta tensión, los valores base correspondientes son los de la zona B según (5.19).

$$X_{\mathrm{STR}_{pu}} \frac{V_{T_{BT}}^2}{S_{T_{BT}}} = X'_{\mathrm{STR}_{pu}} \frac{V_{b_A}^2}{S_{b_A}} \quad \Rightarrow \tag{5.18}$$

$$\Rightarrow \quad 0,048j \; \frac{(10\,\mathrm{kV})^2}{10\,\mathrm{MVA}} = X'_{\mathrm{STR}_{pu}} \frac{(12\,\mathrm{kV})^2}{6\,\mathrm{MVA}} \quad \Rightarrow \quad X'_{\mathrm{STR}_{pu}} = 0,02j$$

$$X_{\mathrm{STR}_{pu}} \frac{V_{T_{AT}}^2}{S_{T_{AT}}} = X'_{\mathrm{STR}_{pu}} \frac{V_{b_B}^2}{S_{b_B}} \quad \Rightarrow \tag{5.19}$$

$$\Rightarrow \quad 0,048j\ \frac{(55\,\text{kV})^2}{10\,\text{MVA}} = X'_{\text{STR}_{pu}}\ \frac{(66\,\text{kV})^2}{6\,\text{MVA}} \quad \Rightarrow \quad X'_{\text{STR}_{pu}} = 0,02j$$

En la línea en pi se dividen los valores reales por el correspondiente valor base de la impedancia de la zona B según (5.20). Cabe recordar el signo negativo de la reactancia capacitiva que, aunque no se haya especificado en el enunciado del problema, se debe incluir para operar en el circuito eléctrico correspondiente (véase figura 5.6).

$$R_{pu} = \frac{R}{Z_{b_B}} = \frac{7,26\,\text{ohms}}{726\,\text{ohms}} = 0,01 \qquad X_{L_{pu}}j = \frac{Xj}{Z_{b_B}} = \frac{54,45j\,\text{ohms}}{726\,\text{ohms}} = 0,075j \tag{5.20}$$

$$X_{C_{pu}}j = \frac{X_c j}{Z_{b_B}} = \frac{3,63\,10^4 j\,\text{ohms}}{726\,\text{ohms}} = 50j$$

De la misma forma que para el caso de la subestación STR, la reactancia en cortocircuito del transformador de la STE se puede resolver en el lado de alta tensión según (5.21) como en el de baja según (5.22) utilizando los valores adecuados.

$$X_{\text{STE}_{pu}}\ \frac{V_{T_{AT}}^2}{S_{T_{AT}}} = X'_{\text{STE}_{pu}}\ \frac{V_{b_B}^2}{S_{b_B}} \quad \Rightarrow \tag{5.21}$$

$$\Rightarrow \quad 0,025j\ \frac{(66\,\text{kV})^2}{10\,\text{MVA}} = X'_{\text{STE}_{pu}}\ \frac{(66\,\text{kV})^2}{6\,\text{MVA}} \quad \Rightarrow \quad X'_{\text{STE}_{pu}} = 0,015j$$

$$X_{\text{STE}_{pu}}\ \frac{V_{T_{BT}}^2}{S_{T_{BT}}} = X'_{\text{STE}_{pu}}\ \frac{V_{b_C}^2}{S_{b_C}} \quad \Rightarrow \tag{5.22}$$

$$\Rightarrow \quad 0,025j\ \frac{(20\,\mathrm{kV})^2}{10\,\mathrm{MVA}} = X'_{\mathrm{STE}_{pu}}\ \frac{(20\,\mathrm{kV})^2}{6\,\mathrm{MVA}} \quad \Rightarrow \quad X'_{\mathrm{STE}_{pu}} = 0,015j$$

Respecto a la línea corta la operativa se reduce al cálculo de la reactancia en por unidad aportada según (5.23), aplicando los valores base de la zona C. Con todo lo calculado, se obtiene el circuito de la figura 5.6.

$$X_{pu}j = \frac{Xj}{Z_{b_B}} = \frac{0,666j\ \mathrm{ohms}}{66,67\ \mathrm{ohms}} = 0,01j \qquad (5.23)$$

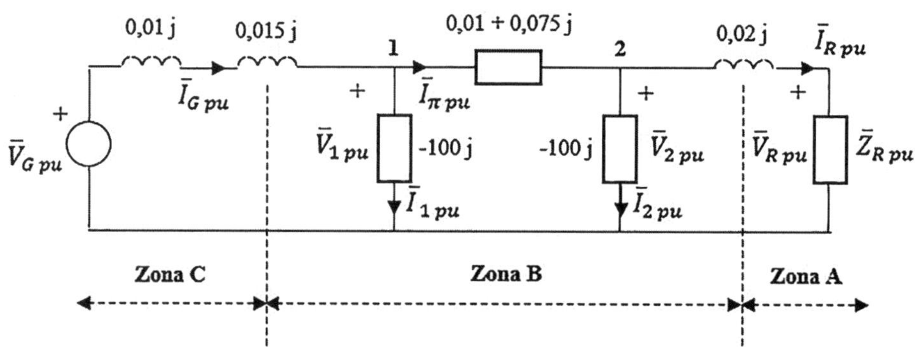

Figura 5.6: Circuito eléctrico del sistema eléctrico en por unidad

El siguiente paso es resolver el circuito eléctrico en por unidad de la figura 5.6, a partir de los valores dato. Por tanto, lo primero a determinar son los valores dato en por unidad según la zona que corresponda. Así para los valores de la carga situados en la zona A y tomando la tensión al receptor como referencia a cero grados corresponden los valores según (5.24), siendo el arc cos $0,9 = 36,87^o$ (inductivo). Quedando el valor de la intensidad, $\overline{I}_R$ según (5.25).

$$\overline{V}_{R_{pu}} = \frac{\overline{V}}{V_{b_A}} = \frac{12_0\,kV}{12\,kV} = 1_0 \qquad \overline{S}_{R_{pu}} = \frac{\overline{S}}{S_{b_A}} = \frac{5,4_{36,87}\,\mathrm{MVA}}{6\,\mathrm{MVA}} = 0,9_{36,87} \qquad (5.24)$$

$$\overline{I}^*_{R_{pu}} = \frac{\overline{S}_{R_{pu}}}{\overline{V}_{R_{pu}}} = \frac{0,9_{36,87}}{1_0} = 0,9_{36,87} \quad \Rightarrow \quad \overline{I}_{R_{pu}} = 0,9_{-36,87} \tag{5.25}$$

Mediante la tensión y la intensidad del receptor se calcula la tensión del nudo 2, $\overline{V}_{2_{pu}}$, según (5.26), lo cual permite la obtención de la intensidad del paralelo, $\overline{I}_{2_{pu}}$, mediante (5.27).

$$\overline{V}_{2_{pu}} = \overline{I}_{R_{pu}}\, 0,02j + \overline{V}_{R_{pu}} = 0,9_{-36,87}\, 0,02j + 1_0 = 1,011_{0,8} \tag{5.26}$$

$$\overline{I}_{2_{pu}} = \frac{\overline{V}_{2_{pu}}}{-2X_{c_{pu}}j} = \frac{1,011_{0,8}}{-100j} = 0,0101_{90,8} \tag{5.27}$$

Aplicando nudos en el punto 2 se obtiene la intensidad, $\overline{I}_{\pi_{pu}}$, que circula a través de la línea media en pi según (5.28), lo cual permite obtener la tensión del nudo 1, $\overline{V}_{1_{pu}}$, y la correspondiente intensidad del paralelo, $\overline{I}_{1_{pu}}$, aplicando (5.29) y (5.30), respectivamente.

$$\overline{I}_{\pi_{pu}} = \overline{I}_{R_{pu}} + \overline{I}_{2_{pu}} = 0,9_{-36,87} + 0,0101_{90,8} = 0,894_{-36,36} \tag{5.28}$$

$$\overline{V}_{1_{pu}} = \overline{I}_{\pi_{pu}}\,(0,01 + 0,075j) + \overline{V}_{2_{pu}} \tag{5.29}$$

$$\overline{V}_{1_{pu}} = 0,894_{-36,36}\,(0,01 + 0,075j) + 1,011_{0,8} = 1,06_{3,4}$$

$$\overline{I}_{1_{pu}} = \frac{\overline{V}_{1_{pu}}}{-2X_{C_{pu}}j} = \frac{1,06_{3,4}}{-100j} = 0,0106_{93,4} \tag{5.30}$$

Posteriormente, se vuelve a aplicar nudos en el punto 1 para obtener la intensidad del generador, $\overline{I}_{G_{pu}}$, según (5.31) y poder determinar el valor de la tensión de salida de la central eólica generadora, $\overline{V}_{G_{pu}}$ (5.32).

$$\overline{I}_{G_{pu}} = \overline{I}_{\pi_{pu}} + \overline{I}_{1_{pu}} = 0,894_{-36,36} + 0,0106_{93,4} = 0,887_{-35,83} \tag{5.31}$$

$$\overline{V}_{G_{pu}} = \overline{I}_{G_{pu}}\left(0,01j + 0,015j\right) + \overline{V}_{1_{pu}} = 0,887_{-35,83}\, 0,025j + 1,06_{3,4} = 1,074_{4,3} \tag{5.32}$$

Dado que los valores en por unidad poseen la misma fase que los valores reales se puede representar directamente el factor de potencia (figura 5.7). Obteniendo un factor de potencia inductivo al estar la tensión adelantada respecto a la intensidad y de valor según (5.33).

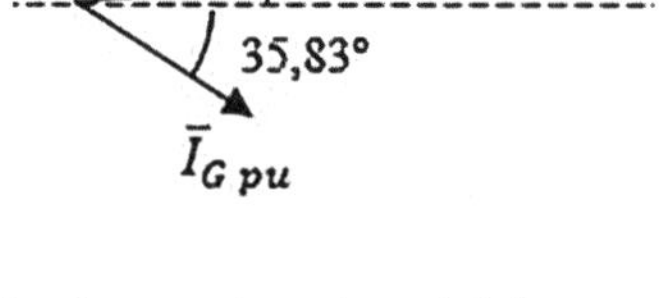

Figura 5.7: Ángulo para la determinación del factor de potencia al generador

$$\cos\left(4,3 + |-35,83|\right) = 0,765 \text{ (inductivo)} \tag{5.33}$$

Para finalizar, se retorna a los valores reales para presentar el verdadero valor de las incógnitas solicitadas. Para ello es preciso multiplicar el valor en por unidad por la base de la zona correspondiente según (5.34).

$$\overline{V}_G = \overline{V}_{G_{pu}} V_{b_C} = 1,074_{4,3}\, 20\,\text{kV} = 21,48_{4,3}\,\text{kV} \tag{5.34}$$

Concluyendo, los pasos desarrollados para resolver mediante el método en por unidad un sistema eléctrico con transformadores del tipo al realizado en el presente ejercicio, son los siguientes:

1. Zonificar el sistema según los transformadores existentes.
2. Calcular los valores base de las correspondientes zonas.
3. Obtener los parámetros en valores en por unidad, mostrando especial atención a las impedancias de cortocircuito de las placas de características de los transformadores.
4. A partir de los datos aportados en el enunciado convertidos en por unidad, se resuelve el sistema eléctrico calculando las incógnitas pedidas.
5. Se calcula el valor real de las incógnitas obtenidas aplicando los valores base de la zonas correspondientes.

5.3. Transformadores de regulación

Según el Reglamento de Alta Tensión: "Se admite la existencia de una regulación de tensión, estando la máquina sin servicio, a fin de adaptar su relación de transformación a las exigencias de la red. Se ha de procurar que esta operación se realice desde el exterior, sin tener que recurrir a levantar la tapa de la máquina".

Existen dos tipos de regulación según se modifique el módulo o la fase de la tensión. El presente estudio se centra en los reguladores del módulo de tensión. Aunque la regulación se puede realizar en ambos devanados es recomendable desarrollarla en el lado de alta tensión donde las intensidades son más reducidas y existe mayor precisión en el salto de espiras.

Cuando se regula el módulo de tensión también varía la relación de transformación del transformador, esta cuestión obliga a realizar nuevamente los cálculos del método en por unidad cada vez que se realiza una regulación. Para aminorar este problema se incluye una variable, t, que representa la regulación en módulo, en el cálculo inicial de los parámetros del circuito equivalente del transformador y de esta forma, siempre que se efectúe una regulación solamente es necesario aplicar a la variable su valor correspondiente.

La forma de realizar esta inclusión es representar el transformador de regulación como dos transformadores colocados en serie, uno con la regulación nominal y la impedancia o admitancia de cortocircuito del transformador original y el otro solamente con la relación de transformación propia de la regulación.

A continuación, se expone el caso de un transformador de regulación con con las tomas de regulación en el primario (figura 5.8). Por un lado, se tiene el circuito equivalente de un transformador con una relación de transformación nominal, $\overline{V}_1/\overline{V}_2$ y una admitancia de cortocircuito, $\overline{Y}_{cc}$, en el ejemplo se elige una admitancia dado que en el análisis de flujos de potencia los circuitos pasivos suelen representarse mediante las admitancias de cortocircuito, por otro lado, en serie con el primario, se inserta un transformador sin admitancia de cortocircuito que simboliza la relación de transformación modular propia de la regulación, representada por el parámetro, t.

Operando el circuito eléctrico correspondiente al transformador de regulación se obtiene la matriz de admitancias de la expresión (5.35).

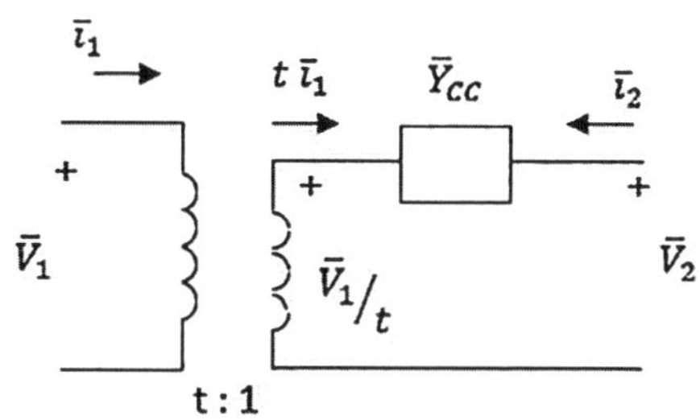

Figura 5.8: Circuito eléctrico de un transformador de regulación en módulo con las tomas de regulación en el primario

$$\frac{\overline{V}_1}{t} = \frac{t\,\bar{i}_1}{\overline{Y}_{cc}} + \overline{V}_2$$

$$\frac{t\,\bar{i}_1}{\overline{Y}_{cc}} = \frac{\overline{V}_1}{t} - \overline{V}_2$$

$$\bar{i}_1 = \frac{\overline{V}_1\,\overline{Y}_{cc}}{t^2} - \frac{\overline{V}_2\,\overline{Y}_{cc}}{t}$$

$$\bar{i}_2 = -t\,\bar{i}_1 = -\left(\frac{\overline{V}_1\,\overline{Y}_{cc}}{t}\right) + \overline{V}_2\,\overline{Y}_{cc}$$

$$\begin{pmatrix} \bar{i}_1 \\ \bar{i}_2 \end{pmatrix} = \begin{pmatrix} \frac{\overline{Y}_{cc}}{t^2} & -\frac{\overline{Y}_{cc}}{t} \\ -\frac{\overline{Y}_{cc}}{t} & \overline{Y}_{cc} \end{pmatrix} \begin{pmatrix} \overline{V}_1 \\ \overline{V}_2 \end{pmatrix} \tag{5.35}$$

Aplicando nudos, se relaciona la matriz de admitancias (5.35) con la línea eléctrica en pi de la figura 5.9, obteniendo la representación de una línea eléctrica según la figura 5.10.

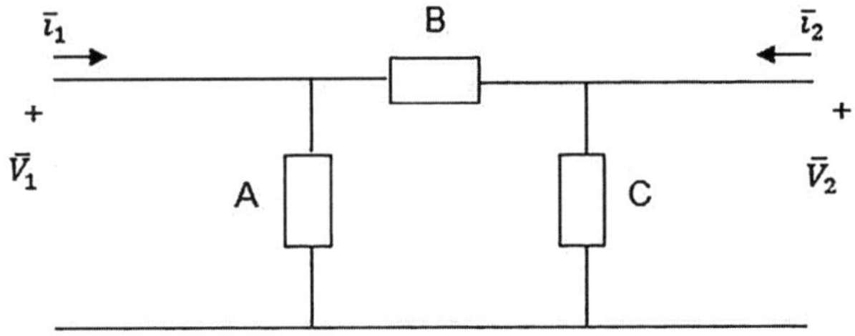

Figura 5.9: Circuito eléctrico de una línea eléctrica para aplicar nudos.

$$A + B = \frac{\overline{Y}_{cc}}{t^2} \qquad B + C = \overline{Y}_{cc}$$

$$-B = -\frac{\overline{Y}_{cc}}{t} \qquad \Rightarrow \qquad \overline{B} = \frac{\overline{Y}_{cc}}{t}$$

$$A = \frac{\overline{Y}_{cc}}{t^2} - \frac{\overline{Y}_{cc}}{t} = \overline{Y}_{cc}\frac{1-t}{t^2}$$

$$C = \overline{Y}_{cc} - \frac{\overline{Y}_{cc}}{t} = \overline{Y}_{cc}\frac{t-1}{t}$$

En la línea eléctrica de la figura 5.10, los parámetros se encuentran en función de la variable, t, de esta forma, en caso de regular el transformador solamente se deben variar los valores de los correspondientes parámetros.

En el caso de que las tomas de regulación se hubieran conectado al secundario la relación de transformación propia de la regulación sería la inversa de la utilizada en el caso anterior, es decir, 1:t. De esta manera se consigue relacionar adecuadamente el parámetro con la tensión del devanado donde se realiza la regulación.

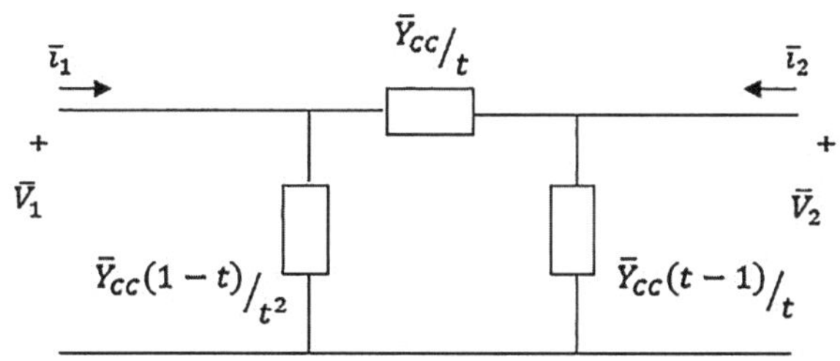

Figura 5.10: Circuito eléctrico de una línea eléctrica con parámetros en función de la variable de regulación.

Para concluir, si se operase con los circuitos obtenidos al acoplar un transformador ideal para representar la relación de la regulación (tipo figura 5.8) tanto en módulo como en fase, se podrían demostrar los siguientes puntos:

- Con un transformador regulador en módulo se puede variar la tensión de un nudo y la potencia reactiva que fluye a través del sistema eléctrico.
- Con un transformador regulador en fase se puede variar la potencia activa que fluye a través del sistema eléctrico.

Cuestiones de suma importancia a la hora de controlar y regular las variables de un sistema eléctrico (subsección 7.2.2).

Capítulo 6

Generador síncrono

El generador síncrono representa la máquina eléctrica habitualmente utilizada en sistemas de potencia para generar energía eléctrica.

El generador síncrono trabaja conectado al eje de una turbina o de un sistema motriz que se encarga de convertir la energía captada en energía mecánica y trasmitirla al rotor de dicha máquina eléctrica a través del eje del sistema, es decir, se introduce energía mecánica al generador por el rotor para posteriormente convertirla en energía eléctrica y verterla, principalmente, a la red eléctrica por el estátor.

Se tienen diversos sistemas motrices: turbinas hidráulicas impulsadas por la energía cinética o potencial del agua, el buje de un aerogenerador girando por el movimiento de las aspas accionadas por el viento, etc. La ventaja que presenta la turbina hidráulica frente otros sistemas motrices es que faculta una rápida y cómoda regulación mediante las válvulas de admisión.

Como máquina eléctrica se encuentra formada por dos devanados, rotor y estátor, los cuales para máquinas de gran potencia trabajan como inductor e inducido, respectivamente. El rotor del generador soporta una tensión en continua, tensión de excitación, V_{exc}, que sirve para su regulación. El inducido genera una señal alterna trifásica.

Al aplicar tensión continua al rotor aparece una intensidad a través de su devanado, denominada intensidad de excitación, I_{exc}, que genera un campo magnético de magnitud constante a través del entrehierro, el cual gira con el eje a la velocidad, n, de la turbina o sistema motriz. La intensidad de excitación es suministrada por una pequeña fuente de continua denominada excitatriz que se conecta al devanado del rotor mediante unos anillos situados en el eje de la máquina. Como se ha dicho para máquinas de gran potencia se toma el rotor como inductor puesto que la intensidad de excitación que entra a través de los anillos en movimiento es de menor magnitud que la generada por la máquina eléctrica y que, en este caso, sale del generador a través del devanado del estátor o devanado fijo mediante un conexionado fijo más robusto y de mayor sección.

Al girar el rotor y al mismo tiempo el campo magnético producido por el devanado inductor, según la *Ley de Faraday*, al existir una variación del flujo magnético a través de las espiras se inducen unas fuerzas electromotrices en el devanado inducido del estátor, generándose la intensidad trifásica del inducido que sale del generador pudiéndose inyectar en la red eléctrica en el correspondiente punto de acometida. Dada la igualdad que cumplen las máquinas eléctricas (6.1) que relaciona la frecuencia de la intensidad del inducido, f_2, con la frecuencia de la intensidad del inductor, f_1 y con la velocidad del eje, n, se tiene que para el generador síncrono comentado, donde la frecuencia de la intensidad rotórica al ser en continua es nula, es preciso regular las máquinas eléctricas para conseguir que la velocidad del rotor sea constante y poder, a su vez, conseguir una frecuencia de la intensidad del inducido constante.

$$f_2 = f_1 \pm \frac{n\,p}{60} \tag{6.1}$$

p = pares de polos de la máquina eléctrica

n = velocidad mecánica del eje de la máquina eléctrica en r.p.m. (revoluciones por minuto)

Los generadores síncronos de la tipología comentada llegan a alcanzar potencias comprendidas entre 1000 y 1500 MW con una tensión del inducido de alrededor de 25 kV. Existen otras tipologías que se estudian para aplicaciones específicas, como el generador de imanes permanentes, donde no se precisa una conexión externa del rotor y se aplica en la construcción de aerogeneradores.

A continuación, se estudia lo referente al generador síncrono, considerado más relevante, dado su importante papel en el funcionamiento, la estabilidad y equilibrio de los sistemas eléctricos de potencia.

6.1. Modelo eléctrico del generador síncrono

Para obtener el circuito eléctrico equivalente del generador síncrono de rotor cilíndrico y funcionamiento lineal, según el método del ingeniero *Behn-Eschenburg*, inicialmente, se plantea su funcionamiento en vacío para posteriormente conectarlo a una carga.

Se tiene un generador síncrono trabajando sin carga con unas tensiones de vacío, $\overline{E}_{0\,a}$, $\overline{E}_{0\,b}$ y $\overline{E}_{0\,c}$, de la misma magnitud y desfasados 120° entre sí (figura 6.1), en las fases correspondientes del inducido. Al encontrarse en vacío las intensidades del inducido, $\overline{I}_a$, $\overline{I}_b$ e $\overline{I}_c$, serán nulas.

Ahora bien, al conectar una carga las intensidades del inducido son distintas de cero, lo cual provoca que dichas intensidades generen a su vez una fuerza magnetomotriz que puede afectar a la fuerza magnetomotriz del inductor de la máquina dependiendo de la tipología de las intensidades que circulen por el inducido, es decir, si la carga es resistiva, inductiva o capacitiva pueden deformar, reducir o ampliar, respectivamente, el flujo magnético.

El impacto de esta fuerza magnetomotriz sobre el flujo de excitación y en consecuencia sobre la tensión del inducido que además, es proporcional a la intensidad que circula por dicho devanado, se representa como una reactancia en serie denominada reactancia del inducido, jX_i.

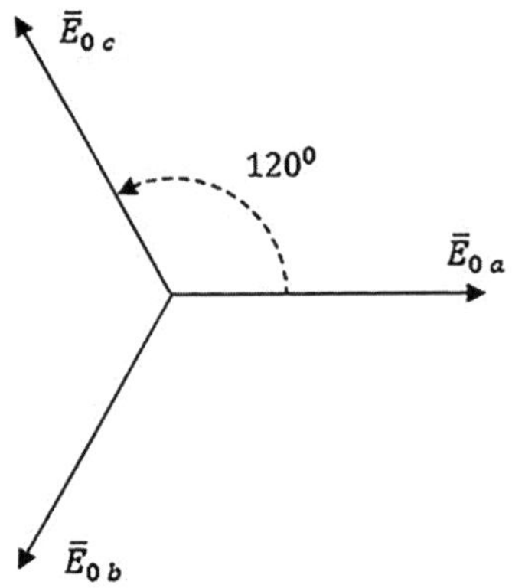

Figura 6.1: Diagrama de tensiones del inducido del generador en vacío

Para una de las fases del generador la expresión del circuito eléctrico resultante, con lo comentado hasta ahora, se presenta en (6.2).

$$\overline{E}_r = \overline{E}_{0\,a} - j\,X_i\overline{I}_a \tag{6.2}$$

$\overline{E}_r$ = Tensión resultante aplicando la reacción del inducido

Por otro lado (figura 6.2), también se tiene que al circular una intensidad a través del devanado estatórico, se tienen unas pérdidas por efecto joule del propio devanado, proporcionales a la intensidad, representadas por la resistencia en serie, R.

Del mismo modo en el estátor existe un flujo de dispersión, también proporcional a la intensidad, que se representa por una reactancia en serie denominada reactancia de dispersión, jX_d.

Denominando a la tensión de salida del generador, $\overline{V}_a$, la cual representa la tensión de salida del circuito eléctrico monofásico con las variables y parámetros comentados (figura 6.2) se tiene la expresión del circuito eléctrico resultante según (6.3).

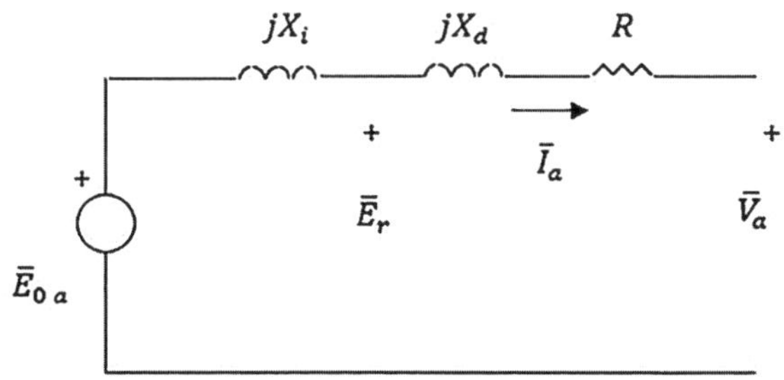

Figura 6.2: Circuito eléctrico monofásico del generador

$$\overline{V}_a = \overline{E}_{0\,a} - [R + j\,(X_i + X_d)]\,\overline{I}_a \tag{6.3}$$

La suma de la reactancia del inducido y la reactancia de dispersión se denomina reactancia síncrona, jX_S. Habitualmente la resistencia del devanado inducido se considera despreciable frente el efecto de la reactancia síncrona, en la cual es mucho mayor la participación de la reactancia del inducido que la de dispersión.

A partir de la expresión (6.3) y suponiendo un sistema equilibrado, se tiene la igualdad (6.4) para las correspondientes fases, de la cual considerando la tensión $\overline{V}$ como referencia y la tensión de vacío, $\overline{E}_0$, desfasada un ángulo, δ, operando se puede obtener la potencia activa (6.5) y la potencia reactiva (6.6) generadas por fase en la máquina eléctrica.

$$\overline{E}_0 = \overline{V} + j\,X_S\,\overline{I} \tag{6.4}$$

$$P_G = \frac{E_0 V}{X_S}\sin\delta \tag{6.5}$$

$$Q_G = \frac{V\,(E_0\cos\delta - V)}{X_S} \tag{6.6}$$

Se recalca que el ángulo de par, δ, representa el desfase entre la tensión de vacío de la máquina eléctrica, $\overline{E}_0$, respecto a la tensión, $\overline{V}$, tomada como referencia.

6.2. Regulación con conexión a nudo infinito

Un generador síncrono dispone de dos tipos de control, la regulación de la tensión e intensidad de excitación y la regulación de la velocidad motriz del sistema (mediante las válvulas de admisión en el caso de las turbinas hidráulicas). En el caso de los generadores síncronos aislados[1], el primer sistema de control sirve para regular la tensión de salida y el segundo sistema para controlar la frecuencia según el cuadro 6.1.

SISTEMA AISLADO	
Variable de Control	**Variable Regulada**
Tensión de excitación	Tensión del sistema
Velocidad motriz	Frecuencia del sistema

Cuadro 6.1: Regulación del generador eléctrico en sistema aislado

Ahora bien, en el caso de conexión a nudo infinito (figura 6.3) la tensión y la frecuencia se encuentran impuestas por la red, por tanto, es preciso detallar como pueden afectar al funcionamiento y a la respuesta de la máquina eléctrica la actuación sobre ambos sistemas de control en esta situación.

[1] El generador se considera aislado cuando no se encuentra conectado a una red eléctrica con la suficiente fortaleza para que sea la red la que imponga la tensión y frecuencia en el punto de acometida o conexión.

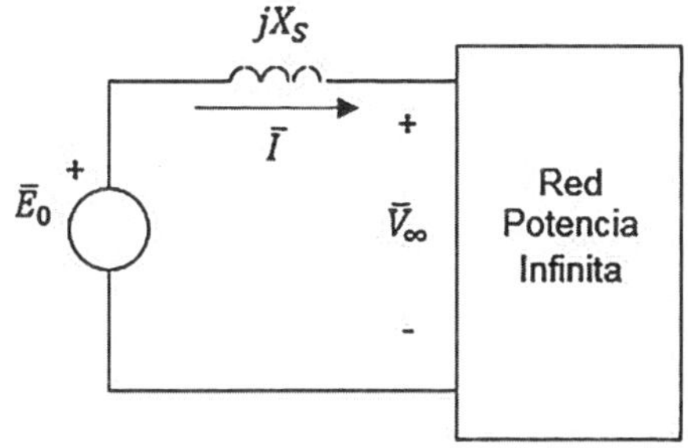

Figura 6.3: Generador síncrono conectado a nudo infinito

- Efecto de la variación de excitación con conexión a red infinita

A partir de una situación de equilibrio, punto flotante, donde la magnitud de la tensión de la red y la tensión de vacío del generador son iguales y se encuentran en fase (figura 6.4), se va a determinar la variación según la correspondiente actuación sobre la tensión e intensidad de excitación. Inicialmente, en dicha situación el generador ni recibe ni entrega potencia y además, la referencia se encuentra en la tensión, $\overline{V}_\infty$, impuesta por la red.

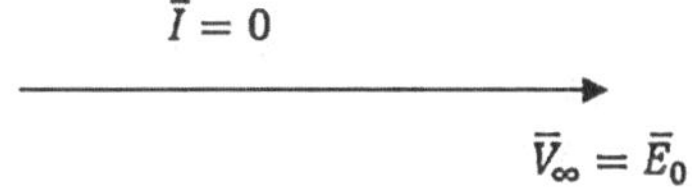

Figura 6.4: Situación de equilibrio

Ahora bien, si se eleva el valor de la intensidad de excitación aumenta el valor de la tensión de vacío, $\overline{E}_0$, superando el valor de la tensión de la red y generándose a su vez una intensidad inductiva a través de la reactancia síncrona del generador (figura 6.5).

Al ser la intensidad reactiva pura la máquina entrega potencia reactiva inductiva a la red y por tanto, el generador se encuentra sobre-excitado sin entregar potencia activa a la red.

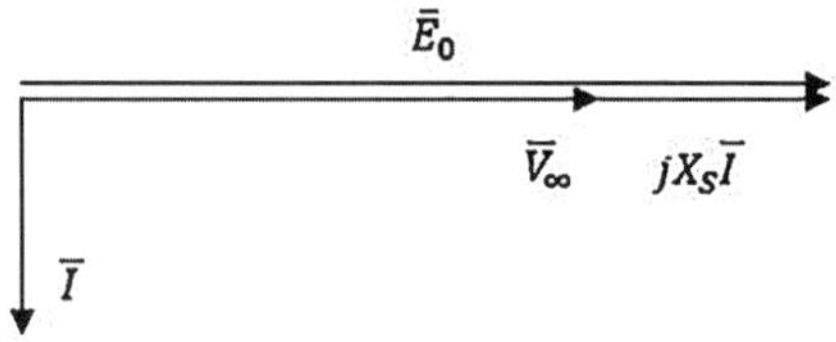

Figura 6.5: Situación con intensidad inductiva

En caso contrario, si se disminuye el valor de la intensidad de excitación se reduce el valor de la tensión de vacío, generándose una intensidad capacitiva a través de la reactancia síncrona del generador (figura 6.6).

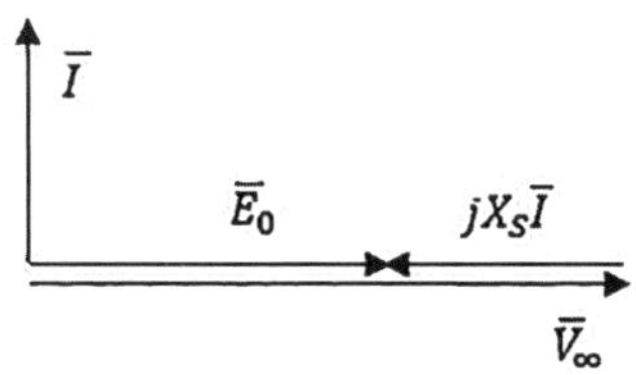

Figura 6.6: Situación con intensidad capacitiva

Al ser la intensidad reactiva pura la máquina entrega potencia reactiva capacitiva a la red y por tanto, el generador se encuentra sub-excitado y tampoco existe intercambio de potencia activa con la red.

El régimen de trabajo de la máquina eléctrica donde ni se entrega ni se absorbe potencia activa, pero se regula la transferencia de reactiva se denomina "compensador síncrono".

- Regulador de velocidad, variación del par mecánico, con conexión a red infinita

  A continuación, se va a determinar la variación que experimenta la máquina eléctrica según la correspondiente actuación sobre el regulador de velocidad en la parte motriz del sistema (válvulas de admisión en las turbinas hidráulicas).

Al incrementar el caudal de agua a través de las válvulas de admisión de las turbinas, se incrementa el par que la turbina ejerce sobre el eje del sistema motriz. Dicho par también se denomina par mecánico o del eje. Considerando la potencia activa total entregada por el generador síncrono desde la expresión (6.5) y sabiendo que el par es la potencia dividida por la velocidad angular de sincronismo, Ω_S, se tiene la igualdad (6.7) para el par del eje.

$$T = \frac{P}{\Omega_S} = \frac{3\,E_0\,V_\infty}{\Omega_S\,X_S}\sin\delta \tag{6.7}$$

Al encontrarse la máquina eléctrica conectada a un nudo de potencia infinita se tiene que la tensión, $\overline{V}_\infty$, y la frecuencia, f, están impuestas por la red y permanecen constantes. Pero además, también se considera que la tensión de excitación permanece a un valor de magnitud constante suficiente para que la tensión de vacío, $\overline{E}_0$, sea de igual magnitud que la tensión de la red, $\overline{V}_\infty$. Por tanto, se tiene que en la expresión (6.7) lo único que puede variar con el aumento de entrada de potencia mecánica por el eje es el ángulo de par, δ. Tal y como se vio con anterioridad, el ángulo de par representa el desfase entre la fuerza electromotriz generada, $\overline{E}_0$, respecto a la tensión impuesta por la red, $\overline{V}_\infty$, tomada como referencia (figura 6.7).

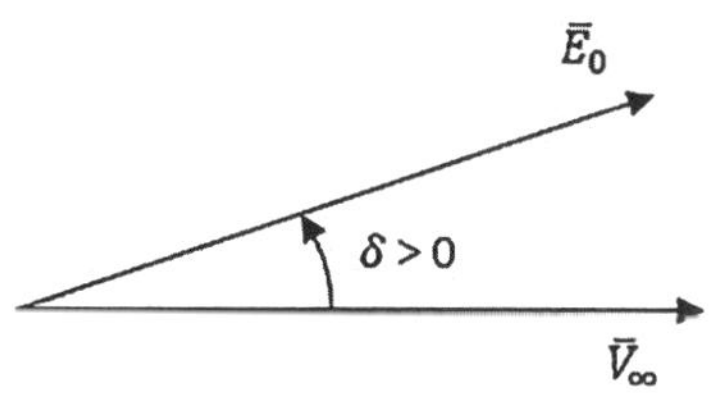

Figura 6.7: Representación vectorial de un ángulo de par positivo en el generador

De esta forma, si existe un incremento del par mecánico, lo cual conlleva un incremento de entrada de potencia mecánica por el eje, aumentará el ángulo de par, δ, incrementándose la potencia eléctrica generada por la máquina. Si la máquina funciona como generador el par de la máquina actuará como un par de frenado y en el momento de funcionamiento estable ambos pares, mecánico y de frenado de la máquina eléctrica, se encontrarán en equilibrio. En dicha situación de equilibrio de pares, se comprueba que rotor y estátor terminan girando a la misma velocidad de sincronismo pero formando un ángulo de par que representa la existencia de un par generado por la parte motriz que tira de la máquina eléctrica, lo cual induce a confirmar la entrada de energía mecánica por el rotor y el funcionamiento de la máquina como generador.

En el caso de que el par de la turbina comenzase a disminuir podría darse el caso que el par de la máquina fuese de mayor magnitud que el par del eje, lo cual significaría que la potencia eléctrica entra por el inducido y se convierte en potencia mecánica al eje. Por tanto, el valor de la potencia eléctrica cambiaría de signo y para ello se debería tener un ángulo de par negativo, es decir, el par del eje actuaría como par de frenado y la máquina eléctrica funcionaría como motor. Y al igual que en el caso del funcionamiento como generador, llegados al punto de equilibrio entre pares la velocidad de rotación del rotor y la del estátor serían la misma.

Los dos casos presentados definen la relación directa entre el ángulo de par, δ, y la potencia activa generada o consumida por la máquina eléctrica.

En definitiva, en funcionamiento estable (sección 6.5), el campo y la parte motriz terminan girando a la misma velocidad de sincronismo impuesta por la red infinita, formando entre ellos un determinado ángulo de par con el signo que corresponda según sea el tipo de funcionamiento de la máquina eléctrica.

Resumiendo y según el cuadro 6.2, en el caso de los generadores síncronos con conexión a nudo infinito donde la tensión y la frecuencia se encuentran impuestas por la red, se tiene que la actuación sobre la tensión de excitación repercute en la potencia reactiva y la actuación sobre la velocidad del sistema motriz regula la potencia activa, siendo ambas potencias entregadas por la máquina eléctrica al sistema.

CONEXIÓN A NUDO INFINITO	
Variable de Control	**Variable Regulada**
Tensión de excitación	Potencia reactiva
Velocidad motriz	Potencia activa

Cuadro 6.2: Regulación del generador eléctrico con conexión a nudo infinito

6.3. Procedimiento de conexión del generador a nudo infinito

A continuación se analiza la conexión de la máquina eléctrica síncrona a un sistema de potencia donde los valores de referencia de tensión y frecuencia están impuestas por el sistema. La condición para conectar la máquina al nudo de potencia infinita secuencias de fases, e idénticos valores de tensión y frecuencia. Suponiendo idéntica secuencia de fases la operativa a desarrollar es la siguiente:

- Se pone en marcha la turbina conectada al eje del generador y regulando las válvulas de admisión, para el caso de una turbina hidráulica, se alcanza la velocidad de sincronismo, n_S.

  La velocidad de sincronismo, n_S, es aquella que debe alcanzar el eje para que la frecuencia que adopte la intensidad del inducido, f_2 (6.1), sea la misma que la del sistema.

- Mediante la regulación de la excitación del inductor se va regulando la tensión de vacío hasta alcanzar el mismo valor que la tensión del nudo infinito, $\overline{V}_\infty$.

- Cuando se tienen los valores deseados de velocidad y tensión en el generador se procede a conectarlo al nudo de potencia infinito.

  Momento, el que aparecen unas intensidades en el inducido provocando entre otros el efecto de la reacción del inducido (sección 6.1) que provocan un desfase en las magnitudes alcanzadas con anterioridad.

- En consecuencia, se regula nuevamente la velocidad de la máquina y la excitación para alcanzar los valores impuestos por el sistema y encontrar el equilibrio.

A partir de este momento y regulando la tensión de excitación y/o el regulador de velocidad se varía la potencia reactiva y/o activa respectivamente, transmitida a la red.

6.4. Funcionamiento con conexión a nudo infinito

Una vez conectada la máquina al nudo de potencia infinita y siguiendo las expresiones de potencia activa y reactiva totales del generador (6.8) y (6.9), se presentan los siguientes modos operativos de la máquina síncrona:

$$P_G = \frac{3\, E_0\, V_\infty}{X_S} \sin\delta \qquad (6.8)$$

$$Q_G = \frac{3\, V_\infty\, (E_0\, \cos\delta - V_\infty)}{X_S} \qquad (6.9)$$

- Excitación fija y potencia turbina variable (figura 6.8)

  Funcionando como generador, al regular la válvula de admisión y una vez se haya alcanzado la velocidad de sincronismo, al incrementar la potencia mecánica se aumentará la potencia eléctrica suministrada a la red.

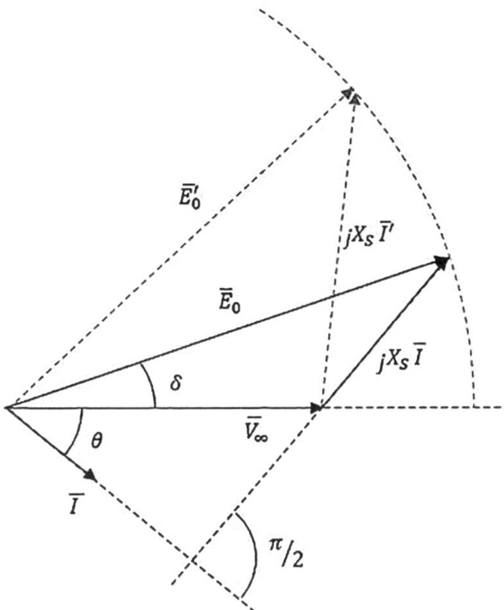

Figura 6.8: Diagrama vectorial del generador funcionando a tensión constante y potencia entregada variable

Al ser la reactancia síncrona, X_S, un valor constante, la tensión, $\overline{V}_\infty$, estar impuesta por la red y manteniendo $\overline{E}_0$ con una magnitud fija mediante la intensidad de excitación, I_{exc}, se tiene una posible variación de la intensidad generada, $\overline{I}$ y el ángulo de par, δ.

Un valor típico del ángulo de par se encuentra en $\delta = 30^o$ lo que implica un valor de la potencia reactiva, Q_G, que se mantiene prácticamente constante.

$$\delta < 30^o \quad \Rightarrow \quad \cos\delta \sim 1 \quad \Rightarrow \quad Q_G \sim cte \tag{6.10}$$

Al regular la válvula de admisión se varía el ángulo de par, δ, y la potencia eléctrica generada, P_G, con lo cual se equilibran las potencias generadas y demandadas. Cuanto mayor sea el valor del ángulo de par mayor es la potencia eléctrica generada, según (6.8), siendo el valor de P_G máximo para un ángulo de par, $\delta = \pi/2$. Por encima de $\pi/2$ se entra en zona inestable de trabajo (sección 6.5).

- Excitación variable y potencia activa suministrada constante (figura 6.9).

  Al ser la reactancia síncrona, X_S, un valor constante, la tensión, $\overline{V}_\infty$, impuesta por la red y manteniendo P_G con un valor fijo, se tiene, según (6.8), que el valor $(E_0 \sin\delta)$, se mantiene constante.

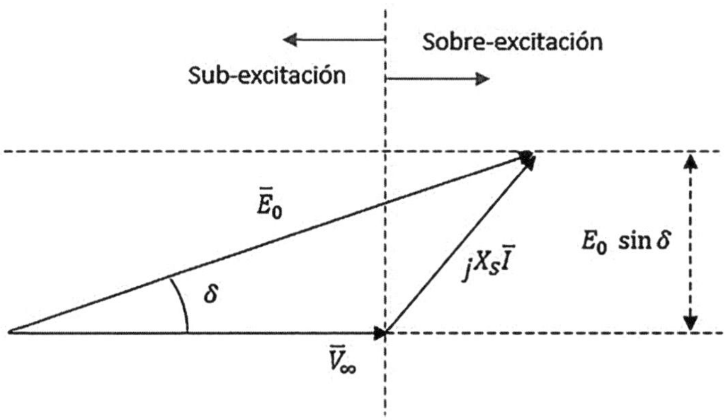

Figura 6.9: Diagrama vectorial del generador funcionando a potencia entregada constante y tensión variable

Variando la intensidad de excitación, I_{exc}, se obtienen distintos valores de tensión, $\overline{E}_0$, los cuales vendrán reflejados en distintos comportamientos de la máquina eléctrica:

– Sobre-excitación, donde la máquina eléctrica entrega potencia reactiva inductiva al sistema, siendo el ángulo que forma la intensidad y la tensión impuesta por la red, θ, inductivo.

$$E_0 \cos\delta > V_\infty \quad \Rightarrow \quad Q_G > 0 \tag{6.11}$$

– Punto de cambio, donde la máquina ni entrega ni absorbe reactiva, siendo el ángulo que forma la intensidad y la tensión impuesta por la red, θ, resistivo.

$$E_0 \cos\delta = V_\infty \quad \Rightarrow \quad Q_G = 0 \tag{6.12}$$

– Sub-excitación, donde la máquina absorbe del sistema reactiva inductiva, siendo el ángulo que forma la intensidad y la tensión impuesta por la red, θ, capacitivo.

$$E_0 \cos\delta < V_\infty \quad \Rightarrow \quad Q_G < 0 \tag{6.13}$$

Por tanto, se consigue variar la potencia reactiva generada variando la excitación y en consecuencia el valor de la fuerza electromotriz, $\overline{E}_0$.

En el caso de que se disminuya la velocidad de la parte motriz y el ángulo de par, δ, fuera disminuyendo pasando a tener un valor negativo, el comportamiento de la máquina eléctrica pasaría a convertirse en motor, con una potencia activa, P_G, menor que cero y una potencia reactiva, Q_G, al igual que en el funcionamiento como generador dependiente de la magnitud de ($E_0\ cos\delta$). En el momento de paso de modo de funcionamiento de generador a motor existe un punto donde el ángulo de par, δ, es igual a cero. Tal y como se comentó anteriormente (sección 6.2) en este punto de trabajo la máquina eléctrica actúa como un compensador síncrono.

6.5. Estabilidad del generador

Se tiene un generador síncrono conectado a un nudo de potencia infinito, donde la frecuencia y la tensión de la red, $\overline{V}_\infty$, son constantes, y donde además, también permanecen constantes la reactancia síncrona, X_S, y la intensidad de excitación, I_{exc}. Durante el funcionamiento de la máquina eléctrica se pueden experimentar dos tipologías de variación del par de la turbina, par mecánico o par del eje sobre la máquina eléctrica que en el caso de trabajar como generador actúa como par de frenado. La diferencia entre ambas tipologías radica en las características de las variaciones del par mecánico, pudiendo ser moderadas alrededor del punto de trabajo o bruscas buscando un rápido y significativo desplazamiento del punto de trabajo. A continuación, se comentan ambas, detallando las zonas estables e inestables de trabajo para un generador síncrono.

Por un lado, si se supone que el generador se encuentra trabajando a régimen constante o permanente con un determinado ángulo de par, algunas máquinas motrices como los motores de explosión, máquinas de vapor de pistón, etc., dada su tipología de funcionamiento pueden generar variaciones transitorias del par mecánico que actúan sobre la máquina eléctrica. Estas variaciones no se cuantifican de gran magnitud pero su existencia condiciona el comportamiento de la máquina eléctrica alrededor del punto de trabajo a régimen constante. De tal forma que una variación transitoria de par mecánico y la correspondiente variación de velocidad experimentada en el sistema motriz pueden tener distintas consecuencias según el valor del ángulo de par, δ, donde se encuentre trabajando la máquina eléctrica.

En el caso del funcionamiento como generador de la máquina síncrona y siguiendo la figura 6.10, se van a evaluar los distintos puntos de trabajo según su situación en la curva que relaciona la magnitud del par, T, y el ángulo de par, δ. Para ello se parte de la premisa de que inicialmente y trabajando como generador el par de máquina o par de frenado, T_F, y el par mecánico, T_M, tienen una magnitud similar y por tanto, se encuentran en una posición de equilibrio, estando las variaciones transitorias impuestas por el par mecánico, T_M.

1. Si la máquina se encuentra trabajando en el punto A.
   - Cuando transitoriamente se incrementa el par de la turbina, T_M, este desplaza a su vez al par de máquina, T_F, a un valor superior

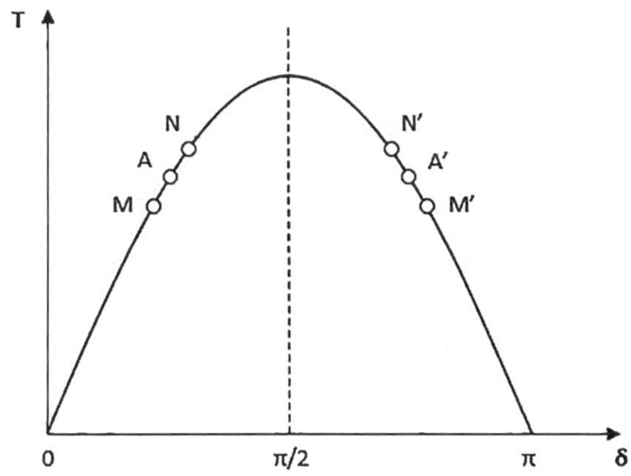

Figura 6.10: Análisis de la curva T-δ del generador operando en régimen constante

(punto N). Cuando el par mecánico vuelve a su valor inicial la máquina se encuentra acelerada pues al tiempo que se incrementaban los pares también se incrementaba la velocidad. Ahora bien, al actuar la máquina como generador ofrece un par de frenado, el cual en esta situación resulta superior al par mecánico, $T_F > T_M$, por tanto, la máquina se irá frenando progresivamente hasta volver a su valor inicial representado por el punto A con equilibrio entre pares.

- Si en lugar de aumentar el par mecánico, T_M, disminuye transitoriamente, desplazando a su vez al par de máquina, T_F (punto M) sucede que al retornar el par mecánico a su posición inicial el par de máquina se encuentra desplazado a un valor menor que el inicial. Además, la máquina se encuentra desacelerada. Ahora bien, como el par mecánico es mayor que el par de frenado de la máquina, $T_M > T_F$, se posibilita acelerar nuevamente la máquina para volver al estado inicial de equilibrio entre pares del punto A.

Se observa que en cualquiera de las situaciones planteadas para el punto A, siempre se vuelve a la posición de equilibrio, por tanto, se puede decir que el punto A es un punto de trabajo estable.

2. Si la máquina se encuentra trabajando en el punto A'.

   - Cuando transitoriamente se incrementa el par mecánico, T_M, este desplaza a su vez al par de máquina, T_F, a un valor superior (punto N'). Cuando el par mecánico vuelve a su valor inicial la máquina se encuentra desacelerada pues al mismo tiempo que se incrementaban los pares también disminuía el ángulo de par, δ. Pero, por otro lado, al actuar la máquina como generador ofrece un par de frenado, el cual en esta situación resulta superior al par mecánico, $T_F > T_M$, por tanto, la máquina se irá frenando progresivamente distanciándose, al mismo tiempo, del valor inicial representado por el punto A'.

     Según se va frenando la máquina el punto de trabajo se desplaza siguiendo la curva representada hasta que nuevamente el par de la máquina y el par mecánico se igualan, situación que en la figura 6.10, coincidiría con el anterior punto A. Es decir, la máquina se ha desacelerado y ha pasado a un punto estable de trabajo con equilibrio entre pares.

   - Si en lugar de aumentar el par de la turbina, T_M, disminuye transitoriamente, desplazando a su vez al par de máquina, T_F (punto M'), sucede que al retornar el par mecánico a su posición inicial el par de máquina se encuentra desplazado a un valor menor que el inicial. Además, la máquina se encuentra acelerada. Como el par mecánico es mayor que el par de frenado de la máquina, $T_M > T_F$, se posibilita un progresivo aceleramiento con el correspondiente distanciamiento de la situación inicial representada por el punto A' y que desencadena en una pérdida de estabilidad de la máquina eléctrica.

Se observa que en cualquiera de las situaciones planteadas para el punto A' nunca se vuelve a la posición inicial perdiendo la previsible estabilidad del punto inicial y llegando incluso a acelerarse progresivamente, por tanto, se puede decir que el punto A' es un punto de trabajo inestable.

Por tanto, en un principio, se puede establecer que el punto A' y todos los puntos correspondientes a los valores del ángulo de par, δ, comprendidos entre $[\pi/2$ y $\pi)$, son puntos de trabajo inestables. El valor del ángulo de par correspondiente a $\delta = \pi/2$, se puede considerar inestable, puesto que si bien podría asumir una desaceleración, no sería lo mismo para el caso de una aceleración, lo cual le llevaría a una progresiva aceleración incontrolada. Siendo la zona estable de trabajo para el funcionamiento como generador, todos los puntos correspondientes a los valores del ángulo de par, δ, comprendidos entre $(0$ y $\pi/2)$.

Para concluir con esta primera tipología de variación transitoria del par mecánico cabe destacar que los desplazamientos de un punto a otro o la recuperación del punto de equilibrio de la máquina se realiza mediante fluctuaciones alrededor de dicho punto donde se acaba finalizando. Estas oscilaciones pendulares son debidas a la existencia de un par de inercia de la máquina, T_i, que acaba anulándose debido a la existencia de otro par, el par amortiguador, T_A, que atenúa dichas fluctuaciones. El par amortiguador es debido a la suma de los rozamientos y de la acción del devanado amortiguador de la máquina (devanado en cortocircuito ubicado constructivamente en el rotor).

Debido a la existencia de estas oscilaciones pendulares se tiene que como segunda tipología de variación del par mecánico sobre la máquina eléctrica, interesante de analizar, se encuentran las variaciones bruscas de velocidad debidas a una rápida abertura de las válvulas de admisión cuyo fin es incrementar rápidamente la potencia activa generada por la máquina desplazando significativamente el punto de trabajo. Se puede prever que si la abertura de la válvula de admisión es brusca y también el incremento del par mecánico consecuentemente aparecerá un par de inercia significativo que generará importantes fluctuaciones alrededor del nuevo punto de equilibrio donde se finalizará. Para desarrollar lo acontecido se va a seguir la figura (figura 6.11).

Si inicialmente se trabaja en el punto 0 y se abren bruscamente las válvulas de admisión con el objetivo de pasar a trabajar al punto 1, sucede que la existencia del par de inercia en la máquina hace que la velocidad se incremente desplazándose hasta el punto 2, Ω_2, para luego retroceder hacia el punto

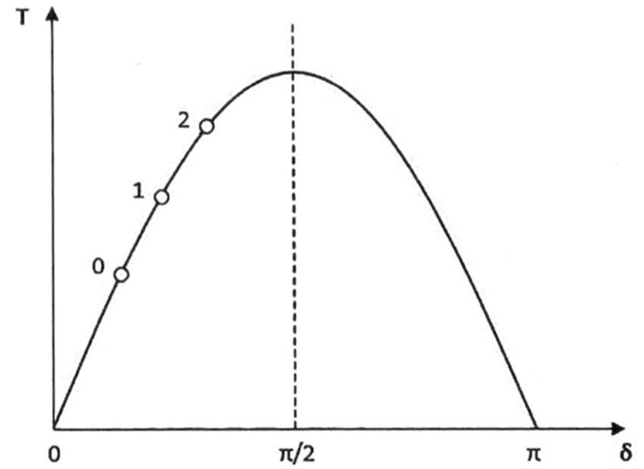

Figura 6.11: Análisis de la curva T-δ del generador variando el régimen de trabajo

0 sin llegar a él y comenzar a oscilar alrededor del punto 1 donde termina encontrando el equilibrio con su velocidad correspondiente, Ω_1 (figura 6.12).

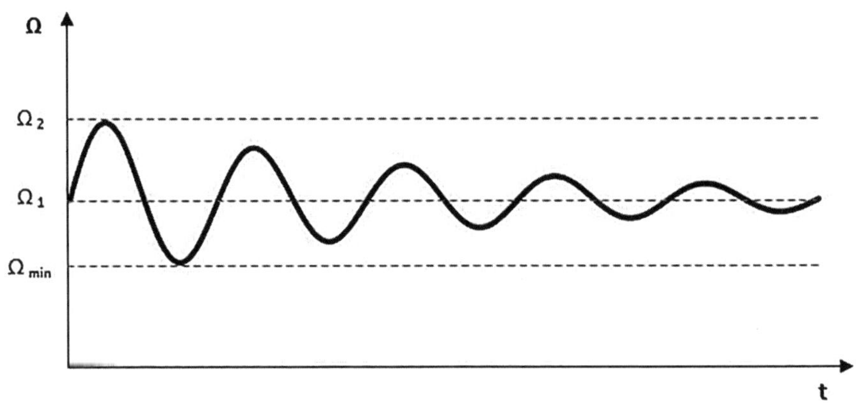

Figura 6.12: Oscilaciones de velocidad alrededor del punto de equilibrio

El problema que se encuentra con estas oscilaciones tan pronunciadas es que si inicialmente se está trabajando en un punto de trabajo próximo a un valor del ángulo de par de $\pi/2$ puede suceder que debido a la inercia experimentada, se pase transitoriamente a la zona que anteriormente se ha descrito como zona inestable. Para analizar las distintas posibilidades que se encuentran en la práctica se observa la figura 6.13 y se considera que viniendo de un punto con par y velocidad inferior al punto 1 se abren las válvulas de admisión de la turbina para desplazarse y finalizar en el citado punto 1 de dicha figura.

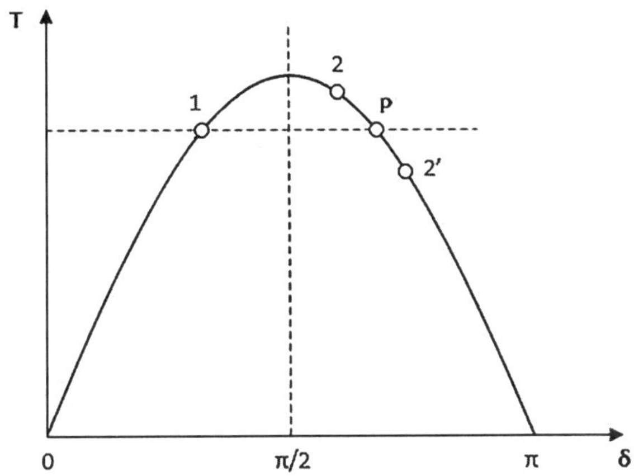

Figura 6.13: Análisis de estabilidad en el funcionamiento del generador

- Cuando las válvulas de admisión se abren bruscamente se incrementa la velocidad, llegando a alcanzar como punto más alejado el punto 2. El par mecánico tiene la magnitud correspondiente al punto 1, pero el par de máquina tiene la magnitud correspondiente al punto 2. Siendo el valor del par de frenado impuesto por la máquina mayor que el par mecánico, $T_F > T_M$, la máquina se desacelera retrocediendo hacia el punto 1 y oscilando a su alrededor para terminar acabando en él.

- Si en lugar de desplazarse hasta el punto 2 se desplazase al punto 2' la situación sería distinta. En este caso, el par de máquina alcanzado sería de menor magnitud que el par mecánico aplicado, $T_F < T_M$, lo cual significaría un progresivo aceleramiento que llevaría a la máquina a revolucionarse con la consecuente pérdida de estabilidad.

Por tanto, según este razonamiento, se tiene que siempre que no se supere el punto P en el máximo desplazamiento pendular se terminará finalizando en el punto 1 deseado. El punto P corresponde a la igualdad entre el par mecánico del nuevo punto donde se desea finalizar y el par que alcanza la máquina eléctrica en el máximo desplazamiento pendular. Dicho punto representa el límite de estabilidad de funcionamiento como generador ante las variaciones impuestas sobre el par mecánico.

Para finalizar con la influencia que sobre la máquina síncrona tienen las moderadas variaciones del par mecánico, inicialmente, se ha establecido como zona de trabajo estable, ante las variaciones transitorias del par y durante el régimen a potencia eléctrica generada constante, el cuadrante comprendido entre 0 y $\pi/2$. Posteriormente, valorando las posibles actuaciones sobre el par mecánico para incrementar la potencia eléctrica suministrada se ha determinado que la magnitud del par de máquina del punto más alejado alcanzado nunca debe ser menor que el par mecánico impuesto. En consecuencia, para definir cual es el ángulo de par máximo en el que se pueda trabajar con seguridad de mantener la estabilidad de la máquina eléctrica se debe tener presente, primero, un margen de magnitud del ángulo de par alrededor del régimen de trabajo permanente y segundo, considerar otro margen de magnitud frente las máximas oscilaciones que se puedan experimentar.

La magnitud de los márgenes planteados depende en gran medida de la tipología del sistema motriz utilizado y de sus sistemas de regulación. Por otro lado, se confirma una adecuada gestión de la generación y demanda de energía mediante moderadas y progresivas variaciones del par mecánico (capítulo 9).

6.6. Limitaciones técnicas y diagrama de funcionamiento

El avance de la tecnología de las máquinas eléctricas generadoras y de todos sus accesorios permiten abarcar grandes potencias de generación con la suficiente fiabilidad, rendimiento y calidad de señal generada. Ahora bien, para el correcto funcionamiento de los generadores son recomendables las siguientes anotaciones:

- No incumplir las especificaciones técnicas de funcionamiento superando los valores nominales de tensión e intensidad, respetando los límites térmicos tolerados.
- Respetar los márgenes de estabilidad y asegurar el correcto funcionamiento dinámico (sección 6.5).
- Adaptar en lo posible la máquina eléctrica generadora a las prestaciones del sistema motriz para trabajar en los valores adecuados de velocidad y potencia. De esta forma, respetar las potencias máximas de carga, los mínimos técnicos[2] de potencia y evitar en lo posible trabajar en potencias reducidas con bajos rendimientos de trabajo.

Por tanto, prescindiendo del rendimiento operativo y centrando el estudio a las limitaciones que impliquen riesgo para la máquina eléctrica, inicialmente, se desarrolla la figura 6.14, que representa un diagrama de tensiones de la máquina eléctrica con los correspondientes valores máximos y límites de estabilidad permitidos. Para ello se toma como referencia el módulo de la tensión del nudo de conexión, V, en el eje de abscisas y suponiendo como punto de partida una intensidad retrasada respecto a la tensión de referencia, se representan las siguientes magnitudes:

[2] En centrales térmicas de generación el mínimo técnico se define como la mínima potencia operativa necesaria para mantener el proceso termodinámico estable.

- El módulo de la intensidad máxima soportada por el devanado del inducido, la cual al ser la tensión de la red y la reactancia síncrona constantes, está relacionada con la máxima potencia aparente entregada por la máquina eléctrica.

  Magnitudes que se corresponden con el arco trazado desde el punto O y radio de magnitud modular igual a $(X_S I_{max})$.

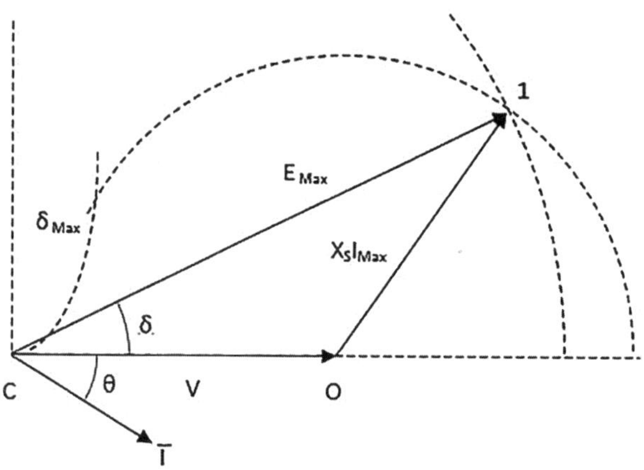

Figura 6.14: Diagrama fasorial de tensiones del generador y límites de estabilidad.

- La intensidad máxima soportada por el devanado del inductor, la cual está relacionada con la máxima fuerza electromotriz, E_{max}, de la máquina eléctrica.

  Límite que se corresponde con el arco trazado desde el punto C y con radio de magnitud igual a E_{max}.

- Mínima excitación con el correspondiente valor máximo permitido del ángulo de par.

  Respecto al valor máximo del ángulo de par, anteriormente, se consideró un valor de $\pi/2$ incluyendo el margen correspondiente que permitiese hacer frente a las posibles variaciones de carga sin entrar en zona inestable de trabajo por los transitorios acontecidos (sección 6.5).

Habitualmente se considera un valor máximo del ángulo de par de $\pi/3$ para tensiones próximas a la tensión asignada de la máquina eléctrica y su correspondiente intensidad de excitación, ahora bien según se va reduciendo la tensión de excitación utilizada el ángulo de par máximo disminuye su valor puesto que, entre otras razones, al reducirse la tensión de vacío para valores menores de potencia asignada (6.8) y en consecuencia del par (6.7), las fluctuaciones tendrán mayor relevancia y el margen a guardar se establece mayor.

Es decir, al reducirse la magnitud del par máximo en las curvas T-δ, las posibles variaciones del ángulo de par pueden tener una mayor incidencia negativa por lo que el margen de seguridad a establecer debe ser mayor y por esta razón, la curva de los posibles valores del ángulo de par presenta la forma descrita en la figura 6.14.

Para representar el límite impuesto por la máxima conversión de potencia se convierte el diagrama de tensiones (figura 6.14), en un diagrama de potencias (figura 6.15), donde todas las magnitudes se han multiplicado por el factor constante ($3V/X_S$).

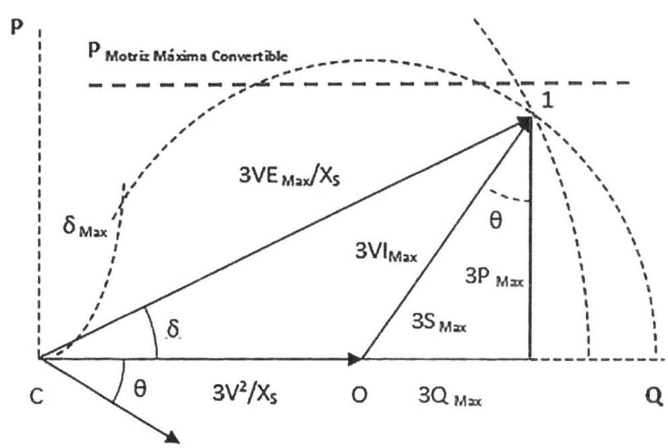

Figura 6.15: Diagrama fasorial de potencias del generador y límites de estabilidad.

El diagrama de potencias descrito permite realizar comparativas con las potencias admisibles al eje y alcance de las posibilidades ofrecidas por la máquina eléctrica.

Capítulo 7

Flujo de potencias

El estudio del flujo de potencias facilita la obtención de la potencia que debe suministrar cada unidad generadora para atender una determinada demanda establecida por el sistema, es decir, conocida la estructura del sistema eléctrico y la demanda de potencia, plantear un reparto de cargas entre unidades generadoras que posibiliten el suministro y la estabilidad del sistema.

El sistema ya no estará compuesto solamente por un generador y un receptor, como se analizó en las líneas de transporte de la energía eléctrica, a partir de ahora, pueden existir varios generadores, varias líneas de transporte y varios receptores, formando todos ellos un sistema eléctrico de potencia (figura 7.1).

Como objetivo principal del análisis a desarrollar se plantea calcular, a partir de las potencias generadas y demandadas, las tensiones en cada uno de los nudos, en régimen constante y equilibrado, también los flujos de potencia activa y reactiva a través de los distintos elementos presentes en el sistema. Es decir, para una determinada situación de generación y consumo energético, que valores de tensión e intensidad existirán en el sistema. Cuestión relevante a la hora de realizar cualquier tipo de análisis en la gestión de un sistema eléctrico.

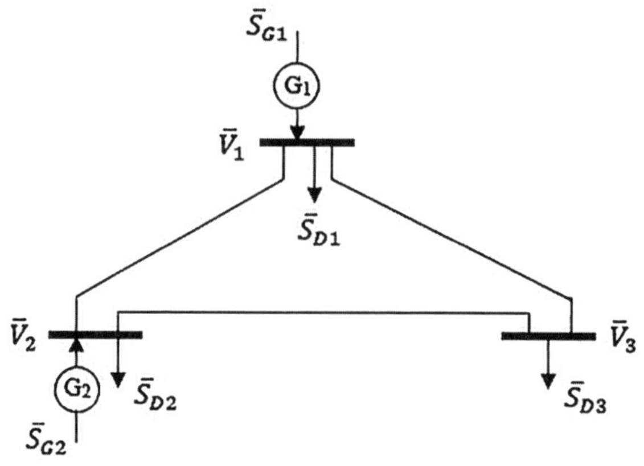

Figura 7.1: Sistema de energía eléctrica compuesto por tres nudos o barras.

Para ello, primeramente se deben calcular los valores de las tensiones de los correspondientes nudos del sistema eléctrico. Posteriormente, mediante los valores obtenidos, se obtienen los flujos de potencia a través de los elementos del sistema, así como las pérdidas del sistema.

En el presente capítulo, inicialmente, se describe la representación del sistema y de los elementos correspondientes que se utilizarán para el estudio. Posteriormente, se presenta el método iterativo de *Gauss-Seidel* para el cálculo de las tensiones de los distintos nudos. A continuación, mediante los datos obtenidos, se resuelven las incógnitas y se proponen y analizan posibles modificaciones de los valores encontrados y su posible regulación.

7.1. Representación del sistema eléctrico

Para realizar la representación unifilar de un sistema eléctrico a estudio (figura 7.1) es necesario representar los distintos elementos que lo componen, para ello se plantean las siguientes premisas:

- El estudio se realiza por fase y mediante el método en por unidad.

- Se supone que en las potencias aparentes de los generadores, $\overline{S}_{Gi}$, se incluye la potencia total existente del grupo (generador + transformador).

- Los transformadores suelen considerarse con desfase cero y se desprecia la rama paralelo.

  Además, los que no tienen regulación suelen definirse en la mayoría de los casos, sin considerar las pérdidas en el cobre, representándolos únicamente por una reactancia inductiva serie.

  Los transformadores con regulación se representan mediante el correspondiente circuito en pi equivalente según donde se encuentre la toma de regulación, si bien al primario o bien al secundario.

- Las potencias aparentes de las cargas, $\overline{S}_{Di}$, se mantienen constantes. Para el caso de la variación de las potencias con el tiempo se valorarán como diferentes casos de estudio.

- Las líneas eléctricas se representan por su modelo en pi, despreciando en la mayoría de los casos referidos a las líneas aéreas la conductancia en paralelo.

7.1.1. Matriz de admitancias

La forma básica de relacionar las variables que se utiliza en el presente capítulo es mediante las ecuaciones de admitancia (7.1), las cuales para el caso de un sistema compuesto de tres nudos se tendría la expresión (7.2).

$$[\overline{I}] = [\overline{Y}]\,[\overline{V}] \tag{7.1}$$

$$\begin{pmatrix} \bar{i}_1 \\ \bar{i}_2 \\ \bar{i}_3 \end{pmatrix} = \begin{pmatrix} \overline{Y}_{11} & \overline{Y}_{12} & \overline{Y}_{13} \\ \overline{Y}_{21} & \overline{Y}_{22} & \overline{Y}_{23} \\ \overline{Y}_{31} & \overline{Y}_{32} & \overline{Y}_{33} \end{pmatrix} \begin{pmatrix} \overline{V}_1 \\ \overline{V}_2 \\ \overline{V}_3 \end{pmatrix} \tag{7.2}$$

Para ello, una vez sustituidos los elementos del sistema eléctrico por sus correspondientes parámetros y simplificados, se procede a representar la admitancia de la red pasiva del sistema eléctrico mediante la denominada "matriz de admitancias", $[\overline{Y}]$, según (7.3).

$$\left([\overline{Y}] \right) = \begin{pmatrix} \overline{Y}_{11} & \overline{Y}_{12} & \overline{Y}_{13} \\ \overline{Y}_{21} & \overline{Y}_{22} & \overline{Y}_{23} \\ \overline{Y}_{31} & \overline{Y}_{32} & \overline{Y}_{33} \end{pmatrix} \tag{7.3}$$

En dicha matriz de admitancias no se considera lo asociado ni a generadores ni a demandas solamente se considera la admitancia relacionada con el transporte y la distribución. Es decir, se consideran las admitancias relacionadas con las líneas de transporte eléctrico y los transformadores que no pertenezcan a un grupo generador (recuérdese sección 7.1).

El cálculo de la matriz de admitancias se desarrolla aplicando nudos a los modelos obtenidos. De tal forma, que siguiendo como ejemplo la figura 7.2, que representa una línea eléctrica, A, ubicada entre dos puntos, 1 y 2, se opera de la siguiente manera:

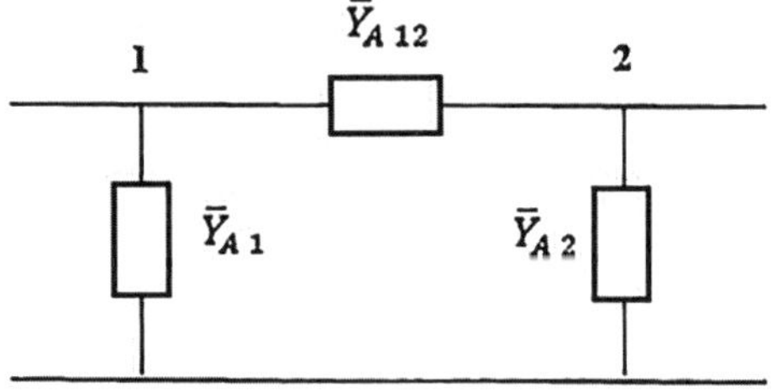

Figura 7.2: Modelo en pi entre dos nudos de un sistema eléctrico

- Los elementos de la diagonal se obtienen sumando las admitancias de todas las ramas conectadas al correspondiente nudo.

$$\overline{Y}_{11} = \overline{Y}_{A\,12} + \overline{Y}_{A\,1}$$

$$\overline{Y}_{22} = \overline{Y}_{A\,12} + \overline{Y}_{A\,2}$$

- Los elementos restantes se obtienen sumando las admitancias con el signo cambiado de las ramas que conectan los distintos nudos, identificando el orden de los subíndices en la matriz con los nudos correspondientes.

$$\overline{Y}_{12} = -\overline{Y}_{A\,12}$$

$$\overline{Y}_{21} = -\overline{Y}_{A\,12}$$

Las características más importantes de la matriz de admitancias son las siguientes:

- La matriz de admitancias será una matriz de orden n x n, siendo n el número de nudos del sistema eléctrico en estudio.

- La matriz de admitancias será simétrica en el caso de que no existan transformadores de regulación de fase.

- En el caso de que habiendo calculado la matriz de admitancias, se introduzca un transformador de regulación en módulo en el sistema a estudio, se deberá añadir un nuevo nudo, con lo cual la matriz de admitancias incrementará su orden.

  El transformador se sustituirá por el circuito equivalente y se conectará al punto en cuestión según la ubicación de sus tomas de regulación, es decir, las tomas de regulación se conectarán al nudo indicado.

  Cabe destacar que si el transformador tuviera regulación en módulo y en fase la matriz de admitancias perdería su simetría.

7.2. Análisis de flujos de potencia

Para realizar el análisis de flujos de potencia de un sistema eléctrico inicialmente es preciso definir la terminología a utilizar y efectuar varias consideraciones que posteriormente servirán de base para hacer el correspondiente análisis.

Se considera un nudo o barra, i (barra gruesa de la figura 7.3), perteneciente a una fase de un sistema eléctrico. A cada nudo, i, se le pueden asignar las siguientes variables:

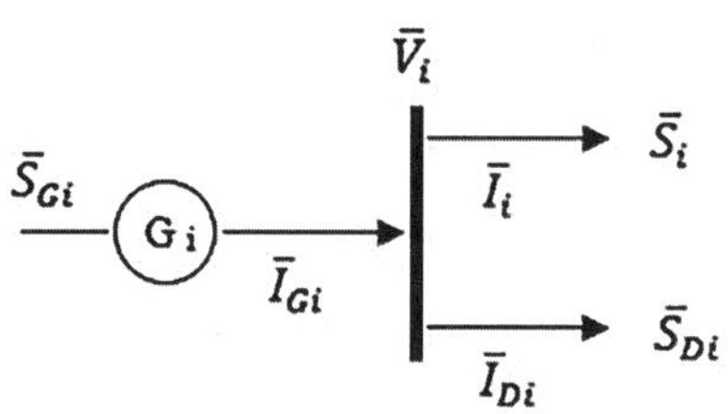

Figura 7.3: Posibles variables en un nudo o barra cualquiera

- $\overline{V}_i$, tensión del nudo, i. Compuesta por el módulo, V_i, y el argumento, δ_i, correspondientes.
- $\overline{S}_{Gi}$, potencia aparente generada en el nudo, i. Compuesta por la potencia activa, P_{Gi}, y la potencia reactiva, Q_{Gi}, correspondientes. Siendo G_i el respectivo grupo generador+transformador (sección 7.1).
- $\overline{S}_{Di}$, potencia aparente demandada en el nudo, i. Compuesta por la potencia activa, P_{Di}, y la potencia reactiva, Q_{Di}, correspondientes.
- $\overline{S}_i$, potencia aparente inyectada[1] en el nudo, i. Compuesta por la potencia activa, P_i, y la potencia reactiva, Q_i, correspondientes.

[1]El concepto de potencia inyectada a un nudo se refiere a la variación experimentada entre la potencia generada y la demandada en un nudo y que fluye entre dicho nudo y el resto del correspondiente sistema eléctrico. Siendo similar descripción para otras variables como la intensidad inyectada.

- $\overline{I}_{Gi}$, intensidad generada en el nudo, i.
- $\overline{I}_{Di}$, intensidad demandada en el nudo, i.
- $\overline{I}_i$, intensidad inyectada en el nudo, i.

En el caso de que en un nudo exista potencia generada y demandada, se comprueba que la potencia inyectada al nudo viene dada por la expresión (7.4).

$$\overline{S}_i = \overline{S}_{Gi} - \overline{S}_{Di} \tag{7.4}$$

Además, para un nudo cualquiera i se tiene la igualdad (7.5).

$$\overline{S}_i = \overline{V}_i \ \overline{I}_i^* \tag{7.5}$$

Por otro lado, se tiene la expresión de la intensidad (7.6) para el nudo i, lo que correspondería a una fila de la correspondiente matriz de admitancias, $[\overline{Y}]$, en (7.1).

$$\overline{I}_i = \sum_{k=1}^{n} \overline{Y}_{ik} \ \overline{V}_k \tag{7.6}$$

Sustituyendo el valor de la intensidad (7.6) en la expresión de la potencia aparente (7.5), se obtiene la igualdad (7.7), la cual representa un sistema no lineal de un número, n, de ecuaciones complejas.

$$\overline{S}_i = \overline{V}_i \left(\sum_{k=1}^{n} \overline{Y}_{ik} \; \overline{V}_k \right)^* \tag{7.7}$$

La expresión de la potencia aparente inyectada en el nudo i (7.7), se puede descomponer en sus componentes correspondientes: potencia activa inyectada (7.8), potencia reactiva inyectada (7.9), siendo el ángulo, θ , el formado por la tensión y la intensidad del nudo i, con el signo adecuado según su carácter inductivo, resistivo o capacitivo.

$$P_i = V_i \left(\sum_{k=1}^{n} Y_{ik} \; V_k \right) \; \cos\theta \tag{7.8}$$

$$Q_i = V_i \left(\sum_{k=1}^{n} Y_{ik} \; V_k \right) \; \sin\theta \tag{7.9}$$

La complejidad que presenta la obtención de una solución formal del problema de las cargas en una red de energía, radica en la diferencia encontrada entre el número de variables incógnita y el número de ecuaciones disponibles. De tal manera que según el tipo de datos especificados para los distintos nudos o barras del sistema se tienen para cada nudo o barra, i, cuatro variables: el módulo de la tensión, V_i, su argumento, δ_i, la potencia activa inyectada, P_i y la potencia reactiva inyectada, Q_i, en cambio, solamente se tienen dos ecuaciones de potencia asociadas a cada nudo (7.8) y (7.9).

En consecuencia, para la resolución del análisis de flujo, inicialmente, es preciso definir los distintos nudos según las variables conocidas o designadas a cada uno de ellos. Los tipos de nudos que se tienen son: nudos de carga o nudos PQ, nudos de generación, PV, y nudo de referencia, PR.

Partiendo del hecho de que inicialmente se conocen las potencias demandadas de cada nudo o barra, los nudos enunciados presentan las siguientes características:

- En el nudo de carga o nudo PQ, se conocen la potencia activa y reactiva inyectada en el nudo, puesto que en el caso de que hubiera generación se mantendría constante y en consecuencia, se trabajaría con la potencia inyectada resultante.

- En el nudo de generación o nudo PV, se conocen la potencia activa inyectada y el módulo de tensión de dicho nudo.

  Ambas, son variables relacionadas con la regulación en la producción energética de un generador mediante la válvula de admisión (caso de centrales hidroeléctricas) y la intensidad de excitación (sección 6.2), respectivamente.

  Ahora bien, tal y como se comentó en el capítulo 6, al variar la excitación también se varía la potencia reactiva que fluye entre el generador y el sistema eléctrico, por tanto, pudiera darse el caso de que al regular la excitación del generador para mantener un valor determinado de tensión se superasen los valores permitidos de potencia reactiva. Como inicialmente no se conoce el valor necesario de potencia reactiva preciso para mantener el módulo de la tensión propuesto, es preciso controlar el valor de la potencia reactiva de los nudos PV a lo largo del desarrollo del análisis de flujos de potencia.

  Por otro lado, cabe destacar la diferencia que puede presentarse en un nudo cuando los condensadores conectados permitan realizar una regulación de la tensión de dicho nudo, lo cual podría convertir un nudo de carga PQ, en un nudo de generación PV, siempre que los correspondientes condensadores dispongan de un sistema adecuado para mantener una tensión especificada y controlada.

- A la hora de efectuar un análisis de flujos de potencia en un sistema eléctrico es preciso partir de algún nudo que sirva, primero, como referencia y segundo, que permita al resto establecer una situación de equilibrio a partir de distintas condiciones de partida.

  El nudo de referencia PR, es un nudo que, como su nombre indica, se toma como referencia, dejando las potencias activa y reactiva inyectadas como incógnitas, dado que si todos los nudos fueran o bien de carga

PQ o bien de generación PV, desde el principio ya se habría establecido una situación de equilibrio entre las potencias activas del sistema, cuestión que establecería una única situación y además, imposibilitaría una adaptación o cambio de las demás variables.

Por tanto, dado que la búsqueda del equilibrio depende de la situación de partida no pudiendo figurar todos los valores como dato, se deja algún nudo generador sin definir su potencia activa inyectada, es decir, como incógnita.

En un nudo de referencia se conoce el módulo de la tensión, V_i, y en lugar de definir la potencia activa inyectada se plantea el ángulo de la tensión, $\delta_i = 0$, que además, sirve de referencia para el resto de las tensiones de los nudos del sistema eléctrico a calcular.

El nudo seleccionado como referencia debe ser un nudo relevante del sistema eléctrico tratado.

Resumiendo, en el cuadro 7.1, se presentan los datos conocidos o designados y las incógnitas de los distintos nudos del sistema eléctrico planteado a estudio.

Nudo	V_i	δ_i	P_{Gi}	Q_{Gi}	P_{Di}	Q_{Di}
PR	x	x	-	-	x	x
PQ	-	-	x	x	x	x
PV	x	-	x	-	x	x

Cuadro 7.1: Valores de los distintos nudos pertenecientes a un sistema eléctrico (x = conocido).

Una vez planteadas las distintas tipologías de los nudos se procederá a operar con alguno de los métodos resolutivos existentes para la obtención de las distintas incógnitas, lo que permitirá realizar otros tipos de cálculo adicionales. Ahora bien, durante todo el proceso resolutivo será relevante tener presentes las posibles restricciones de las variables que intervienen en el sistema. Es decir, según se vayan desarrollando los distintos pasos se deberán respetar las limitaciones impuestas por el sistema, tomando la decisión adecuada en el caso de que alguna de estas limitaciones fuera superada. En algunos casos se desarrolla el proceso iterativo en su totalidad y finalmente se propone un replanteamiento o actuación sobre el planteamiento base o inicial del sistema eléctrico estudiado.

Las principales restricciones impuestas por el sistema eléctrico a estudio, son las siguientes:

- Respetar los márgenes permitidos del módulo de la tensión, V_i.

  Se recuerda que tanto para las líneas de transporte de energía eléctrica como para las máquinas eléctricas se tienen unos márgenes de tensión establecidos según reglamento y para el correcto funcionamiento del sistema.

- Respetar los márgenes previstos de los argumentos de la tensiones, δ_i, para que no se superen los límites de estabilidad (sección 6.5).

- Respetar los márgenes de potencia generada permitidos, limitados por la potencia máxima generada según lo impuesto por el tipo y modelo de generador (sección 6.6) y el mínimo técnico correspondiente.

- Respetar las limitaciones de los generadores en referencia a la potencia reactiva generada. Esta restricción tiene una influencia especial en el desarrollo iterativo que se propone a continuación (subsección 7.2.1).

Por tanto, después de los puntos y consideraciones descritos, los pasos a seguir para la resolución de un análisis de flujos de potencia en un sistema eléctrico determinado, son los siguientes:

1. Obtener la representación del sistema eléctrico y su correspondiente matriz de admitancias.

2. Definir cada nudo o barra del sistema eléctrico según los datos designados a cada uno de ellos.

3. Aplicar uno de los métodos iterativos existentes (Gauss-Seidel o Newton-Raphson) para conocer todas las variables de los correspondientes nudos. El elegido en este capítulo es el método de Gauss-Seidel (subsección 7.2.1).

4. Con los datos obtenidos se podrán realizar diversos cálculos de flujos de potencia a través de las líneas, pérdidas en el sistema, posibles regulaciones, etc., que se tratarán posteriormente (subsección 7.2.2).

Recordando que en todos los pasos enumerados se deberán guardar los márgenes y tolerancias impuestos desde el sistema eléctrico a estudio.

7.2.1. Método Gauss-Seidel

La resolución de los problemas de flujos de potencia mediante programación sigue un proceso iterativo.

El proceso iterativo consiste en calcular la magnitud de las variables desconocidas de los sucesivos nudos mediante la asignación de valores estimados a aquellos datos desconocidos y utilizando el resto de valores que estén especificados. Las pautas a desarrollar son las siguientes:

- A partir de la clasificación de los nudos del sistema eléctrico según su tipología en PR, PQ y/o PV, se establece un orden para los respectivos nudos y se asignan las correspondientes estimaciones a los datos desconocidos.

- Sin incluir el nudo de referencia se realiza la iteración por cada nudo donde se desconozca un valor determinado con las estimaciones consideradas inicialmente. De esta forma, en cada nudo se obtiene una nueva magnitud del citado valor.

  Se efectúa la iteración de los sucesivos nudos sustituyendo progresivamente los valores anteriormente obtenidos.

De esta forma al pasar por todos los nudos, excepto el de referencia, se ha obtenido un nuevo conjunto de valores en un primer ciclo iterativo o iteración del sistema.

Cabe destacar que en el caso de que se incumpla algún tipo de restricción se actuará en consecuencia, cambiando la tipología del nudo y fijando los valores del límite superado.

- Con este nuevo conjunto de valores se procede a realizar otra iteración del sistema repitiéndose hasta que los cambios experimentados en los datos obtenidos de los sucesivos ciclos iterativos para cada nudo sean insignificantes o menores que un valor mínimo especificado. También es habitual, definir un número determinado de iteraciones a realizar.

Dependiendo del tipo o tipos de nudos de los cuales se disponga en el sistema eléctrico a estudio el método se resolverá de una forma determinada. A continuación se comentan las distintas posibilidades:

a) Se tiene un sistema eléctrico de n nudos donde no hay nudos de generación, PV, solamente hay nudos de carga, PQ, y un nudo de referencia, PR.

   Si se parte de la expresión (7.7) de la potencia aparente inyectada del nudo i y se extrae el valor $(\overline{Y}_{ii}\,\overline{V}_i)$ del sumatorio según (7.10), al ordenar se puede obtener la expresión (7.11), donde también se ha desglosado la potencia aparente inyectada del nudo i, en sus componentes activa y reactiva conjugada.

$$\frac{\overline{S}_i^*}{\overline{V}_i^*} = \overline{Y}_{ii}\,\overline{V}_i + \left(\sum_{k=1\neq i}^{n} \overline{Y}_{ik}\,\overline{V}_k\right) \tag{7.10}$$

$$\overline{V}_i = \frac{1}{\overline{Y}_{ii}}\left[\frac{P_i - jQ_i}{\overline{V}_i^*} - \left(\sum_{k=1\neq i}^{n} \overline{Y}_{ik}\,\overline{V}_k\right)\right] \tag{7.11}$$

Dado que para el nudo de referencia no se realiza la iteración, para obtener las (n-1) ecuaciones de las tensiones de los nudos se procede de la siguiente forma:

- Se identifica y designa el nudo de referencia, PR, identificándolo como nudo 1.

  Para las tensiones de los respectivos nudos del sistema, exceptuando los valores conocidos, se toma como valor de partida, en por unidad, $\overline{V}_i = 1_0$.

- Para los n-1 sucesivos nudos y con el correspondiente orden, se aplica la expresión (7.12).

$$\overline{V}_i^1 = \frac{1}{\overline{Y}_{ii}} \left[\frac{P_i - jQ_i}{\overline{V}_i^*} - \left(\sum_{k=1}^{i-1} \overline{Y}_{ik}\, \overline{V}_k^1 + \sum_{k=i+1}^{n} \overline{Y}_{ik}\, \overline{V}_k \right) \right] \tag{7.12}$$

  De esta forma, según se van obteniendo los valores de la primera iteración de cada uno de los nudos estos se incluyen en los cálculos del siguiente nudo hasta completar los n-1 valores de tensión y así finalizar el primer ciclo iterativo del sistema.

- Este proceder se realizará sucesivamente hasta el número de iteraciones indicadas o hasta que los valores obtenidos experimenten cambios insignificantes o se encuentren dentro de unos márgenes previamente establecidos.

b) Se tiene un sistema eléctrico de n nudos donde existen nudos de carga, PQ, nudos de generación, PV y un nudo designado como referencia, PR.

   Dado que para el nudo PR no se realiza la iteración, para obtener las (n-1) ecuaciones de las tensiones de los nudos se procede de la siguiente forma:

   - Se opera de la misma forma que para la situación anterior hasta que en la operativa de cálculo de las tensiones de los nudos correspondiente a la primera iteración se llegue a la tensión incógnita de un nudo PV.

- Al llegar a un nudo PV se calcula la potencia reactiva inyectada perteneciente al correspondiente nudo PV, para mantener el valor del módulo de la tensión propuesto, lo cual se realiza mediante los valores más actuales de las tensiones obtenidas con anterioridad utilizando la expresión (7.13) que representa la parte imaginaria de la potencia aparente del nudo i (7.7). Así, se sustituyen los valores más actuales obtenidos de la primera iteración (7.14) y aquellos aún estimados (mención especial para el ángulo de la tensión $\overline{V}_i$ en la primera iteración a la hora de obtener su valor conjugado).

$$Q_i = -Im\left\{\overline{V}_i^* \left(\sum_{k=1}^{n} \overline{Y}_{ik}\, \overline{V}_k \right)\right\} \tag{7.13}$$

$$Q_i^1 = -Im\left\{\overline{V}_i^* \left(\sum_{k=1}^{i-1} \overline{Y}_{ik}\, \overline{V}_k^1 + \sum_{k=i}^{n} \overline{Y}_{ik}\, \overline{V}_k \right)\right\} \tag{7.14}$$

De esta forma se obtiene un valor de potencia reactiva inyectada correspondiente al nudo i, Q_i^1, cuya magnitud deberá compararse con las restricciones establecidas en el sistema eléctrico a estudio, pudiendo suceder los siguientes casos:

- En el caso de que se incumplieran dichas restricciones el nudo pasaría a comportarse como un nudo de carga, PQ, para esta iteración del sistema, con la potencia reactiva límite establecida y se operaría en consecuencia, calculando el valor de la tensión correspondiente a esta nueva situación.
  Si existieran márgenes superior e inferior del valor de la potencia reactiva, el valor seleccionado para el nuevo nudo PQ sería el límite incumplido más próximo al valor obtenido.
  Para la sucesiva iteración del sistema el nudo volvería a tratarse como PV con el valor originalmente especificado del módulo de la tensión y controlando nuevamente el cumplimiento de los márgenes de potencia reactiva establecidos. Podría ocurrir que la siguiente iteración, con valores más certeros de las variables

del resto de los nudos, se posibilitase la potencia reactiva del nudo PV dentro de los márgenes establecidos. En caso contrario, se procedería de la misma forma que se citó anteriormente, convirtiendo el nudo PV en nudo PQ, calculando el nuevo valor de la tensión y utilizándolo durante el correspondiente ciclo iterativo. Para el caso de que el nudo PV mantuviera durante un número determinado de iteraciones el valor de la reactiva dentro del margen establecido pero llegado a una iteración concreta, n, se saliera de los límites, se debería realizar el valor de las n iteraciones anteriores tratándolo desde el principio como nudo PQ. De esta forma con los valores obtenidos para la posterior iteración, n+1, se volvería a valorar la posibilidad de su comportamiento como nudo PV.
Durante el proceso iterativo o a su finalización, mediante la comprobación del cumplimiento de los límites establecidos y la tendencia observada, se decide el mantenimiento del nudo de generación como nudo PV o su cambio definitivo por un nudo de carga, PQ.

– En el caso de que la potencia reactiva inyectada se encontrase dentro de los límites permitidos, se procedería a calcular el argumento de la tensión mediante la expresión (7.15) con los correspondientes valores obtenidos y estimados (mención especial para el ángulo de la tensión $\overline{V}_i$ en la primera iteración a la hora de obtener su valor conjugado).

$$\delta_i^1 = Arg\left\{\frac{1}{\overline{Y}_{ii}}\left[\frac{P_i - jQ_i^1}{\overline{V}_i^*} - \left(\sum_{k=1}^{i-1}\overline{Y}_{ik}\,\overline{V}_k^1 + \sum_{k=i+1}^{n}\overline{Y}_{ik}\,\overline{V}_k\right)\right]\right\} \tag{7.15}$$

De esta forma ya se dispone del valor de la tensión en el nudo i, tanto en módulo como en argumento, cuestión que posibilita la continuidad del método de resolución pasando al nudo siguiente y completar la iteración del sistema.

- Este proceder se realizará sucesivamente hasta el número de iteraciones indicadas o hasta que los valores obtenidos experimenten cambios insignificantes o se encuentren dentro de unos márgenes previamente establecidos.

7.2.2. Control y regulación de variables

Una vez conocidos los valores del módulo y del argumento de las tensiones de los distintos nudos se pueden calcular los siguientes datos:

- La potencia compleja que debe inyectar el nudo de referencia, PR, al sistema eléctrico a estudio mediante la expresión (7.7).
- La potencia reactiva a inyectar en el nudo de generación, PV, mediante la expresión (7.13).

  Y para determinar la potencia reactiva generada en el punto i, Q_{Gi}, para mantener la tensión propuesta, se utiliza la expresión (7.16), donde se suman la potencia reactiva demandada, Q_{Di}, y la inyectada, Q_i, por el nudo en cuestión.

$$Q_{Gi} = Q_{Di} + Q_i \tag{7.16}$$

- El flujo de potencias en cada línea de transporte eléctrico del sistema planteado.

  Según el circuito equivalente que representa la línea eléctrica, A, existente entre dos nudos, 1 y 2 (figura 7.4), se calcula el flujo de potencias aplicando nudos, obteniendo el valor de las correspondientes intensidades y aplicándolos en las expresiones (7.17) (7.18).

  La expresión (7.17) representa la parte de la potencia inyectada en el nudo 1 que fluye a través de la línea de transporte eléctrico A, desde el punto 1 hacia el punto 2.

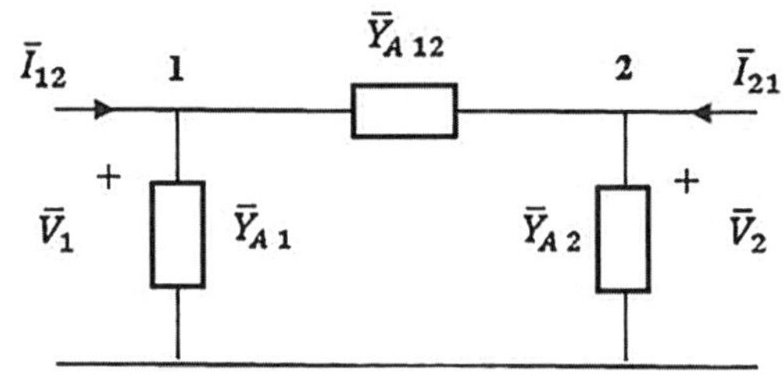

Figura 7.4: Circuito equivalente de la línea eléctrica, A, entre los nudos, 1 y 2.

$$\overline{S}_{1\to 2} = \overline{V}_1\,\overline{I}^*_{1\,2} = \overline{V}_1\,\left[(\overline{V}_1 - \overline{V}_2)\,\overline{Y}_{A\,12} + \overline{V}_1\,\overline{Y}_{A\,1}\right]^* \tag{7.17}$$

La expresión (7.18) representa la parte de la potencia inyectada en el nudo 2 que fluye a través de la línea de transporte eléctrico A, desde el punto 2 hacia el punto 1.

$$\overline{S}_{2\to 1} = \overline{V}_2\,\overline{I}^*_{2\,1} = \overline{V}_2\,\left[(\overline{V}_2 - \overline{V}_1)\,\overline{Y}_{A\,12} + \overline{V}_2\,\overline{Y}_{A\,2}\right]^* \tag{7.18}$$

Por tanto, la potencia aparente que fluye a través de una línea de transporte eléctrico A, entre dos puntos 1 y 2, se representa, según la expresión (7.19), donde el sentido hacia donde fluye la potencia es desde el punto 1 hacia el punto 2. Siendo desde el punto 2 al punto 1 de sentido contrario (7.20).

$$\overline{S}_{A\,12} = \overline{S}_{1\to 2} - \overline{S}_{2\to 1} \tag{7.19}$$

$$\overline{S}_{A\,21} = \overline{S}_{2\to 1} - \overline{S}_{1\to 2} \tag{7.20}$$

Respecto al cálculo de las intensidades cabe resaltar dos puntos relevantes:

- El primero es que no se debe confundir la intensidad inyectada en un nudo con la intensidad que fluye entre nudos.

  Por ejemplo, en la figura 7.4, no se debe confundir la intensidad inyectada en el nudo 1, $\overline{I}_1$, con la intensidad que fluye del punto 1 al punto 2, $\overline{I}_{12}$, puesto que la primera es la total inyectada en el nudo 1 y que posiblemente tenga otra u otras derivaciones a otros puntos (como el punto 3 del ejemplo mostrado en la figura 7.5).

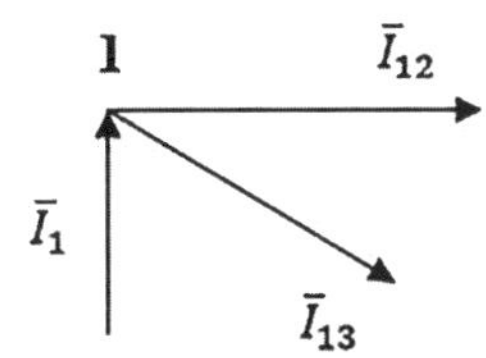

Figura 7.5: Reparto de la intensidad inyectada en el nudo 1

- La segunda es recalcar la importancia de considerar en los cálculos posteriores el sentido de las intensidades entre nudos calculadas.

- Con las tensiones de los nudos obtenidas se posibilita el cálculo de todas las intensidades del sistema cuestión que permite hallar las pérdidas acontecidas en cada una de las ramas del circuito eléctrico.

  Por otro lado, para desarrollar un balance de pérdidas activas del sistema eléctrico en su conjunto se puede recurrir a la expresión (7.21) donde en situación de equilibrio el sumatorio de la potencia generada menos el sumatorio de la potencia demandada será la potencia que se queda en el sistema. De la misma forma para las pérdidas reactivas (7.22).

$$P_p = \sum P_{G_i} - \sum P_{D_i} \tag{7.21}$$

$$Q_p = \sum Q_{G_i} - \sum Q_{D_i} \tag{7.22}$$

Con los datos obtenidos del análisis de flujos se posibilita la valoración de un correcto diseño y operación del sistema propuesto. Los resultados obtenidos pueden resultar adecuados para la comparación del sistema ante posibles cambios en los flujos de potencia o tensiones de los nudos. También se faculta el descubrir posibles debilidades del sistema propuesto, posible incumplimiento de limitaciones, sobrecargas, etc.

Además, el trabajar con los análisis de flujos permite analizar la repercusión que podría generar alguna regulación propuesta para afrontar una situación desfavorable, siendo los principales métodos de regulación los siguientes:

- La regulación de la potencia activa generada mediante las válvulas de admisión de las unidades generadoras, tema tratado con antelación (capítulo 6).
- Regular la potencia reactiva en nudos variando la tensión de excitación de la unidad generadora (capítulo 6) o mediante baterías de condensadores, gracias a lo cual se puede mantener la tensión de un nudo a un determinado valor.

  La problemática encontrada y tratada con antelación es la limitación encontrada en la reactiva inyectada a la red desde dicho nudo.
- Mediante los transformadores de regulación (sección 5.3), donde la regulacion en módulo de la tensión se modifica para mantener la tensión de un nudo en un valor determinado o para controlar el flujo de reactiva a través del sistema eléctrico a estudio, mientras que la regulación de la fase sirve para regular el flujo de potencia activa que fluye en dicho sistema.

  Para insertar un transformador de regulación en un sistema eléctrico será preciso definir un nuevo nudo. El circuito eléctrico equivalente será el correspondiente según lo tratado con anterioridad.

Capítulo 8

Cortocircuitos trifásicos equilibrados

Se dice que se ha producido un cortocircuito (también denominado falta o fallo) cuando dos conductores, entre los cuales existe una diferencia de potencial, se ponen en contacto o también, cuando un conductor en tensión, en un sistema con el neutro puesto a tierra, toma contacto con tierra o con el suelo mismo.

Ordenando de más a menos frecuentes se tienen los siguientes tipos de cortocircuitos:

- Fase-Tierra
- Fase-Fase
- Fase-Fase-Tierra
- Trifásico equilibrado

Inicialmente, el estudio se va a centrar en los cortocircuitos trifásicos equilibrados que siendo los menos usuales de los distintos tipos existentes, son los causantes de las intensidades más elevadas.

En los cortocircuitos trifásicos equilibrados, al tratarse de un fallo equilibrado en el tiempo, se tiene que las intensidades de cortocircuito de las distintas fases son iguales en magnitud y están equilibradas en fase, lo cual, es la principal diferencia con el resto de faltas que se denominan asimétricas. Por tanto, al ser equilibrados, se puede realizar el análisis para una única fase, pudiendo fácilmente extrapolarlo al resto de ellas.

El objetivo que nos ocupa en el análisis de los cortocircuitos en un sistema eléctrico será determinar la dimensión y características de varios parámetros para la posterior selección de los diversos elementos del sistema, principalmente de: diseño, seguridad y protección; por ejemplo:

- En instalaciones de Media y Baja Tensión (MT y BT), conociendo la máxima intensidad de cortocircuito se podrán seleccionar los conductores y soportes (respetando el límite térmico), así como, determinar el poder de corte en interruptores y ajuste del disparo en relés.
- Para calcular los efectos mecánicos instantáneos que la intensidad de cortocircuito tiene sobre la capacidad mecánica de las estructuras soporte (cargas, momentos, esfuerzos cortantes, etc.) y poder determinar las distancias y dimensiones correspondientes para la seguridad e integridad de la instalación.
- En redes eléctricas, se determina la intensidad máxima de cortocircuito en un punto cualquiera para ajustar los correspondientes relés de protección.

8.1. Variables según tipología de cortocircuito equilibrado

El estudio de los cortocircuitos se va a realizar analizando al tiempo la repercusión existente de las máquinas eléctricas, primeramente los generadores y posteriormente los motores en la intensidad de cortocircuito.

Para ello, inicialmente se presenta el análisis de un circuito monofásico de una fuente de alterna en serie con una resistencia y una reactancia inductiva, circuito equivalente al de un generador síncrono, tal y como se estudió en la sección 6.1. Posteriormente, se analiza la repercusión de la maquina eléctrica en la magnitud y forma de la correspondiente intensidad de cortocircuito según suceda la falta, es decir, dependiendo si la máquina eléctrica se encuentra alejada o cercana al fallo o bien, si se encuentra funcionando en vacío o en carga, previamente al cortocircuito.

Cabe destacar, tal y como se comprobará a continuación, que la intensidad que circula por una máquina eléctrica síncrona inmediatamente después del acontecimiento de una falta o fallo es diferente a la intensidad que posteriormente, varios ciclos de frecuencia más tarde, circula a través del circuito cortocircuitado. Esto es debido al efecto que tiene el notable incremento de la intensidad sobre la máquina eléctrica y su respuesta ante dicha anomalía. Principalmente, a causa del efecto de la intensidad de cortocircuito sobre el flujo magnético que genera la tensión en la máquina, se provocan cambios en la tensión del inducido del generador que ocasionan un cambio gradual del valor de la intensidad. La magnitud de la repercusión experimentada dependerá del valor de diversas variables a estudiar.

Como se dijo anteriormente, el cálculo de las intensidades de cortocircuito es importante, entre otras actuaciones, a la hora de dimensionar los elementos de protección del sistema. En el estudio, se tratarán las máquinas eléctricas vista la influencia que adquieren en el valor de la intensidad de cortocircuito y también, dada la relevancia de su protección ante posibles daños ocasionados.

8.1.1. Transitorio para circuito RL serie

Con el objetivo de analizar el comportamiento de una máquina eléctrica durante un cortocircuito primeramente se estudia el transitorio de un circuito compuesto por una resistencia en serie con una inductancia sometidos a una tensión. Por tanto, se analiza el siguiente circuito RL monofásico (figura 8.1), en el cual, la tensión de vacío de la fuente responde a la expresión (8.1).

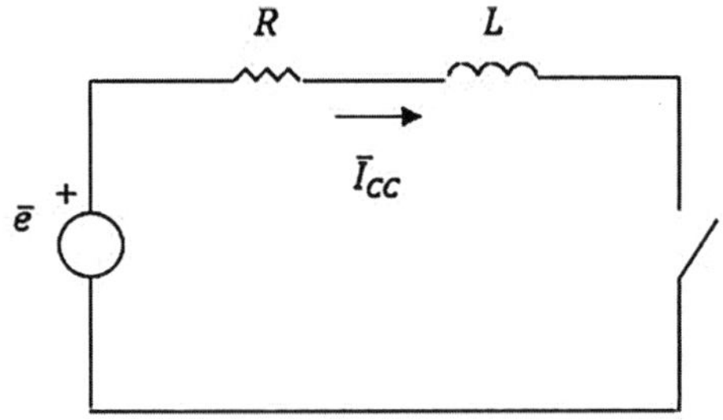

Figura 8.1: Circuito eléctrico RL serie.

$$\bar{e} = \sqrt{2}\, E \sin\left(wt + \varphi\right) \tag{8.1}$$

Siendo φ la fase inicial de la tensión

Al cerrar el interruptor del circuito, simulando un cortocircuito, se obtiene la igualdad (8.2), la cual, al dividirla por la inducción, L y sustituyendo el valor de la constante de tiempo, $\tau = L/R$, se llega a (8.3) que operando termina en la solución (8.4).

$$\bar{e} = R\,\bar{i}_{cc} + L\,\frac{d\bar{i}_{cc}}{dt} \tag{8.2}$$

$$\frac{\bar{e}}{L} = \frac{d\bar{i}_{cc}}{dt} + \frac{\bar{i}_{cc}}{\tau} \tag{8.3}$$

$$\bar{i}_{cc} = \sqrt{2}\, I_{cc} \sin\left(wt + \varphi - \varphi_z\right) + \sqrt{2}\, I_{cc} \sin\left(\varphi - \varphi_z + \pi\right) \exp\frac{-t}{\tau} \tag{8.4}$$

$$I_{cc} = \frac{E}{\sqrt{R^2 + (wL)^2}} \qquad \varphi_z = \arctan \frac{wL}{R}$$

Por tanto, en la igualdad (8.4) se observa que la intensidad de cortocircuito, $\bar{i}_{cc}$, es la suma de dos componentes, una denominada simétrica (de naturaleza alterna) y otra asimétrica (de naturaleza continua debida al carácter transitorio), según se describe en la expresión (8.5).

$$\bar{i}_{cc} = \bar{i}_{cc\,sim} + \bar{i}_{cc\,asim} \tag{8.5}$$

La componente simétrica, $\bar{i}_{cc\,sim}$, es la intensidad de cortocircuito cuando se alcanza el régimen permanente, siendo una onda senoidal con amplitud constante durante todo el proceso, cuya expresión analítica es (8.6) y la forma gráfica se describe en la figura 8.2.

$$\bar{i}_{cc\,sim} = \bar{i}_{R.P.} = \sqrt{2}\, I_{cc} \sin\left(wt + \varphi - \varphi_z\right) \tag{8.6}$$

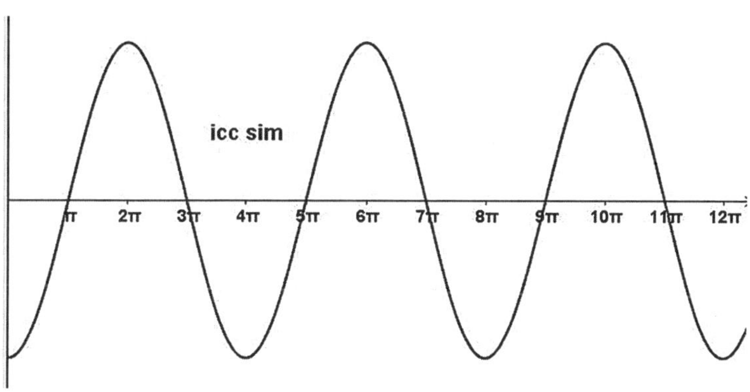

Figura 8.2: Onda simétrica de cortocircuito.

La componente asimétrica o de continua, $\bar{i}_{cc\,sim}$, es una exponencial decreciente, cuya expresión analítica está definida en (8.7) y la forma gráfica en la figura 8.3, donde se observa que la curva se va acercando al eje de abscisas según la constante del tiempo, τ.

$$\bar{i}_{cc\,asim} = \sqrt{2}\, I_{cc} \sin\left(\varphi - \varphi_z + \pi\right)\, \exp \frac{-t}{\tau} \tag{8.7}$$

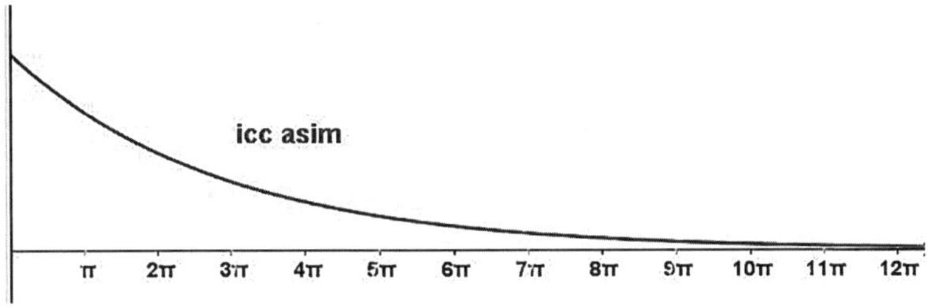

Figura 8.3: Onda asimétrica de cortocircuito.

Dado que la intensidad de cortocircuito es la suma de las intensidades simétrica y asimétrica según (8.5), se observa en la figura 8.4, que la intensidad asimétrica provoca un desplazamiento respecto al eje de abscisas de la componente simétrica o de alterna definida en (8.7), resultando una intensidad de cortocircuito desplazada inicialmente del eje de abscisas pero que según avanza en el tiempo se acerca al eje según decae la componente asimétrica en función de la constante del tiempo, τ.

Posteriormente, en la figura 8.5, se observa como, al acercar el valor de la frecuencia al valor real de 50 Hz para un sistema eléctrico, el incremento de la intensidad de cortocircuito resultante o la afección de la componente de intensidad asimétrica se reduce a los primeros ciclos después del fallo, desapareciendo posteriormente. El mayor número de ciclos afectados se verá directamente asociado a la magnitud de la constante de tiempo τ de la componente asimétrica.

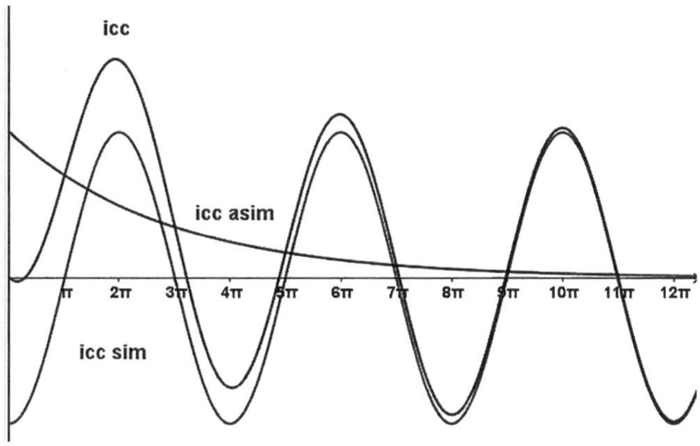

Figura 8.4: Intensidad de cortocircuito resultante de la suma de las intensidades simétrica y asimétrica.

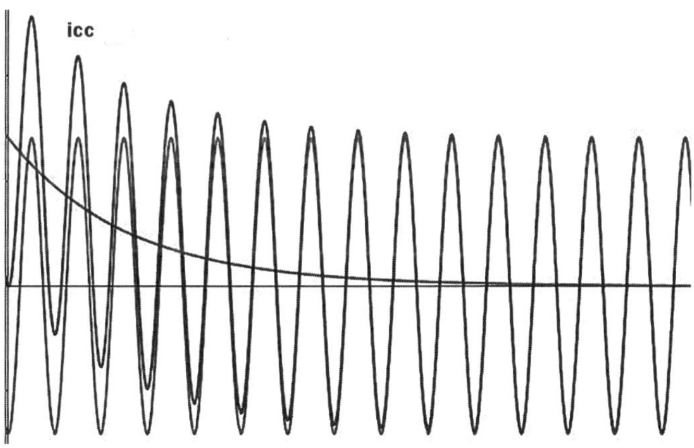

Figura 8.5: Intensidad de cortocircuito resultante de la suma de las intensidades simétrica y asimétrica con un valor de frecuencia asignado de mayor magnitud.

Dado que la componente de la intensidad que varía en magnitud con el tiempo es la asimétrica, a continuación, se va a estudiar como repercute en la intensidad resultante según el valor de las distintas variables puestas en juego, aparte de la constante de tiempo, τ, comentada con anterioridad.

Se observa que dependiendo del momento en el que se encuentre la tensión en el momento del fallo se pueden tener distintos valores de la intensidad asimétrica, para lo cual, se procede a analizar la expresión (8.7) según los valores del ángulo φ. De partida, se considera que el ángulo φ_z tiene el valor aproximado de 90°, valor inductivo muy habitual en líneas de transporte eléctrico (capítulo 2), con lo que se obtienen las siguientes posibilidades:

- Valores máximo y mínimo de la intensidad asimétrica según (8.8), obteniéndose con valores próximos al paso por cero de la tensión.

$$(\varphi - \varphi_z + \pi) = \pm\frac{\pi}{2} \qquad \Rightarrow \qquad \varphi = 0, -\pi \tag{8.8}$$

- Valor nulo de la intensidad asimétrica según (8.9), obteniéndose con valores próximos al paso por $\pm\frac{\pi}{2}$ de la tensión, con sus correspondientes valores pico.

$$(\varphi - \varphi_z + \pi) = 0, \pi \qquad \Rightarrow \qquad \varphi = \pm\frac{\pi}{2} \tag{8.9}$$

Cabe destacar que el valor π dentro del paréntesis del ángulo de la componente asimétrica está cambiando el signo de la intensidad, por tanto, en lugar de sumarse, las intensidades asimétrica y simétrica se están restando, por tanto, las igualdades (8.8) y (8.9) demuestran que la intensidad asimétrica en continua tiende a tener inicialmente un valor igual que el de la intensidad simétrica en el momento del cortocircuito, por ejemplo, se tiene que si la intensidad de alterna es nula en el momento del cortocircuito también lo es la intensidad de continua.

Esto presenta una premisa muy relevante y es que la diferencia de las dos intensidades tiende a mantener al circuito inicial con la intensidad que existía anterior al cortocircuito o en el caso de la figura 8.1, anterior al cierre del interruptor.

Por otro lado, recordando que las intensidades de cortocircuito por fase se encuentran formadas por sus correspondientes componentes simétrica y asimétrica según (8.4), para una red trifásica equilibrada se puede plantear el análisis mediante tres circuitos monofásicos con sus respectivas intensidades de cortocircuito por fase, las cuales, se encontrarán desfasadas entre sí 120° según las igualdades (8.10).

$$\bar{i}_{cc\,a} = \sqrt{2}\, I_{cc} \sin\left(wt + \varphi - \varphi_z\right) + \sqrt{2}\, I_{cc} \sin\left(\varphi - \varphi_z + \pi\right) \exp\frac{-t}{\tau} \tag{8.10}$$

$$\bar{i}_{cc\,b} = \sqrt{2}\, I_{cc} \sin\left(wt + \varphi - \varphi_z - 120^{\circ}\right) + \sqrt{2}\, I_{cc} \sin\left(\varphi - \varphi_z + 60^{\circ}\right) \exp\frac{-t}{\tau}$$

$$\bar{i}_{cc\,c} = \sqrt{2}\, I_{cc} \sin\left(wt + \varphi - \varphi_z + 120\right) + \sqrt{2}\, I_{cc} \sin\left(\varphi - \varphi_z - 60^{\circ}\right) \exp\frac{-t}{\tau}$$

Se puede comprobar que para un circuito inductivo, donde φ_z=90° y que el fallo se haya producido al paso por cero de la tensión de la fase a, por lo cual φ=0°, la mayor asimetría existente entre las componentes simétricas (de naturaleza alterna) de las intensidades corresponde a la fase a, según (8.11). Resultados semejantes se tienen para las componentes asimétricas (de naturaleza continua) según (8.12), de esta forma ambas representan el caso más desfavorable.

$$-0,5\,\bar{i}_{cc\,sim\,a} = \bar{i}_{cc\,sim\,b} = \bar{i}_{cc\,sim\,c} \tag{8.11}$$

$$0,5\,\bar{i}_{cc\,asim\,a} = -\bar{i}_{cc\,asim\,b} = -\bar{i}_{cc\,asim\,c} \tag{8.12}$$

Finalmente, cabe destacar que en el sistema pueden encontrarse tres impedancias distintas: la del generador, la de la línea de trasmisión hasta el punto de fallo y la de la carga; siendo la primera de reducido valor, la segunda es un poco mayor y la tercera, habitualmente, tiene una magnitud mucho mayor.

Por tanto, el circuito eléctrico RL serie analizado, puede parecerse a lo que sucedería en un cortocircuito que aconteciese alejado del generador. Esto ocurre debido a que al ser la impedancia de la línea mucho menor que la de la carga se despreciaría la intensidad que circula a través de la carga anterior al fallo o falta.

El régimen transitorio de establecimiento de una corriente de cortocircuito depende normalmente de la distancia del punto de defecto a la fuente de alimentación. Esta distancia no implica necesariamente una distancia geográfica, sino que se supone, tal y como se ha comentado anteriormente, que las impedancias de las fuentes son inferiores a las de las conexiones entre ellas y el punto de defecto.

Además, al despreciar la intensidad que circula a través de la carga anterior al fallo o falta, resulta un circuito inicialmente en vacío y con un interruptor a una distancia significativa del generador, planteamiento similar a la figura 8.1, correspondiente al circuito eléctrico RL serie analizado.

8.1.2. Cortocircuito próximo al generador

Para el análisis de un cortocircuito en las proximidades de un generador síncrono se distinguen dos situaciones según se encuentre trabajando el generador en el momento de la falta.

1. **Se parte de un generador trabajando en vacío.**

   Cuando sucede en las proximidades del generador se observa que la amplitud de la componente simétrica de la intensidad de cortocircuito,

$\bar{i}_{cc\,sim}$, no es constante sino decreciente con el tiempo, cuyo valor inicial dependerá del instante en el cual se produce el fallo.

Esto es debido, principalmente, a causa del efecto que tienen las variaciones en intensidad en el rotor sobre el flujo magnético que genera la tensión en la máquina. Cuando ocurre una intensidad de alto valor en el sistema aparece un incremento de la conocida intensidad del inducido en la máquina eléctrica que provoca un cambio significativo de la intensidad del rotor y de la misma forma en el flujo magnético, lo cual tiene una importante repercusión sobre la tensión del inducido o de la máquina, afectando en un corto periodo de tiempo al valor resultante que adquiere la intensidad. Por tanto, la intensidad de cortocircuito tiene una influencia en el flujo magnético que genera la tensión en la máquina provocando variaciones en la tensión del inducido del generador que a su vez ocasionan un cambio gradual del valor de la intensidad.

Esta variación decreciente de la componente simétrica de la intensidad de cortocircuito, $\bar{i}_{cc\,sim}$, se puede representar en un circuito eléctrico monofásico donde al valor de la tensión de vacío de la máquina eléctrica se le incorpora en serie una reactancia con valores crecientes según avanza el tiempo, representándose de esta manera el efecto de la máquina eléctrica sobre el valor de la intensidad de cortocircuito, es decir, se tendrá mayor repercusión en la intensidad cuanto menor sea el valor de la reactancia. Según repercute sobre el flujo magnético el efecto de las distintas reactancias de la máquina eléctrica, se pueden distinguir tres periodos distintos:

- Reactancia subtransitoria, jX_S'', durante los 2-3 primeros ciclos de la intensidad de cortocircuito simétrica.
- Reactancia transitoria, jX_S', durante los 3-5 ciclos posteriores de la intensidad de cortocircuito simétrica.
- Reactancia permanente, jX_S, a partir del régimen anterior.

Experimentalmente, se obtiene que los valores de las distintas reactancias cumplen la expresión (8.13).

$$jX_S'' < jX_S' < jX_S \tag{8.13}$$

De esta forma, se tienen tres intensidades de cortocircuito simétricas, para cada una de las fases, cada una de ellas perteneciente al periodo subtransitorio, $\overline{i}''_{cc\,sim}$, transitorio, $\overline{i}'_{cc\,sim}$, y permanente, $\overline{i}_{cc\,sim}$, correspondiente (figura 8.6). De este modo, se observa, que la intensidad alterna resultante es una onda senoidal con amplitud decreciente durante los periodos subtransitorio y transitorio y permaneciendo constante a partir del periodo permanente.

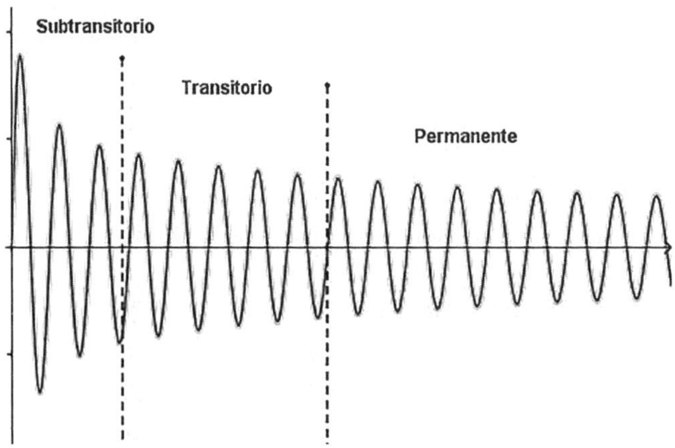

Figura 8.6: Periodos subtransitorio, transitorio y permanente en la intensidad alterna de cortocircuito.

Obteniendo el valor eficaz de la componente alterna de la intensidad en cada periodo, según los circuitos representados en la figura 8.7 y desde las expresiones de la tensión nominal fase-neutro del generador, $\overline{E}$, dividida por la reactancia correspondiente según (8.14).

$$\overline{I}''_{cc\,sim} = \frac{\overline{E}}{jX_S''} \qquad \overline{I}'_{cc\,sim} = \frac{\overline{E}}{jX_S'} \qquad \overline{I}_{cc\,sim} = \frac{\overline{E}}{jX_S} \tag{8.14}$$

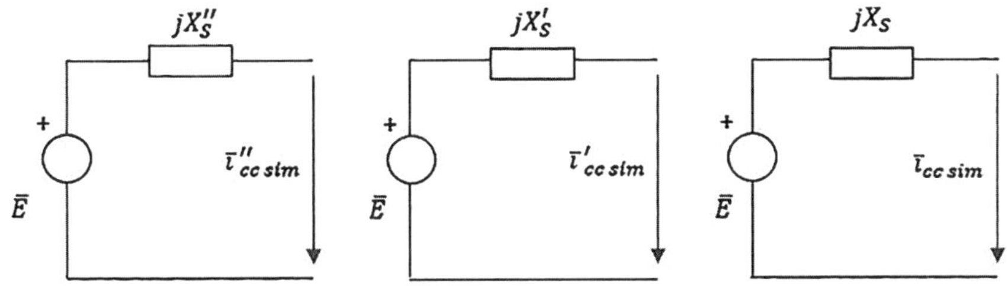

Figura 8.7: Circuitos eléctricos monofásicos correspondientes a la intensidad simétrica de cortocircuito de los periodos subtransitorio, transitorio y permanente, respectivamente.

Cabe destacar que para el desarrollo del cálculo de las componentes en un circuito inicialmente en vacío, como el tratado, la tensión que permanece constante antes y después de la falta es la tensión del generador, $\overline{E}$. Por otro lado, a la intensidad subtransitoria $\bar{i}''_{cc\,sim}$ también se la denomina corriente simétrica inicial.

Las expresiones (8.14) permiten determinar la componente simétrica de la intensidad de cortocircuito en un generador trabajando en vacío cuando se conocen sus reactancias. En el caso de existir una impedancia exterior al generador entre sus terminales y el cortocircuito, esta impedancia debería ser incluida en el circuito.

Concluyendo, la expresión de la corriente de cortocircuito resulta de la suma de las componentes simétrica y asimétrica, con los valores de la constante de tiempo, τ, correspondientes a cada uno de los respectivos periodos según (8.15) y se representa en la figura 8.8.

$$\bar{i}_{cc} = \sqrt{2}\left[(I''_{cc\,sim} - I'_{cc\,sim}) \exp\frac{-t}{\tau''} + (I'_{cc\,sim} - I_{cc\,sim}) \exp\frac{-t}{\tau'} + \right.$$

$$\left. + I_{cc\,sim} \right] \sin wt + \sqrt{2}\, I''_{cc\,sim} \exp\frac{-t}{\tau} \tag{8.15}$$

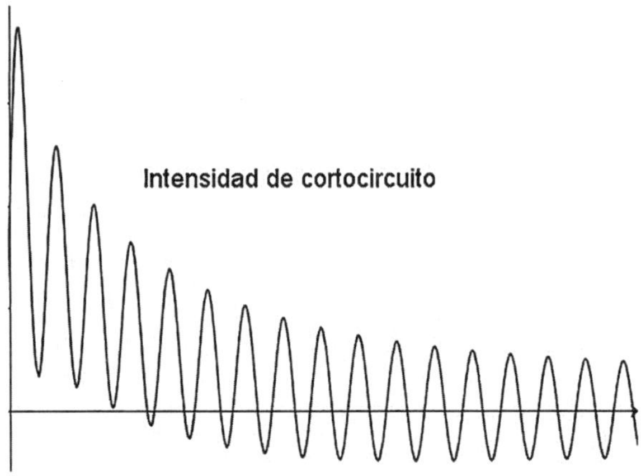

Figura 8.8: Intensidad de cortocircuito resultante de la suma de las componentes simétricas y asimétrica en un cortocircuito próximo al generador y trabajando inicialmente en vacío.

2. **Se parte de un generador trabajando en carga.**

   Inicialmente se conocen, para cada una de las fases, los valores de la intensidad permanente anterior al fallo y los valores de los parámetros del circuito eléctrico, es decir, las reactancias subtransitorias, en el momento del fallo. De esta manera, para que en ambos momentos, anterior al fallo y justo en el fallo, se mantenga el valor de la intensidad permanente a través del circuito, el valor de la tensión de la fuente no puede mantener el valor previo, $\overline{E}$, tal y como fue considerado con anterioridad.

   Es decir, puesto que desde el caso anterior, ya se establecen valores distintos de las reactancias del circuito, la única posibilidad de que se cumplan las igualdades del circuito eléctrico para el momento inmediatamente anterior y el momento del fallo, utilizando los nuevos valores de las reactancias, es que la tensión del generador también sufra variaciones.

   En consecuencia, la tensión que en esta situación se mantendrá constante no será la del generador sino la tensión del nudo de falta que es la que hay en el punto de fallo en el momento anterior a la falta, lo cual, asegura que a través de la impedancia conectada aguas abajo del nudo de falta se mantenga la misma intensidad que había en el momento anterior al fallo.

Por tanto, la tensión del nudo de fallo, $\overline{V}$, junto a la intensidad permanente, $\overline{I}$, ambas, anteriores al fallo y para una de las fases, servirán para determinar los nuevos valores de la tensión del generador en cada uno de los periodos: subtransitorio, transitorio y permanente de cortocircuito; según la figura 8.9 y según las igualdades (8.16).

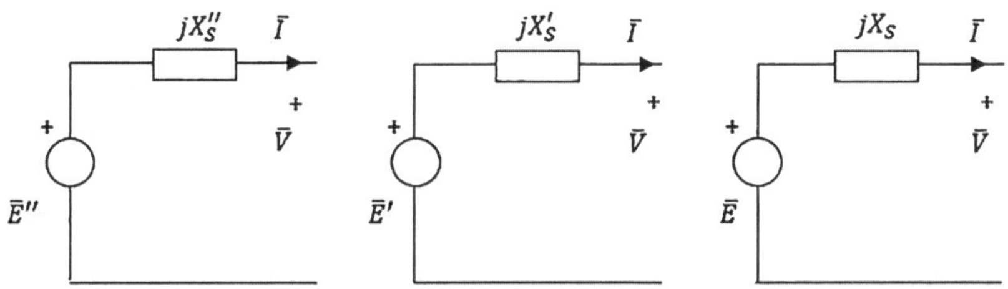

Figura 8.9: Circuitos eléctricos correspondientes a los tres periodos.

$$\text{Tensión Subtransitoria} \qquad \overline{E}^{''} = \overline{V} + jX_S^{''}\,\overline{I} \tag{8.16}$$

$$\text{Tensión Transitoria} \qquad \overline{E}^{'} = \overline{V} + jX_S^{'}\,\overline{I}$$

$$\text{Tensión Permanente} \qquad \overline{E} = \overline{V} + jX_S\,\overline{I}$$

Posteriormente, según los valores de tensión obtenidos se obtendrán las intensidades de los correspondientes periodos según las igualdades (8.17).

$$\overline{I}^{''}_{cc\,sim} = \frac{\overline{E}^{''}}{jX_S^{''}} \qquad \overline{I}^{'}_{cc\,sim} = \frac{\overline{E}^{'}}{jX_S^{'}} \qquad \overline{I}_{cc\,sim} = \frac{\overline{E}}{jX_S} \tag{8.17}$$

Quedando los valores eficaces de la componente alterna de la intensidad de cortocircuito para cada periodo de forma similar a la mostrada en las expresiones (8.14) pero con los correspondientes valores de tensión.

8.2. Motores en condiciones de cortocircuito

En el funcionamiento normal de los motores síncronos conectados a una red, éstos aportan un movimiento de giro a través de su eje mediante una energía eléctrica recibida.

En el momento que sucede un fallo en la red, el motor deja de recibir esa energía eléctrica, pues encuentra un camino alternativo con menos impedancia, pero el campo magnético del motor permanece excitado y la inercia mecánica a la que se encuentra sometido su eje hacen que durante un determinado espacio de tiempo la máquina eléctrica se comporte como un generador, con la salvedad de que la velocidad de giro tiende a anularse. Por lo tanto, al igual que para los generadores, existirán unos regímenes subtransitorio y transitorio de la intensidad generada, pero no así la del régimen permanente, la cual, será de valor nulo.

El cambio de sentido al que se ve sometida la intensidad del motor en el momento de la falta es un detalle a considerar en el estudio de las protecciones de la red en cuestión, puesto que también es necesario proteger a la red del motor cuando éste se comporta temporalmente como un generador.

8.3. Análisis de cortocircuitos trifásicos equilibrados

El estudio de un cortocircuito trifásico equilibrado se realiza analizando un sistema monofásico en el cual, se han sustituido todos los elementos que forman parte del sistema original, por sus circuitos eléctricos equivalentes.

Los circuitos eléctricos equivalentes de los respectivos elementos del sistema eléctrico a estudio, son los siguientes:

- Los generadores síncronos están representados mediante una fuente de tensión en serie con su reactancia, donde se desprecian las resistencias de los arrollamientos y efectos de los polos salientes y de la saturación. Tanto la tensión como la reactancia serán subtransitoria, transitoria o permanente según corresponda.
  - En régimen permanente el generador se representa con la tensión permanente en serie con la reactancia síncrona.
  - Cuando se presenta el fallo:
    - Si el generador está en vacío justo antes de que se presente el fallo, la máquina se representa con la tensión de vacío por fase en serie con la reactancia subtransitoria.
    - Si el generador está en carga, la máquina se representa con la tensión y reactancia subtransitorias.
- Las líneas de transporte eléctrico se representan solamente por sus reactancias en serie.
- Los transformadores se representan solamente por la reactancia de dispersión (reactancia de la rama serie en el circuito equivalente), dado el alto valor que toma la intensidad de cortocircuito en serie en comparación con la intensidad de magnetización, despreciándose la rama paralelo. Además, tampoco se tienen en cuenta los desfases.
- Las cargas se representan por su impedancia cuando corresponda.
- Los motores síncronos cuando tiene lugar el fallo se comportan como generadores síncronos, tal y como se ha comentado anteriormente.
- Los motores de inducción se tomarán en cuenta cuando sean de potencias mayores de 50 CV, y se tratarán igual que los motores síncronos.

8.3.1. Métodos operativos

Una vez establecidos los circuitos equivalentes a tratar se presentan tres metodologías de cálculo de las intensidades de cortocircuito que se diferencian entre sí según los valores considerados y la forma de obtención. De esta forma, se distinguen los métodos: exacto, Thévenin y aproximado.

Método exacto

A la hora de desarrollar los cálculos del método exacto, tanto en el cortocircuito del generador en vacío, como en el cortocircuito del generador en carga, existe una tensión del circuito permanente que permanece constante en el estudio del cortocircuito. De esta forma, se tiene que:

- En el cortocircuito del generador en vacío permanece constante la tensión generada en vacío por la máquina eléctrica, que será la tensión del generador detrás de la reactancia subtransitoria, $\overline{E}_0$, a aplicar posteriormente.

- En el cortocircuito del generador en carga permanece constante la tensión en el punto del fallo, lo que permitirá conocer los nuevos valores de la tensión del generador detrás de la reactancia subtransitoria, $\overline{E}_0''$, a aplicar posteriormente.

La intensidad que circula a través de las máquinas síncronas en el circuito permanente también se considera constante (con distinto signo en el caso de los motores síncronos dado el cambio de comportamiento adquirido, tal y como se expuso en la sección 8.2).

Por tanto, la aplicación mediante el método exacto se desarrolla siguiendo los pasos que se describen a continuación:

1. Se analizan los circuitos en régimen permanente para determinar los valores que permanecen constantes en el caso de que no sean dato del problema.

   Cabe destacar, tal y como se comentó con anterioridad, la diferencia en el cálculo según sea el circuito original en vacío o en carga, utilizándose la tensión de vacío, $\overline{E}_0$, o la tensión del nudo de falta, $\overline{V}$, respectivamente. En el segundo caso existen aproximaciones permitidas por el reglamento[1].

2. Con las tensiones e intensidades a través de las máquinas síncronas (halladas en el punto anterior) e incluyendo las nuevas reactancias, se obtendrán los nuevas valores de tensión del generador detrás de la reactancia subtransitoria, $\overline{E}_0''$.

   Para el cálculo de esta tensión subtransitoria, se utiliza el circuito equivalente, con los nuevos valores de reactancias pero, sin efectuarse el cortocircuito, es decir, con el circuito eléctrico antes del fallo.

3. Con los nuevos valores de tensión, $\overline{E}_0''$, las reactancias correspondientes y el circuito equivalente en cortocircuito, se procederá al cálculo de las nuevas intensidades. Obteniendo directamente el valor de las intensidades en el momento del fallo tanto a través del cortocircuito, como a través de los elementos que forman parte del sistema, puesto que en el cálculo final ya se ha tenido en cuenta el incremento de la tensión en las máquinas eléctricas.

Se destaca que en el método exacto se han utilizado las tensiones subtransitorias de las máquinas eléctricas para calcular directamente el valor que una vez acontecido el cortocircuito circulan a través de todos los elementos del circuito eléctrico.

[1]Existe la posibilidad de asignar al punto de fallo el valor tensión nominal 1_0 (en por unidad) en el momento de prefallo según indica la norma CEI-909.

Principio de superposición, método de Thévenin

Este método esta basado en una aplicación del principio de superposición para la obtención de la intensidad de cortocircuito a través de los distintos elementos que forman el circuito.

Por un lado, se tiene la intensidad habida antes de la falta y por otro lado, la intensidad de cortocircuito a través del cortocircuito (conexión del nudo de falta y tierra), siendo esta última, la obtenida mediante el método de Thévenin aplicado al circuito en el punto del fallo.

Por tanto, la intensidad de cortocircuito a través de cada uno de los elementos será la resultante de sumar:

- La intensidad habida a través del elemento antes de la falta.
- La parte que le corresponda a dicho elemento de la intensidad calculada por el método de Thévenin aplicado al circuito en el punto del fallo.

Para obtener, mediante el método de Thévenin, la intensidad de cortocircuito a través de la conexión entre el nudo de falta y tierra, se supone un circuito monofásico (figura 8.10), donde el fallo acontece entre el punto, K, de la línea y tierra. El cálculo se desarrolla siguiendo la siguiente operativa:

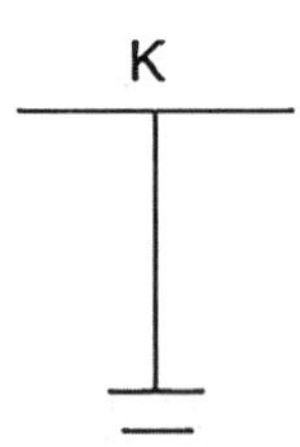

Figura 8.10: Cortocircuito y nudo de falta, K

1. Se estudia el circuito de régimen permanente, obteniendo las tensiones e intensidades en los elementos anteriores a la falta, y la tensión en el punto de la falta, $\overline{V}_K$.

   Se recuerda que, dada una imposibilidad o extrema dificultad en el cálculo, existen aproximaciones permitidas por el reglamento asignando al nudo de falta la tensión de valor 1_0 (en por unidad) en el momento de prefallo.

2. A continuación, sin todavía realizar la conexión del cortocircuito, se obtiene la impedancia equivalente, $\overline{Z}_K$, entre el punto del fallo, K, y tierra, del circuito equivalente para el momento del fallo, utilizándose las reactancias subtransitorias correspondientes.

   Las fuentes se tratan como en el Teorema de Thévenin (cortocircuitando las fuentes de tensión).

3. Con la tensión obtenida, $\overline{V}_K$ y la impedancia del, $\overline{Z}_K$, se aplica (8.18)

$$\overline{I}_K = \frac{\overline{V}_K}{\overline{Z}_K} \tag{8.18}$$

   La intensidad calculada, $\overline{I}_K$, aplicando el Teorema de Thévenin, es la que sale del circuito en el fallo, al reducirse a cero la tensión en tal punto, es decir, la intensidad que circula en la rama a través de la cual se produce el corto (entre el punto K y tierra).

4. Se calcula como se reparte la intensidad $\overline{I}_K$ a través de los distintos elementos que forman el sistema eléctrico mediante la utilización de divisores de intensidad o cualquier otro método que resulte apropiado.

5. Por último se procede a aplicar el método de superposición, sumando para cada elemento la intensidad anterior al fallo que circulaba a través de él y la parte que le corresponda de la intensidad de cortocircuito $\overline{I}_K$ calculada, prestando especial atención al signo de las respectivas intensidades.

La mayor ventaja de la aplicación del presente método para la obtención de la intensidad de cortocircuito a través de las distintas ramas y elementos del circuito, es la de no precisar el valor de las tensiones subtransitorias de las fuentes de tensión. Es suficiente con conocer la tensión, en el punto de la falta, en el ejemplo $\overline{V}_K$, habida en régimen permanente, anterior al fallo.

Método aproximado

El método aproximado será aquel donde no se tienen en cuenta las intensidades habidas antes de la falta. El pequeño valor de éstas en comparación con las de cortocircuito hace viable esta aproximación. Esta aproximación sería similar a considerar antes del cortocircuito, las fuentes en vacío con una tensión igual a la del punto de fallo.

De tal forma que, se opera de la misma forma que en el apartado anterior, mediante el método de Thévenin, pero sin sumar las intensidades habidas en régimen permanente.

8.3.2. Potencia de cortocircuito

La potencia de cortocircuito, $\overline{S}_{cc}$, definida por sus valores de línea o fase reales, se detalla en (8.19), pero si se trabaja en valores en por unidad la potencia de cortocircuito se representa según las igualdades (8.20).

$$\overline{S}_{cc} = \sqrt{3}\,\overline{U}_{linea}\,\overline{I}_{cc} = 3\,\overline{U}_{fase}\,\overline{I}_{cc} = \frac{\overline{U}^2_{linea}}{\overline{Z}_{cc}} = \frac{3\,\overline{U}^2_{fase}}{\overline{Z}_{cc}} \tag{8.19}$$

$$\overline{S}_{cc\,pu} = \overline{U}_{pu}\,\overline{I}_{cc\,pu} = \frac{\overline{U}^2_{pu}}{\overline{Z}_{cc\,pu}} = \overline{I}^2_{cc\,pu}\,\overline{Z}_{cc\,pu} \tag{8.20}$$

La potencia de cortocircuito es un valor utilizado para representar las características de la red eléctrica en un punto determinado donde, por ejemplo, se va a efectuar una acometida. El conocer su valor ayuda a obtener las correspondientes intensidad e impedancia de cortocircuito.

Habitualmente, la potencia de cortocircuito es un dato de partida, para el punto de acometida a la red eléctrica que lo facilita la compañía distribuidora de la energía.

Puede servir para el cálculo de los interruptores y dispositivos de protección a utilizar, pero también para otros menesteres, entre los que se encuentra el dimensionamiento de la máxima potencia nominal de las centrales generadoras, por ejemplo del tipo eólico, que dependerá de la potencia de cortocircuito que tenga el punto de acometida a la red eléctrica donde se va a verter la energía generada.

La tensión puede ser conocida en el punto de la falta y así aplicar las fórmulas anteriores o según la norma UNE-EN 60909-0 se utilizará la tensión nominal en el punto de la red considerado, es decir, $\underline{U}_{pu} = 1_0$.

De tal forma que, utilizando los valores en por unidad (8.20), la fórmula de la potencia de cortocircuito queda según (8.21), pudiéndose obtener los valores de la intensidad y de la impedancia de cortocircuito.

$$\overline{S}_{cc\,pu} = \overline{I}_{cc\,pu} \qquad \overline{S}_{cc\,pu} = \frac{1}{\overline{Z}_{cc\,pu}} \tag{8.21}$$

Esta impedancia de cortocircuito obtenida será la impedancia de Thévenin en el circuito equivalente de la red eléctrica vista desde el punto considerado.

Capítulo 9

Estabilidad del sistema eléctrico de potencia

La disponibilidad tanto técnica como económicamente hablando a la energía eléctrica es una necesidad del usuario para su desarrollo y bienestar, además, contribuye fehacientemente a la protección ambiental aportando una alternativa eficiente de generación de energía en comparativa a la utilización de otros medios más contaminantes.

La normativa española establece la necesidad de garantizar la seguridad y la calidad del suministro eléctrico al menor coste posible para el usuario. La calidad de suministro eléctrico engloba dos requisitos fundamentales:

- La "seguridad y continuidad" en el suministro eléctrico que se valora por el número, frecuencia y tipología de las interrupciones existentes en el servicio a los usuarios.

- La "calidad de la señal", donde la tensión eléctrica suministrada debe estar equilibrada y ser puramente sinusoidal con magnitud y frecuencia constantes dentro de unos parámetros establecidos según el reglamento correspondiente.

Para ello es preciso gestionar correctamente la operativa del sistema eléctrico y planificar adecuadamente el diseño tanto del sistema como de los elementos que lo forman, estando un sistema eléctrico compuesto por varias unidades de distintas tipologías de generadores, líneas de transporte, subestaciones eléctricas y receptores.

9.1. Gestión del sistema eléctrico, recursos y posibles alteraciones

En el funcionamiento correcto de un sistema eléctrico de potencia es imprescindible conseguir el equilibrio a tiempo real entre la energía generada y la energía consumida y al mismo tiempo mantener la magnitud de las variables de la señal dentro de los márgenes establecidos reglamentariamente, ahora bien, al ser el sistema eléctrico un sistema dinámico, las variaciones de carga experimentadas son frecuentes y éstas pueden originar tanto pérdidas de estabilidad de los elementos del sistema como desviaciones significativas en el valor de la señal.

Una de las particularidades que posee el sistema eléctrico español, extrapolables a otros países, es la tipología de la curva de la demanda diaria de energía eléctrica. Esta curva de demanda experimenta con cierta regularidad un significativo gradiente entre las horas de menor demanda de energía eléctrica "horas valle" y las horas de mayor demanda "horas punta" (figura 9.1). Este gradiente tan significativo, el cual ha llegado a alcanzar los 20.000 MW y además, con grandes variaciones en cortos espacios de tiempo, es complicado de gestionar puesto que se precisa disponer de una adecuada previsión de cargas para aproximarse a lo previsiblemente demandado y posteriormente igualar la energía generada con la energía demandada mediante tecnologías de generación de fácil regulación y respuesta rápida.

Por otro lado, también se tiene que la imprevisibilidad de algunas tecnologías pueden ocasionar una elevada diferencia entre la generación real y la generación, previamente, programada. Por ejemplo, se tiene la tormenta

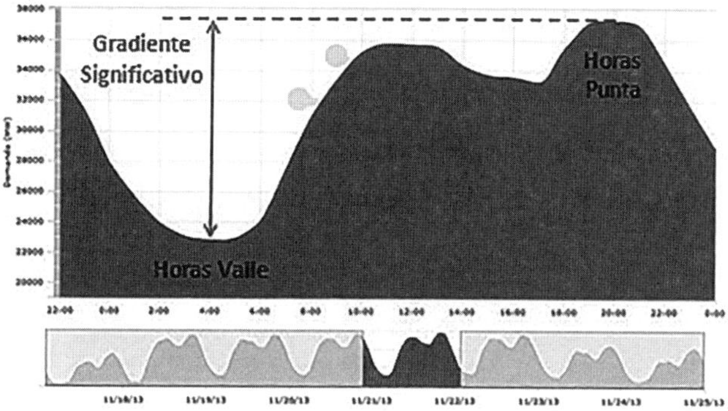

Figura 9.1: Curva de la demanda diaria de energía eléctrica, datos según fuente [15]

"Klaus" del 23 al 24 de enero de 2009 que afectó al norte de España y donde la autodesconexión de aerogeneradores, debido a rachas de viento superiores a 25 m/s, causó un decremento de casi 7.000 MW de la potencia generadora, con la consiguiente necesidad de cubrir esa potencia mediante otras tecnologías de respaldo.

A todo esto se debe sumar la posibilidad de que acontezcan imprevistos, interrupciones o anomalías con las correspondientes consecuencias sobre el sistema eléctrico o algún componente.

En el caso de España el órgano encargado de la gestión u operador del sistema eléctrico que permite ajustar en tiempo real el balance entre generación y demanda eléctrica y hacer frente a situaciones imprevistas, manteniendo el grado de calidad del suministro y de la señal transportada, es Red Eléctrica Española, REE.

El operador del sistema, REE, ante las distintas situaciones donde aparecen incrementos bruscos de demanda o decrementos de generación por averías o interrupciones no programadas, dispone de varias alternativas y medios para afrontar las anomalías presentadas. A continuación, se van a detallar aquellas opciones que principalmente se utilizan para, en un principio, igualar la energía generada con la energía demandada y seguidamente, el mantenimiento de una señal estable y adecuada.

- Con el fin de establecer un equilibrio dinámico entre la energía generada y la demandada por los distintos consumidores de la red eléctrica, se presentan las siguientes alternativas:

    - La existencia de centrales de apoyo con respuesta de actuación muy rápida, tanto en lo referente a la puesta en marcha como a la regulación en la generación de energía eléctrica.

      Las centrales de apoyo son las encargadas de suministrar la energía eléctrica, que anteriormente se estaba suministrando por otra central de generación, al verse interrumpido el servicio de dicha central por interrupción accidental o por ausencia de recurso. Principalmente, sirven de apoyo a las centrales de generación que funcionan mediante recursos renovables de carácter no gestionable.

      Existen situaciones en las que se precisa la existencia de una central de apoyo para disponer de una alternativa en caso de necesidad pero al estar puntualmente cubierta la energía demandada y no ser necesaria la generación de dicha central de apoyo es obligado mantener estas centrales de apoyo sin generar pero preparadas para una actuación inmediata en lo que se denomina "potencia rodante" algo que sería similar al funcionamiento en el punto flotante estudiado en los generadores síncronos (capítulo 6).

    - Otra alternativa de la que se dispone, cuando no existe posibilidad de cubrir el incremento de energía demandada, es reducir el consumo por otras vías, como sería el caso de utilizar los denominados "contratos de interrumpibilidad".

      Un contrato de interrumpibilidad se refiere al tipo de contrato que tiene establecido Red Eléctrica Española con determinadas industrias, consideradas consumidores potenciales, para poder, bajo ciertas condiciones, gestionar su consumo energético si el contexto así lo precisara, es decir, interrumpir o reducir su suministro en caso de deficiencias del sistema.

A cambio de este compromiso las empresas adquieren un precio más reducido de la energía eléctrica consumida.

- El recurso del suministro alternativo mediante líneas eléctricas transfronterizas.

  Recurrir a otros sistemas energéticos que dada su estructura y tipología tengan mayor posibilidad de suministro.

- Por otro lado, cuando las condiciones de equilibrio entre energías se hayan estabilizado puede acontecer una desviación de la frecuencia o de la tensión fuera de los márgenes reglamentarios establecidos. Para mantener la frecuencia y las tensiones en sus valores de diseño y así garantizar que el sistema pueda operar correctamente, se dispone de varias herramientas de control.

  - En el caso del mantenimiento de los valores de la frecuencia, se recurre a los siguientes medios:

    - Mediante la regulación de la potencia en determinadas unidades de generación.
    - También se pueden recurrir, cuando se precise, a un "deslastre de cargas" del sistema eléctrico y así conseguir una estabilización de la frecuencia del sistema.

  - Respecto al control de las tensiones se realiza mediante los métodos de regulación tratados en los capítulos 6 y 7, que se citan a continuación:

    - Mediante la regulación en módulo de la tensión los transformadores de regulación.
    - Regulando la potencia reactiva en los nudos o barras mediante la unidad generadora, variando la tensión de excitación, o mediante la conexión de baterías de condensadores.

Respecto a las líneas de transporte eléctrico la regulación de la tensión es una característica relevante. Por lo tanto, la tensión de una línea de transmisión debe permanecer tan constante como sea posible, incluso en condiciones de carga variable.

> Según reglamento los márgenes permitidos en la variación de la tensión nominal de una línea eléctrica fluctúan entre el 5 y el 20% según la categoría de dicha línea, siendo más reducidos cuanto mayor sea la magnitud de la tensión.

En el capítulo 7, se analizaron pequeños sistemas de potencia comprobándose que el reparto de la potencia generada obedece a un equilibrio impuesto por la tipología del propio sistema, lo que significa que el aumento de generación en una barra del sistema no se traduce por igual en el aumento de la capacidad de suministro de la demanda en otra barra del sistema.

A pesar de la utilización de los transformadores de regulación, en la práctica es muy complicado orientar los flujos de potencia por las redes eléctricas a voluntad del operador de la red, lo que además precisa un control del transporte eléctrico para evitar sobrepasar la capacidad de transporte de las líneas. En ocasiones esto implica que, al transportar flujos de energía, existan cuellos de botella en la red eléctrica que limiten la energía que se puede transportar a otros puntos.

Además, también se comprobó que los cambios en el equilibrio generación y demanda no se realizan de inmediato sino que conllevan una situación transitoria para alcanzar dicho equilibrio (sección 6.5).

Todo lo expuesto hace una idea de la complejidad de la gestión energética de un sistema eléctrico. Ahora bien, al mero equilibrio entre generación y demanda se deben sumar las posibles anomalías habidas en la regulación y funcionamiento de los distintos elementos del sistema que también podrían ocasionar interrupciones de grupos generadores debido a pérdida de sincronismo o variaciones significativas de frecuencia y tensión con los correspondientes desequilibrios entre energía generada y demandada. Las principales alteraciones se describen a continuación:

- Según se vio en el capitulo 6, las variaciones del par mecánico aplicado a los generadores, originaba variaciones de velocidad en la máquina eléctrica que podían causar la pérdida de estabilidad de dicha máquina.

Pero además, si bien, la variación de potencia es muy significativa y rápida o bien, el sistema es aislado, las variaciones resultantes en la tensión y la frecuencia se pueden transmitir rápidamente a otros elementos del sistema, lo que puede ocasionar la pérdida de sincronismo de alguno de ellos. Por ejemplo, las oscilaciones de los motores originadas por las variaciones de tensión y frecuencia hacían que, a veces, se perdiera el sincronismo si su frecuencia natural de oscilación coincidía con la frecuencia de oscilación originada por los sistemas motrices de los generadores.

Mantener el sincronismo entre los distintos elementos de un sistema eléctrico es tanto más complicado cuanto más se aumenta en magnitud y diversidad de tecnologías de generación, con mayor relevancia en aquellas tipologías cuyo recurso es imprevisible y por tanto, no gestionable y/o pertenecen a un sistema aislado.

- La potencia suministrada en un motor síncrono, al igual que para los generadores, viene representada por el ángulo de par pero con las tensiones invertidas donde la tensión de la red, $\overline{V}$, se encuentra adelantada respecto a la tensión interna del motor, $\overline{E}_M$, un determinado ángulo de par (figura 9.2).

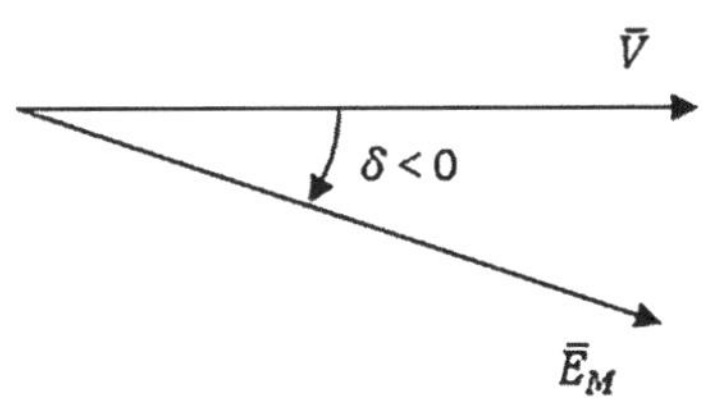

Figura 9.2: Representación vectorial del ángulo de par durante el funcionamiento de la máquina síncrona como motor

Al aumentar la carga conectada, el ángulo de par y la demanda de intensidad eléctrica del motor incrementan sus valores.

Cuando elementos del tipo motor sufren aumentos significativos de la carga, el incremento de intensidad demandada no llega inmediatamente sufriendo el motor un frenado momentáneo y las correspondientes oscilaciones alrededor del punto final de equilibrio. Si en esas oscilaciones se llega a un punto de reposo el motor puede terminar parándose.

Dada la oposición ofrecida de la inductancia y capacidad a los cambios de las variables, debido la energía almacenada en los respectivos campos, se comprueba que si en la línea eléctrica o en los transformadores conectados aumenta la reactancia, la probabilidad de mantener la estabilidad de los elementos conectados disminuye.

- La tecnología de la propia central de generación tiene una gran influencia tanto en la respuesta dada a las perturbaciones ofrecidas por la red, como a las perturbaciones que la propia central pueda introducir en la red, las cuales pueden ocasionar la desconexión de algunos elementos del sistema.

  Un ejemplo de perturbación a la que han tenido que hacer frente los parques eólicos fue la respuesta a los denominados "huecos de tensión" puesto que podían generar un disparo de la conexión del parque y afectar directamente a la continuidad del suministro eléctrico.

  Siendo un hueco de tensión una disminución brusca de la tensión seguida de su restablecimiento después de un corto lapso de tiempo.

- Para el sistema de transporte eléctrico las disminuciones significativas de energía transportada también pueden afectar negativamente al sistema eléctrico.

  Esto es debido a que cuando se proyecta una línea eléctrica de transporte se diseña para una determinada potencia de transmisión, cuando esta potencia transportada disminuye drásticamente la tensión de la línea se incrementa pudiendo alcanzar, en algunos casos, valores demasiado altos y perjudiciales para otros elementos del sistema eléctrico ocasionando los correspondientes daños originados por el denominado "efecto capacitivo" y su posible desconexión.

  Este acontecimiento puede suceder en periodos donde la demanda es muy reducida o cuando por alguna razón se desconectan accidentalmente varios grupos generadores.

- Se tienen otras perturbaciones con gran repercusión en el sistema eléctrico pero que no se tratan en este capítulo dado que la causa de su origen es de carácter externo al propio sistema, debiéndose proteger las instalaciones debidamente.

  Por un lado, se tienen los cortocircuitos (capítulo 8), los cuales principalmente se originan por contactos accidentales entre conductores o conductores y la tierra del circuito generando elevadas intensidades a través del correspondiente sistema, por otro lado, se tienen las descargas atmosféricas y por último, las maniobras mal realizadas en seccionadores[1] de subestaciones eléctricas.

Como se ha comprobado los cambios acontecidos pueden generar desequilibrios y magnitudes fuera de los márgenes de seguridad que ocasionan pérdidas de sincronismo y anomalías en el sistema, los cuales además pueden extenderse por efecto progresivo a grandes extensiones del sistema englobando y afectando a gran número de elementos de alrededores. Anteriormente, se han descrito opciones para gestionar la demanda de energía y regular las variables del sistema eléctrico pero la velocidad de respuesta aportada por las máquinas eléctricas, ante los cambios acontecidos, puede ser insuficiente o generar aún mayor problemática con la aplicación de bruscas variaciones del par mecánico.

En consecuencia, es preferible realizar una planificación preventiva y respetar los márgenes operativos que aseguren en lo posible el equilibrio y la estabilidad del sistema eléctrico.

[1]Un seccionador es un aparato mecánico de conexión que, por razones de seguridad, en posición abierto, asegura una distancia de abertura o distanciamiento entre contactos que satisface unas condiciones específicas de aislamiento.

Al maniobrar un seccionador es posible abrir y cerrar un circuito cuando es despreciable la corriente a interrumpir o a establecer, o bien cuando no se produce cambio apreciable de tensión en los bornes de cada uno de los polos de dicho seccionador.

El elemento también es capaz de soportar corrientes de paso en las condiciones normales del circuito, así como durante un tiempo especificado en condiciones anormales, tales como las de cortocircuito.

9.2. Estabilidad y tolerancia operativa

La estabilidad se conoce como el objetivo de un sistema eléctrico y de sus componentes de mantener el sincronismo y el equilibrio durante todo tipo de funcionamiento y alteraciones impuestas. La estabilidad de un sistema de potencia se puede presentar desde el punto de vista de la repercusión a las máquinas eléctricas pertenecientes al sistema como también desde el punto de vista del transporte eléctrico.

Tal y como se expuso en el capítulo 6, la búsqueda de la estabilidad se aplica tanto al régimen permanente como al transitorio. La influencia que sobre la máquina síncrona tienen las variaciones del par mecánico, obligan a plantear unos límites de magnitud para el ángulo de par para operar con la suficiente seguridad en ambas condiciones de trabajo.

Además, respecto a las líneas de transporte eléctrico se plantea la necesidad de mantener el límite de la capacidad de transporte de energía impuesto y controlar su reactancia y repercusión sobre la potencia reactiva. Por otro lado, también controlar las variaciones de tensión originadas ante los cambios sustanciales de energía eléctrica transportada.

Por tanto, considerando las máquinas eléctricas síncronas y el sistema de transporte de energía eléctrica se pueden establecer los siguientes límites para mantener la estabilidad:

- Un límite para el régimen constante o permanente donde se valora el máximo flujo posible de energía eléctrica que se puede transportar sin que haya pérdida de estabilidad.

- Un límite para el régimen transitorio donde se imponen el máximo flujo posible de energía eléctrica y unas determinas condiciones de regulación, para que no exista pérdida de estabilidad ante cambios notables y bruscos de la energía tanto generada como demandada por los diversos grupos generadores o receptores, respectivamente.

Todo sistema dinámico está sometido a perturbaciones transitorias siendo el límite de estabilidad en régimen transitorio, casi siempre, más estricto que el límite de estabilidad en el régimen permanente o constante aunque, en sistemas sobrecargados, habiendo alcanzado el equilibrio, será más bien la estabilidad del estado permanente el factor limitante.

Respecto a los límites del ángulo de par que se consideran para operar en una zona de trabajo estable, se han estudiado, tanto para las líneas eléctricas como para los generadores pero por separado. Y lo correcto, cuando se estudian los límites tolerados del ángulo de par de un sistema eléctrico es considerar el conjunto del sistema eléctrico.

En la figura 9.3, se ha representado un sencillo sistema eléctrico compuesto por una central generadora con su respectiva subestación eléctrica transformadora elevadora, STE, una línea representada por su circuito equivalente en pi y una carga receptora, $\overline{Z}_R$, precedida de una subestación transformadora reductora, STR.

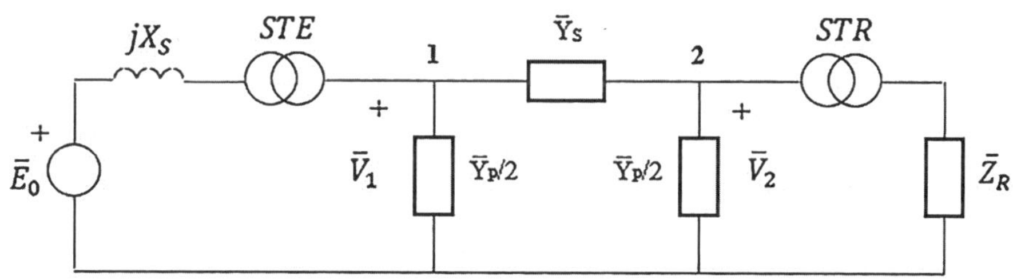

Figura 9.3: Representación de un sencillo sistema eléctrico

Analizando el circuito en por unidad, considerando la subestación STE por su reactancia equivalente y sin ángulo de desfase en las tensiones, se tiene que la estabilidad de la máquina generadora se puede plantear representada por el ángulo de par formado entre $\overline{E}_0$ y la tensión de entrada a la línea eléctrica, $\overline{V}_1$, donde ya aparece la influencia de la reactancia de la STE en la magnitud de dicho ángulo.

Pero a la tensión $\overline{V}_1$ le afecta la tipología de la línea eléctrica y de la carga conectada, tal y como se estudió en el capítulo 3.

Considerando la línea eléctrica representada por su reactancia serie y tomando como referencia de análisis el punto 2, se tiene que el ángulo de par del generador se encuentra influido por las reactancias en serie del propio generador, de la STE y de la línea eléctrica.

Por otro lado, se tiene que cuanta mayor fortaleza tenga el punto 2 dicho punto será menos susceptible ante posibles variaciones sucedidas aguas abajo, es decir, desde la carga, lo cual se traduce en menores consecuencias aguas arriba, es decir, para el generador.

Del mismo modo, si el punto 1, se convierte en una barra donde se tienen distintos generadores y líneas de transporte conectados (figura 9.4), cuanta mayor fortaleza tenga la barra 1 menos afectarán las perturbaciones al sistema representado. Lo mismo, para variaciones internas y posibles desconexiones de los propios generadores.

La fortaleza de una barra se mide por su potencia de cortocircuito y está íntimamente ligada a su tensión.

Por tanto, dada la gran variedad, falta de uniformidad y reparto geográfico que posee un sistema eléctrico a nivel nacional se deduce que dependiendo de la estructura existente se puedan encontrar anomalías o perturbaciones que en determinas zonas no repercutan y en cambio en otras zonas, las mismas anomalías, puedan tener un amplio radio de influencia. De hecho, sistemas de escasa potencia de cortocircuito, aislados o redes distribuidas que poseen una tensión máxima de 36 kV, pueden verse más afectados que otros sistemas eléctricos de mayor fortaleza, con unidades generadoras de mayor tamaño y mejor respuesta ante variaciones de frecuencia. Ejemplos, donde se encuentran estas limitaciones, se tienen en los sistemas insulares, donde el sistema eléctrico se ve obligado a reducir la aportación de energía con recurso renovable imprevisible, limitando la potencia total instalada de los parques eólicos y la potencia nominal de las unidades de generación.

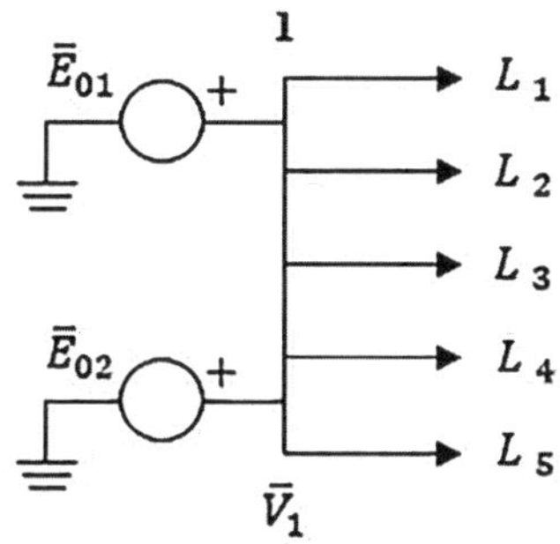

Figura 9.4: Representación de una barra de un sistema eléctrico

Es por todo esto que la planificación estructural de un sistema eléctrico adquiera tanta relevancia.

9.3. Estructura, diseño y requerimientos

Respecto al diseño del sistema eléctrico los factores más relevantes a definir son la estructura del *mix* energético, la distribución de las distintas centrales generadoras con respecto a los puntos de consumo y el diseño de la red y sus correspondientes subestaciones eléctricas.

Por otro lado, condicionantes político-sociales y de disponibilidad de recurso, tanto renovable como no renovable, enfocan una tipología de *mix* energético. Por ejemplo, desde Europa, España ha sido considerada como un país con buen recurso eólico y solar.

Cabe destacar que cada una de las tipologías de centrales de generación tiene unas características técnicas particulares que pueden condicionar su adecuada integración u operativa en el sistema eléctrico.

En consecuencia, es preciso analizar la posible asociación entre las distintas tipologías, compaginando las virtudes, limitaciones y deficiencias de todas ellas, para una adecuada operativa y gestión del sistema en su conjunto.

A continuación se describen las características técnicas y productivas más relevantes del funcionamiento de las principales tecnologías en el sistema eléctrico español:

- Las centrales térmicas (carbón, biomasa, principalmente) y de fisión nuclear son tipologías de generación adecuadas para funcionar a régimen permanente y elevada potencia y así mejorar el rendimiento productivo. No estando indicadas para la regulación debido a la existencia de una gran inercia térmica en los procesos operativos internos.

  Las primeras ofrecen una puesta en marcha de duración más reducida que las segundas pudiéndose utilizar con mayor facilidad en posibles programaciones de la demanda diaria.

  En funcionamiento permanente o constante, ambas tipologías aportan gran estabilidad y calidad de señal, fortaleciendo al conjunto del sistema eléctrico de potencia.

- Las centrales de gas e hidroeléctricas son especialmente adecuadas para la regulación y ajuste de la generación a la demanda.

  Las segundas, en el caso de disponer de doble depósito de agua embalsada, también ofrecen la posibilidad de almacenar mediante el sobrante de energía.

  También admiten el funcionamiento permanente o constante aportando gran estabilidad y calidad de señal al conjunto del sistema de potencia.

- Las centrales fotovoltaicas ofrecen una disponibilidad de generación durante un periodo de tiempo determinado pero no se puede prever con exactitud la cuantía de su producción.

- Las centrales de recurso renovable imprevisible y no gestionables, pueden generar al sistema importantes interrupciones y variaciones en la generación siendo de suma importancia intentar establecer una previsión aproximada de su producción.

Según las características comentadas y para un correcto funcionamiento del sistema de potencia es preciso que bien mediante una tipología u otra se consiga, primero, una fortaleza en el sistema donde se puedan absorber variaciones de señal, segundo, sistemas de generación aptos para regular variaciones e imprevistos en la curva generación-demanda.

Esto obliga a que las regiones del sistema eléctrico favorecidas por recurso renovable imprevisible y no gestionable dispongan para su aprovechamiento de la ubicación próxima de tecnologías que aporten lo necesario para obtener la fortaleza y regulación necesarias.

El carácter de imprevisibilidad de ciertas tecnologías renovables no es muy favorecedor a la hora de gestionar la demanda de energía pudiendo producir efectos más severos sobre la seguridad y continuidad de suministro y calidad de onda por dos razones principalmente, la primera es la variabilidad del recurso y su repercusión en la energía generada, la segunda son las reducidas potencias de cortocircuito en el nudo de conexión, habitualmente con niveles de tensión en el punto de acometida igual o inferior a 66 kV.

Potencias de cortocircuito reducidas con fuertes variaciones de potencia eléctrica generada pueden afectar significativamente a la calidad y servicio de la energía eléctrica. Además, según se incrementa la participación de la energía imprevisible y no gestionable en el sistema eléctrico las afecciones van tomando mayor relevancia. De hecho, se tiene que en el sistema eléctrico español se anima a que la potencia instalada del parque eólico no supere el 5% de la potencia de cortocircuito en el nudo de acometida.

Por otro lado, en España, para asegurar la gestión, la calidad y la seguridad del servicio eléctrico al consumidor se construyó el CECRE, Centro de Control de las Energías Renovables, para la gestión e integración de las energías renovables en el sistema eléctrico.

La dispersión de las centrales de recurso no gestionable y, por tanto, en la interlocución con el operador del sistema, REE, imposibilitaba una rápida respuesta en la operación a tiempo real, lo cual sumado a la propagación y la correspondiente extensión de las faltas acontecidas resultaba muy negativo para el sistema eléctrico. La monitorización en grupos como mínimo de 10 MW y la posible desconexión de las centrales no gestionables ante necesidades técnicas del sistema son nuevas medidas para facultar la gestión del sistema eléctrico de potencia y la integración de la generación no gestionable. En la Comunidad Canaria, al ser un sistema insular, los grupos se han llegado a reducir a un máximo de 5 MW sobre los que se podría actuar por separado.

Respecto a las protecciones y requisitos técnicos necesarios de la propia central de generación para hacer frente a las posibles anomalías acontecidas tanto desde el interior como desde el exterior de la máquina eléctrica el operador del sistema emite los procedimientos operativos o requerimientos necesarios a los sistemas de generación que considera oportunos y así permitir su integración en red.

Requerimientos que, por ejemplo, precisan la disposición de las necesarias protecciones ante posibles anomalías del sistema, el mantenimiento del factor de potencia dentro de unos determinados valores, así como de la tensión y de la frecuencia, protecciones ante los huecos de tensión, optimización de los sistemas de regulación, etc.

De esta forma se asegura una respuesta de la máquina eléctrica que impida, en lo posible, las interrupciones y favorezca un funcionamiento estable. En el caso de que hubiera desconexión se faculta el aislar la máquina eléctrica foco de la anomalía para evitar la propagación e influencia al resto del sistema. Estando todos los dispositivos de protección previstos adecuadamente dimensionados según el elemento y el riesgo a proteger para realizar una desconexión lo más rápida posible.

Respecto al sistema de transporte de energía eléctrica se deben diseñar adecuadamente los parámetros de la línea y la capacidad de transmisión para no perder la estabilidad. Aunque la capacidad de transmisión puede ser complicada de valorar para los años siguientes a la ejecución del proyecto debido a que a veces se sufren alteraciones de demanda debido a otros factores ajenos al sistema eléctrico como pueden ser los desplazamientos poblacionales, de residencia o los industriales experimentados que también pueden ocasionar desviaciones con lo inicialmente proyectado y dado que la vida útil de las líneas eléctricas es larga, hay posibilidades de sufrir estos acontecimientos.

Por otro lado, en la subsección 2.5.2, se detalló que al proyectar una línea eléctrica se tenía en cuenta que por encima del valor de la potencia característica la inductancia de la línea aumentaba significativamente con la distancia, cuestión relevante de analizar puesto que la inductancia no es un parámetro deseable pues afecta a las pérdidas, a la estabilidad y a la respuesta del sistema ante las posibles variaciones de carga. Además, la intensidad derivada a causa de la capacidad de una línea eléctrica al estar adelantada respecto a la tensión en el tiempo, puede originar en generadores próximos una reacción del inducido que ocasione un considerable incremento de la tensión de la máquina eléctrica con las correspondientes problemáticas asociadas.

Por tanto, una planificación acertada de conexión entre los puntos de generación y de consumo puede facultar la reducción de pérdidas eléctricas, disminuir las posibles obturaciones en el transporte y sus consecuencias al superar el máximo flujo de energía admitido por la línea y además, asegurar el suministro mediante la distribución mediante estructura mallada.

Asimismo, también es relevante detallar la instalación de las subestaciones correctoras necesarias para corregir el factor de potencia y evitar posibles variaciones de tensión.

Por último y dada la mejora técnica y económica, experimentada en los últimos años, de los convertidores electrónicos de potencia, es conveniente tener presente y analizar las posibilidades ofrecidas por el transporte en alta tensión de continua, HVDC, en largas distancias y en líneas soterradas y submarinas para reducir la repercusión negativa de los campos eléctrico y magnético del transporte en tensión alterna en el sistema eléctrico.

Sc ticnc que una línea eléctrica diseñada en tensión continua o directa ofrece las siguientes ventajas respecto al diseño en tensión alterna:

- Al no experimentar caídas inductivas la principal pérdida energética de la línea de HVDC es la ofrecida por la resistencia en serie, lo cual implica que la potencia de transmisión casi se mantiene constante independientemente de la longitud de la línea.

Es decir, para largas distancias las pérdidas acarreadas son mucho menores en HVDC que para las líneas en alterna.

- No existe el desfase generado por la misma inductancia serie entre la tensión del generador y del receptor.
- La no existencia de campos magnéticos variables elimina las pérdidas por intensidad de derivación debidas a la capacidad de la línea eléctrica, cuestión relevante a la hora del diseño de una línea eléctrica soterrada o submarina, dado que el dieléctrico que rodea al conductor puede facultar la conducción eléctrica.
- Del mismo modo, la no existencia del efecto corona reduce las pérdidas en las líneas eléctricas aéreas.

Como principales desventajas técnicas de las líneas eléctricas en tensión continua se podrían citar: la generación de armónicos en la conversión y el requerimiento de reactiva en las subestaciones conversoras.

Capítulo 10

Impacto socio-ambiental

El impacto socio-ambiental es el efecto que produce la actividad humana sobre la sociedad y el medio ambiente.

Respecto al impacto ambiental, éste puede ser valorado a un nivel global o a un nivel local.

El efecto global es aquel cuya repercusión incide en los ciclos naturales del sistema terrestre pudiéndose encontrar el foco o la causa del impacto muy alejado de la zona donde se perciben las irregularidades, por ejemplo, el incremento de temperatura generalizado en el sistema terrestre cuya causa principal se encuentra en la quema de recursos fósiles, la cual experimenta una intensidad desigualmente repartida.

En los últimos años, la emisión de gases con efecto invernadero y su importante repercusión, probada mediante registros, en la temperatura del sistema terrestre, en la acidificación de los mares, en el deshielo de zonas glaciares, en la afección existente en las corrientes marinas, entre otros efectos, han cobrado mayor alarma social e interés en su reducción y si es posible, en su eliminación.

Para animar a la posible reducción de las emisiones contaminantes internacionalmente se crea el "mercado de cuotas de emisión", lo que consiste en la posible compra o venta de los derechos de emisión que resulten de la diferencia entre lo realmente generado y la cantidad previa asignada. De partida, se conceden permisos a los agentes productores para que puedan gestionar entre sí las cuotas otorgadas según las situaciones particulares y expectativas de cada uno de ellos. A esto se le denomina "mercado de cuotas" y un ejemplo de ello se tiene en la asignación de derechos del Protocolo de Kyoto.

En el Protocolo de Kyoto se establecen unos derechos de emisión para cada país firmante, según una serie de factores, para posteriormente y según la emisión que haya experimentado cada uno de ellos, se permite la compra y venta de derechos de emisión entre los países firmantes, viéndose beneficiados aquellos países que contaminan menos de lo previamente establecido.

El compromiso aceptado por los países al firmar el Protocolo de Kyoto condiciona a dichos países, aparte de otras directivas o compromisos existentes, a diseñar adecuadamente sus respectivos planes energéticos para cumplir con los objetivos establecidos.

En el caso de España, la magnitud de la emisión de CO_2 repercute, positiva o negativamente, en el coste de la factura eléctrica. Tiene un efecto positivo cuando la emisión de CO_2 a la atmósfera ha sido menor que la estipulada y los derechos de emisión han sido vendidos a otros países, lo cual aporta un ingreso extraordinario al sistema eléctrico. En cambio, si las emisiones han resultado mayores, es preciso comprar derechos extraordinarios de emisión y el efecto económico sobre la factura eléctrica se presenta negativo.

Por otro lado, el efecto local es aquel donde los cambios se perciben directamente asociados al origen de su aparición. Como impacto a nivel local, se encuentran otro tipo de impactos del tipo: la contaminación, ruidos, campos electromagnéticos, alteraciones del paisaje, etc., los cuales son más alarmantes por su proximidad y posible objetividad en la medida de su existencia.

Las medidas que se tienen para animar a la reducción de los impactos locales se establecen a otro nivel que los comentados para los efectos globales. Principalmente, se basan en la aplicación de impuestos directos a las instalaciones contaminantes o generadoras de algún tipo de impacto ambiental según el grado de afección y la valorización del daño causado y su posible corrección o compensación.

La realización de una adecuada evaluación de impacto ambiental en el proyecto y la construcción de una instalación ayuda a evitar, mitigar o compensar de alguna manera, los daños originados, conocidos de antemano, de algunas de las instalaciones del sistema eléctrico. Los daños que previamente no se conocían pero que aparecen con posterioridad son tratados con la aplicación de nuevos impuestos directos como los tratados anteriormente y la exigencia por parte del órgano competente del cumplimiento de las actuaciones necesarias o medidas oportunas.

Un sistema eléctrico de potencia está compuesto, principalmente, por centrales de generación, donde se convierten las energías primarias en energía eléctrica, y una red de transporte de energía eléctrica, formado por las líneas e instalaciones eléctricas correspondientes.

Las centrales de generación y las líneas de transporte de energía eléctrica obedecen a una clasificación de su impacto ambiental, principalmente, en función de su potencia instalada y de la tensión nominal, respectivamente, ambas variables dimensionan la magnitud del impacto que pueden ejercer sobre el medioambiente. Por ejemplo, en España, se consideran como centrales de menor impacto y tratamiento especial, las centrales minihidroeléctricas de potencia instalada menor de 10 MW o las instalaciones minieólicas de potencia instalada menor de 100 kW. También se tienen otras variables indicativas de la dimensión e importancia del impacto, como puede ser el volumen de agua embalsada de una central hidroeléctrica.

Las centrales de generación tienen muy diversos impactos socio-ambientales según su tipología. Como características más significativas, dentro de cada tipología, asociadas a los principales impactos que generan, se pueden enumerar los siguientes:

- Respecto a las centrales de generación de energía eléctrica mediante recurso no renovable, como principales características se encuentran:

- La quema de un recurso fósil, principalmente carbón y petróleo, con el correspondiente impacto sobre el cambio climático, lluvia ácida, contaminación local, etc.
- El impacto añadido originado en la extracción y transporte de la materia prima desde las zonas de origen a los puntos de consumo.
- La operación mediante fisiones nucleares en cadena con la correspondiente generación de radiaciones radiactivas durante el proceso de generación, lo cual precisa de máximo control para mantener la seguridad de los alrededores.
- La generación de residuos radiactivos de larga duración y especial tratamiento, lo cual prolonga la necesidad del control y máxima seguridad.

  La envergadura de los desastres nucleares acontecidos obligan a valorar con la máxima atención el impacto social de esta tipología de instalaciones que aún siendo de muy escasa probabilidad, la magnitud asociada puede resultar enorme.

- Respecto a las centrales de generación de energía eléctrica mediante recursos renovables, la sociedad acepta su utilización y desarrollo como una alternativa limpia, aprovechable y segura.

  Esta tipología de centrales de generación, habitualmente, poseen un factor de utilización menor, también disponen de menor potencia instalada por metro cuadrado de superficie involucrada, todo lo cual hace preciso mayor extensión de superficie para generar la misma cantidad de energía. Como ejemplo, en España, según las horas de utilización experimentadas en el año 2012 y la potencia media de las instalaciones obtenidas según la potencia total instalada dividida por el número de instalaciones existentes, se obtenía que una central nuclear equivalía a 135 centrales eólicas. Con estos comentarios, se pueden considerar los siguientes efectos respecto a las tecnologías de generación no renovable:

  - Solamente considerando las centrales de generación, se tiene una mayor superficie terrestre alterada, movimiento de tierras, alteraciones, etc.

- Mayor impacto paisajístico.
- Mayor número de subestaciones eléctricas transformadoras.
- Mayor deslocalización de los generadores incrementando la longitud de las líneas eléctricas necesarias para la correspondiente acometida a red.
- Mayores alteraciones locales y más notorias debido a la cercanía y visualización.
- Generación de residuos que precisan de nuevos procesos y tratamientos, tales como los paneles fotovoltaicos o las aspas de los aerogeneradores.

En el caso de la biomasa también se experimenta la necesidad de mayor quema de combustible respecto a una central mediante recurso fósil, un orden aproximado de 3:1, para la generación de la misma energía eléctrica.

Por otro lado, el tratamiento de residuos puede generar extensiones de terreno destinadas a vertedero de los sobrantes que pueden generar malestar en los alrededores.

Aparte de las centrales de generación se encuentra el sistema de transporte de la energía eléctrica. En España a 31 de diciembre de 2015 según Red Eléctrica Española, a nivel nacional, existen los kilómetros de líneas eléctricas expuestos en el cuadro 10.1, lo que hace suponer la significativa extensión de terreno afectada por el impacto ambiental generado por el transporte eléctrico.

Por otro lado, algunas tipología de líneas de transporte también han sufrido un repunte en construcción, aconteciendo los siguientes puntos:

- Incremento de las líneas eléctricas insulares (líneas submarinas con su posible afección marina).
- Aumento de la transmisión de alta tensión (interconexiones)

Tensión Nominal	400 kV	220 kV		
Longitud (km)	Peninsular	Peninsular	Baleares	Canarias
Aéreas	21.062	18.189	1.089	1.075
Submarinas	29	236	423	30
Soterradas	88	499	162	242
Longitud total	21.179	18.924	1.674	1.347

Cuadro 10.1: Longitud de líneas eléctricas instaladas en España a 31 de diciembre de 2015 según tipología, datos según fuente [15]

- Aumento de líneas soterradas que si bien, disminuye el impacto paisajístico, aumenta el efecto capacitivo de la línea eléctrica y los efectos sobre el terreno.

La sociedad inicialmente demanda disponer de la posibilidad de acceso tanto técnica como económicamente hablando a una energía eléctrica de calidad, pero para cuantificar el grado de afección social de la población de un país respecto a su sistema eléctrico, se podría evaluar desde los siguientes parámetros:

- La aceptación por parte de la sociedad de los impactos ambientales generados por los distintos elementos del sistema de energía eléctrica.
- La percepción de seguridad ante posibles riesgos humanos y/o materiales que podrían originarse desde cualquiera de las instalaciones existentes.

Según estas premisas y con todas las características y particularidades del sistema eléctrico expuestas, se magnifica la relevancia de incluir una evaluación de impacto ambiental en el trámite del proyecto de las instalaciones eléctricas para evitar en lo posible los impactos generados y fomentar el respeto y conservación del medioambiente y de esta forma conseguir la posterior aceptación social.

El análisis previo de los posibles impactos generados, favorecidos por la experiencia acumulada, posibilitan que la sociedad no sufra saturación de determinados elementos del sistema eléctrico, como podría ser: la alta densidad de líneas eléctricas en una determinada extensión, exceso de una tipología de instalaciones en el paisaje, etc.

A continuación, se va a redactar la legislación española actual sobre la que se describe la metodología base para la realización de un estudio de impacto medioambiental aplicable a cualquier instalación o línea eléctrica. Para posteriormente centrarse en los principales impactos ambientales de las líneas eléctricas según tipologías, las medidas preventivas, correctoras y compensatorias aplicadas y algunas, de las últimas investigaciones realizadas que se presentan para mitigar los posibles efectos negativos.

10.1. Legislación y evaluación de impacto ambiental

En España, a raíz de la entrada en la Unión Europea, las directrices y programas marcados desde Europa para la protección del medioambiente, se han ido trasponiendo en los correspondientes decretos y planes de protección estatales. De la misma forma, documentos de relevancia, entre los que se encuentra el *Libro Blanco* de 1997, han ayudado a definir unas líneas de actuación frente los problemas ambientales encontrados en las últimas décadas.

En un principio, la política ambiental comunitaria planteada con la *Directiva 85/337/CEE del Consejo*, de 27 de junio de 1985, obligaba a la realización y presentación junto al diseño de proyecto, de un procedimiento de evaluación de impacto ambiental, EIA, otorgando a la ciudadanía una posible intervención en la toma de decisiones. Posteriormente, la *Directiva 97/11/CEE*, establece mayor rigor en el desarrollo de las EIA pero, como principal novedad, se presenta la obligatoriedad de un análisis ambiental previo a la adjudicación o autorización del proyecto.

En España, dadas las distintas trasposiciones de las sucesivas directivas europeas desde 1986 y posteriormente, sus correspondientes modificaciones, tomando como base el principio de seguridad jurídica, para regularizar, aclarar y armonizar las disposiciones vigentes en materia de evaluación de impacto ambiental de proyectos se desarrolla el *Real Decreto Legislativo 1/2008*, de 11 de enero, por el que se aprueba el texto refundido de la *"Ley de Evaluación de Impacto Ambiental"* de proyectos.

Dicha ley representa la base de la metodología de evaluación de impactos ambientales aunque posteriormente, se han ido desarrollando modificaciones entre las que se encuentra la *Ley 21/2013*, de 9 de diciembre, de evaluación ambiental, para asentar la experiencia acumulada y la corrección de disfunciones y carencias técnicas detectadas además de sintetizar la diversidad de normativas que pueden llegar a desvirtuar los efectos preventivos del procedimiento de evaluación ambiental.

Cabe destacar que esta ley se aplica a todo el territorio español, permitiendo posteriormente, la aplicación de medidas más restrictivas, impuestas por cada Comunidad Autonómica, según las particularidades de las regiones correspondientes, para establecer normas adicionales de protección. Por ejemplo, en el caso de Cantabria, se tiene la *Ley de Cantabria 17/2006*, de 11 de diciembre, de *Control Ambiental Integrado*, la cual con sus correspondientes revisiones se encuentra en vigor en marzo de 2017 y donde se establece la "declaración de impacto ambiental".

Cuando la instalación eléctrica se desarrolla en países subdesarrollados donde no existe normativa ambiental, desde los organismos internacionales para asegurar en la medida de lo posible el respeto con el medio ambiente, se obliga a realizar un estudio de impacto ambiental para poder recibir subvenciones económicas.

Según el procedimiento administrativo actual, tal y como se comentó anteriormente, las evaluaciones de impacto ambiental de proyectos, dependen de la magnitud del correspondiente proyecto, distinguiéndose entre las evaluaciones de proyectos simplificados y ordinarios.

La dimensión del proyecto principalmente se valora según: sus características propias (magnitud del proyecto, generación de residuos, vertidos, peligrosidad, etc.), su ubicación y uso del área (zonas naturales protegidas, arqueológicas, límites extractivos, etc.) y la importancia de los impactos generados (extensión afectada, duración y/o repetibilidad del impacto, etc.).

Una evaluación de impacto ambiental, EIA, tiene como principal objetivo la protección del medio ambiente, mediante acciones preventivas, correctoras y compensatorias de los impactos y manteniendo una proporcionalidad a la magnitud de estos, fomentando la participación pública y la integración de los aspectos ambientales en la toma de decisiones.

El promotor, persona física o jurídica, pública o privada, que pretende realizar un proyecto, es el encargado de desarrollar toda la documentación relacionada con el proyecto y su impacto ambiental que solicite la administración pública. Esta documentación será tratada por los órganos correspondientes de la administración, principalmente los órganos sustantivo y ambiental. El órgano sustantivo dispone de las competencias para autorizar un proyecto, en cambio, el órgano ambiental es el encargado de realizar los análisis técnicos y sus correspondientes dictámenes.

Cabe destacar que las fases descritas en el texto responden a las directrices marcadas según la *Ley 24/2013* y que posteriormente las funciones atribuidas al órgano sustantivo y ambiental, en cuanto a la tramitación de los distintos procedimientos, corresponderán a los órganos que determine la legislación de cada Comunidad Autónoma cuando sea de su competencia la evaluación ambiental de proyectos.

Según lo dicho, el trámite de una evaluación de impacto ambiental de los proyectos, tanto los simplificados como los ordinarios, se realiza en varias fases (figura 10.1) cuya secuencia y descripción es la siguiente:

- Una fase previa donde el promotor realiza la documentación requerida, es decir, un análisis y estudio adecuado a la magnitud del impacto ambiental estimado del proyecto.

De la misma forma el promotor debe presentar las soluciones encontradas para mitigar, eliminar, corregir o compensar dichos impactos.

Resumiendo, se tiene que para un proyecto simplificado se desarrolla un "documento ambiental" del previsible impacto, en cambio, para un proyecto ordinario se desarrolla un "estudio de impacto ambiental, EsIA".

Cabe destacar que el promotor a petición propia puede a su vez someter su proyecto, previamente clasificado en el procedimiento simplificado de evaluación de impacto ambiental, al procedimiento ordinario, aunque no sea su obligación.

- Una fase de solicitud de evaluación de impacto ambiental donde el promotor del proyecto presenta la solicitud de evaluación de impacto ambiental al órgano sustantivo acompañándolo de la documentación exigida y elaborada en la fase previa.

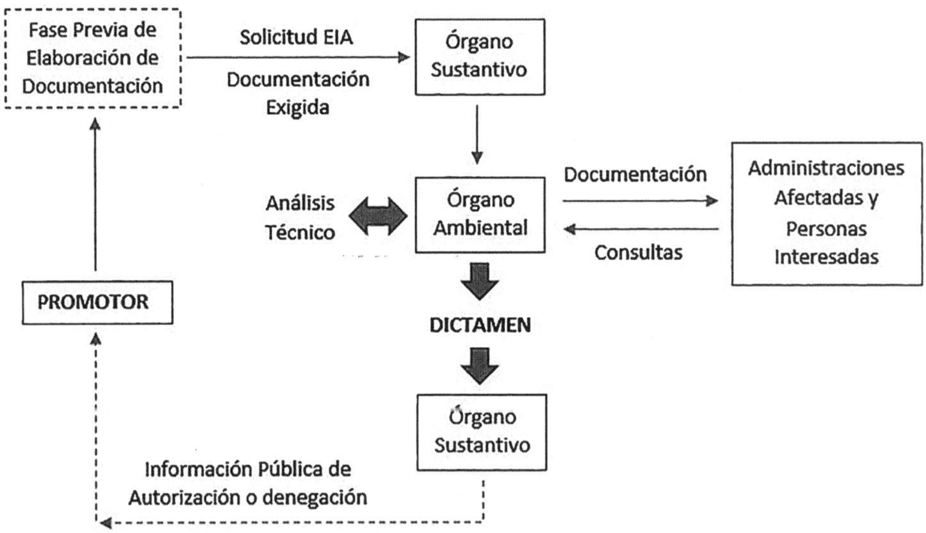

Figura 10.1: Diagrama de flujos del proceso para realizar una evaluación de impacto ambiental

- Una fase de análisis técnico, realizada por el órgano ambiental, donde se realiza un estudio consultando a las administraciones públicas afectadas y a las personas interesadas, poniendo a su disposición el documento ambiental aportado en la solicitud de evaluación.

- Una fase concluyente, también realizada por el órgano ambiental, donde con las consultas realizadas y con los informes de las administraciones públicas afectadas que resulten relevantes, se realiza el correspondiente dictamen.

  El informe o declaración de impacto ambiental, según sea un proyecto simplificado u ordinario, respectivamente, es el dictamen del correspondiente órgano ambiental con el que concluye la evaluación de impacto ambiental que evalúa la integración de los aspectos ambientales en el proyecto y determina las condiciones que deben establecerse para la adecuada protección del medio ambiente y de los recursos naturales durante la ejecución y la explotación y, en su caso, el desmantelamiento o demolición del proyecto.

  Dicho informe o declaración de impacto ambiental será trasladado al órgano sustantivo para que éste lo convierta en información pública mediante los correspondientes medios oficiales.

A lo largo del trámite de la evaluación de impacto ambiental el promotor puede ser requerido tanto para solicitar falta de documentación como para rectificar la clasificación que por parte del promotor se hizo previamente a la solicitud de evaluación de la magnitud del impacto ambiental del proyecto.

De la misma forma también se puede valorar que las medidas adoptadas para corregir los impactos no son lo suficientemente adecuadas y precisar una modificación o mejora.

Según sea el proyecto simplificado u ordinario la descripción descrita con anterioridad se distingue principalmente en el desarrollo de la fase previa de estudio realizada por el promotor y en el caso del proyecto ordinario también por las consultas realizadas por el órgano sustantivo.

La fase previa de un proyecto simplificado consiste en la elaboración de un documento ambiental que posteriormente, en la fase inicial, se debe presentar al órgano sustantivo correspondiente. El documento ambiental es un estudio más reducido que el estudio de impacto ambiental, EsIA, necesario cuando el proyecto es ordinario pero la realización de ambos siguen unos pasos muy similares, por tanto, posteriormente, solamente se describirán y detallarán los pasos del estudio de impacto ambiental.

Durante la fase previa de un proyecto simplificado, ni el órgano sustantivo ni el órgano ambiental realizan ningún tipo de consultas a las administraciones afectadas o personas interesadas sobre la ejecución del proyecto.

En cambio, en la fase previa de un proyecto ordinario tanto el órgano ambiental como el órgano sustantivo sí realizan una serie de consultas a las administraciones afectadas o personas interesadas para facilitar con mayor rigor la documentación necesaria que posteriormente analizará el órgano ambiental. Por tanto, se precisa de mayor documentación y detalle de los estudios y consultas efectuadas, siguiendo los pasos de la figura 10.2 y descritos a continuación:

- El promotor realiza una solicitud previa al órgano sustantivo del alcance del estudio de impacto ambiental del proyecto, para lo cual aporta un documento inicial del proyecto, el cual contiene: su descripción y ubicación, posibles alternativas y análisis de los correspondientes impactos y una valoración del territorio y del medio ambiente afectados por el proyecto.
- Para ello el órgano ambiental realiza una consulta a las administraciones públicas afectadas y a las personas interesadas, poniendo a su disposición el documento inicial del proyecto aportado en la solicitud previa.
- El órgano ambiental, según las consultas recibidas, elabora y envía al promotor y al órgano sustantivo el documento del alcance del estudio de impacto ambiental.

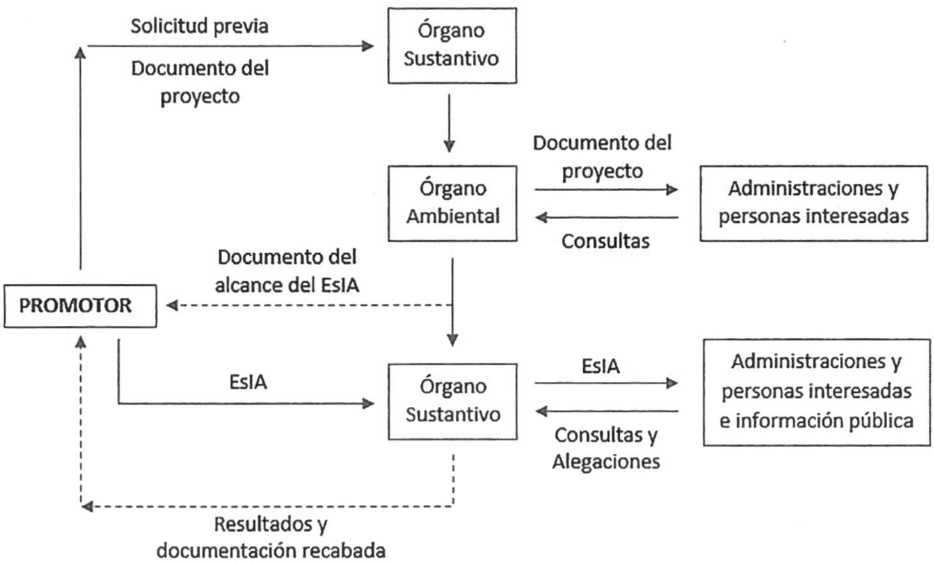

Figura 10.2: Diagrama de flujos de la fase previa para un proyecto ordinario

- El promotor desarrolla el estudio de impacto ambiental, EsIA, considerado, para lo cual la administración facilita toda la información de la que disponga para su correcta realización.

- Realizado el correspondiente EsIA éste se entregará al órgano sustantivo para someterlo a información pública y al mismo tiempo se vuelve a consultar a las administraciones públicas afectadas y a las personas interesadas.

- El órgano sustantivo remite al promotor la documentación recabada para que, si fuera menester, el promotor la considerase en las posibles modificaciones del proyecto.

Como se ha comprobado en las dos descripciones de las fases previas se confirma que en el caso del proyecto ordinario se aporta mayor relevancia a las administraciones y personas involucradas, dada la magnitud del proyecto.

A continuación, se detallan y describen las etapas a seguir en la elaboración de un estudio de impacto ambiental que tal y como se comentó con anterioridad, son muy similares en objetivos pero más desarrolladas en magnitud y precisión a las del documento ambiental preciso para la evaluación ambiental de un proyecto simplificado.

10.1.1. Estudio de impacto ambiental

El estudio de impacto ambiental, EsIA, tiene como finalidad principal la valoración de las repercusiones socio-ambientales de determinas actuaciones humanas, presentando posibles medidas de actuación o proyectos alternativos adecuados para su mitigación o posible eliminación. Según la *Ley 21/2013*, el estudio de impacto ambiental es el documento elaborado por el promotor que contiene la información necesaria para evaluar los posibles efectos significativos del proyecto sobre el medio ambiente y permite adoptar las decisiones adecuadas para prevenir, minimizar o eliminar dichos efectos. Es decir, el estudio de impacto ambiental, EsIA, es el documento técnico que, principalmente, presenta (figura 10.3) los siguientes puntos:

- Inicialmente, a partir de la naturaleza del proyecto, identificar, describir y valorar la previsible afección socio-ambiental de su realización.
- Posteriormente, proponer las posibles alternativas y actuaciones adecuadas para la mitigación, compensación o posible eliminación de los impactos anteriormente descritos.
- Finalmente, establecer un plan de vigilancia que permita asegurar el cumplimiento de los objetivos, mediante replanteamientos de daños si fuera menester, y sirva de experiencia para próximos proyectos.

Este estudio lo presenta el promotor y es la base de la declaración de impacto ambiental, ya que suministra al correspondiente órgano competente la información necesaria para la toma de decisiones sobre su aceptación, modificación o rechazo.

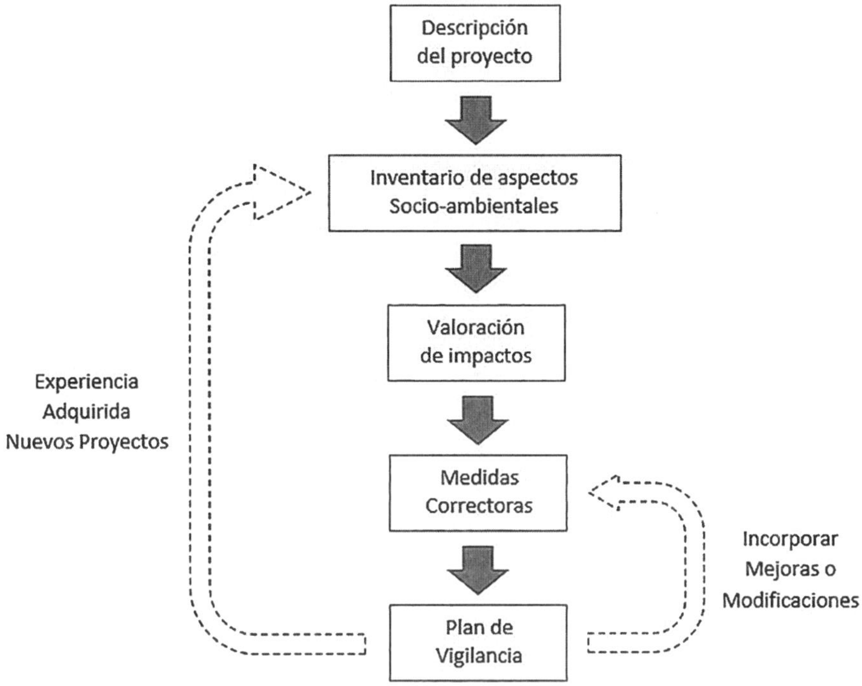

Figura 10.3: Diagrama de flujos de las principales partes de un EsIA

Un estudio de impacto ambiental se debe realizar a lo largo de toda la vida útil de la instalación, considerando su proyecto, su construcción, su explotación y también, su posterior cierre y desmantelamiento. A continuación se realiza una mayor descripción de las distintas partes que debe contener un EsIA.

- Descripción del proyecto en las distintas fases de proyecto, ejecución, explotación y desmantelamiento. Detallando para ello:
  - Materiales y suelo a utilizar y recursos ambientales afectados para desarrollar el proyecto.
  - Previsión y descripción de emisiones, vertidos, ruidos, vibraciones, etc. generados.

- Análisis de las distintas alternativas para el desarrollo del proyecto y fundamentos de la selección adoptada.

- Detalle de un inventario ambiental que contenga la relación y descripción de los previsibles aspectos socio-ambientales tanto directos como indirectos, en las distintas fases del proyecto.

- Identificación, cuantificación y valoración de impactos para cada alternativa presentada.

  Se tienen efectos: positivos y negativos, temporales y permanentes, simples, acumulativos y sinérgicos (cuando el efecto generado por la suma de varios impactos es mayor que la suma de los efectos de cada uno de ellos), directos e indirectos, reversibles e irreversibles, periódicos y de aparición irregular.

  Los impactos ambientales se valoran comparando la situación anterior y posterior a la ejecución de la acción o proyecto, es decir, si con el tiempo existe la posibilidad de revertir a la situación inicial del medio. Siguiendo esta premisa los impactos ambientales se clasifican en:

  - Compatibles, donde la recuperación de la situación inicial es inmediata tras el cese de la actividad sin necesidad de medidas preventivas o correctoras.
  - Moderados, misma situación que el compatible pero precisa de un determinado tiempo para la reversión.
  - Severos, aquellos que precisan de medidas preventivas y correctoras y aún así necesitan de un tiempo largo para revertir a la situación inicial.
  - Críticos, cuando no existe posibilidad de recuperación pues se han superado los límites de retorno o la posible asimilación del medio.

Uno de los grandes problemas de la ejecución de un EsIA es medir el impacto generado para poder encasillarlo en una de las categorías especificadas.

Respecto a la valoración de la magnitud del impacto, hace falta distinguir entre medidas ponderables e imponderables.

Las medidas ponderables son fáciles de valorar y categorizar puesto que los estudios realizados aportan magnitudes que permiten definir los márgenes de las distintas categorías. Por ejemplo, el ruido superior a un determinado valor de decibelios a una distancia del foco emisor dada, puede tenerse como cifra límite de lo tolerable para una persona. Otros ejemplos se tienen en los residuos, flujos de agua, etc.

Ahora bien, cuando se intentan valorar impactos de difícil cuantificación, como podrían ser el impacto sobre la avifauna o el paisajístico de los aerogeneradores, hay que recurrir a otros medios de consideración pudiéndose diseñar escalas porcentuales que representen la variación experimentada, en el primer ejemplo considerado, por las especies afectadas. Como ejemplo de variables a considerar se encuentran, entre muchas otras, la duración, la frecuencia, la probabilidad, la pérdida de percepción con la distancia, el número de individuos afectados, etc.

Tanto en las cuantificaciones ponderables como las no ponderables es interesante disponer de unas tablas donde aparezca una correlación entre lo medido o valorado y la magnitud del impacto para poder utilizarlo como sistema de calificación. La administración, facilitará los documentos necesarios para identificar, cuantificar y valorar los impactos.

Una vez valorados los distintos efectos, principalmente los ambientales, que pueden acontecer en el desarrollo de las distintas etapas de un proyecto, se puede representar mediante una matriz clasificatoria la magnitud de cada uno de los impactos con un nivel jerárquico tipo al del cuadro 10.2.

Se encuentran distintas formas de realización de las matrices del tipo a la del cuadro 10.2, para lo cual es preciso seleccionar cuales son las formas de clasificación más interesantes para el desarrollo del estudio específico a realizar. También se pueden plantear matrices donde la clasificación de los correspondientes impactos vienen en escala numérica.

IDENTIFICACIÓN		CLASIFICACIÓN			
FASE	IMPACTO	Compatible	Moderado	Severo	Crítico
Proyecto					
Construcción					
Funcionamiento					
Desmantelamiento					

Cuadro 10.2: Matriz clasificatoria de impactos

- En el caso de que pudiera existir algún tipo de afección directa o indirecta a espacios pertenecientes a la Red Natura 2000 se deberá realizar un tratamiento singular de la conservación del medio considerado.

  Natura 2000 es una red ecológica europea de áreas de conservación de la biodiversidad. Está formada por espacios de especial tratamiento de acuerdo con las distintas Directivas Europeas de protección de hábitats, tanto naturales como de especies, y especies de interés.

  De esta forma cuando se realiza un proyecto o EsIA se debe considerar el posible efecto sobre alguno de estos espacios o especies, considerados especialmente sensibles a las alteraciones producidas, las cuales podrían tener consecuencias nefastas.

- Planteamiento de medidas cuyo objetivo sea prevenir, mitigar, compensar o eliminar los previsibles impactos de las distintas alternativas consideradas.

  Estas medidas se deben proponer para todas las fases del proyecto, es decir, para el proyecto, la ejecución, la explotación y el desmantelamiento, y a su vez, realizar un desglose económico detallado del planteamiento de cada una de ellas.

- Detallar un plan de vigilancia o programa de cumplimiento de objetivos de las medidas propuestas en el apartado anterior.

  Mediante dicho plan de vigilancia se pueden establecer posibles desviaciones sobre los resultados esperados o encontrar nuevos impactos que no se habían considerado inicialmente, lo cual conllevaría a nuevos estudios y nuevas propuestas para la actuación sobre dichas anomalías.

De esta forma se han ido mejorando los requerimientos que los órganos ambientales establecen para la construcción de las distintas instalaciones y es una de las razones por las cuales los decretos iniciales han sufrido tantas modificaciones, pues la experiencia ha ido aportando criterios de análisis y valoración, de ahí la importancia de desarrollar un correcto plan de vigilancia, para lo cual a menudo, participan agentes o asociaciones externas que realizan los controles pertinentes y en caso de necesidad se remiten los consiguientes informes al órgano de control correspondiente.

- Presentación de un resumen detallando los puntos importantes del desarrollo del EsIA. Tales puntos pueden considerarse como las dificultades encontradas a lo largo del estudio y su descripción.

10.2. Impacto de las líneas eléctricas aéreas

Los sistemas de transmisión de energía eléctrica incluyen la línea de transmisión, el derecho de vía, las subestaciones, y los caminos de acceso o mantenimiento.

La clasificación impuesta según la magnitud de los proyectos está descrita en el cuadro 10.3, que tal y como se mencionó con anterioridad, se encuentra impuesta por el nivel de tensión nominal de la línea eléctrica y su extensión.

Proyecto simplificado	15 kV $\leq V_{nominal} <$ 220 kV	Longitud > 3 km
Proyecto ordinario	220 kV $\leq V_{nominal}$	Longitud > 15 km

Cuadro 10.3: Clasificación del proyecto de una línea eléctrica según su tensión nominal y longitud, datos según fuente [18]

Respecto a la ubicación del proyecto, si la línea eléctrica discurre a través de regiones consideradas espacios naturales o áreas protegidas, se considera como un proyecto ordinario cuando la distancia sea superior a 3 kilómetros.

Las líneas eléctricas tienen una consideración de impacto local pero dada su posible gran extensión la magnitud del impacto puede llegar a considerarse global.

A continuación, se van a comentar distintos tipos de impactos que deben valorarse en una línea eléctrica aérea y sus instalaciones, inicialmente los negativos y posteriormente los positivos. Posteriormente, se detalla el impacto específico de las colisiones y electrocuciones con las líneas eléctricas aéreas comentando algunas de las medidas, propuestas e investigaciones realizadas.

1. Los impactos negativos generados habitualmente se distinguen según la fase del ciclo de vida de la línea eléctrica a la cual correspondan. Seguidamente, se detallan las fases correspondientes, sus características y los principales impactos de cada una de ellas para el caso específico de una línea eléctrica aérea:

   Fase de diseño del proyecto En lo referente a una línea eléctrica los impactos realizados durante esta fase son más bien escasos, encontrándose los más significativos en:

   - La preparación del terreno para el acceso y la adecuada toma de datos.
   - El movimiento de vehículos y personal.

   Fase de construcción La mayoría de los impactos de esta fase del proyecto se caracterizan por su relativa intensidad pero corta duración en el tiempo si se comparan con los de la fase operativa, ahora bien, también existe la posibilidad de daños muy relevantes.

   Entre los distintos impactos se encuentran los siguientes:

   - El desarrollo de caminos de acceso para acceder a la zona de trabajo y en especial para las zonas con mayor pendiente. Además, como consecuencia de la apertura de los caminos se puede producir compactación del terreno por el paso de la maquinaria.

- El movimiento de tierras, la necesidad de "playas" alrededor de los apoyos para el montaje e izado y la utilización de maquinaria pesada alteran los hábitats del entorno y provocan la eliminación de la vegetación y tala de árboles.
- Las excavaciones y la utilización de maquinaria en las proximidades de los cauces de ríos o similares, puede llegar a afectar a la calidad de agua con los residuos, combustibles, aceites y otros vertidos generados.
- Se generan emisiones a la atmósfera.
- Ruidos que afectan al entorno próximo como, por ejemplo, los debidos a las excavadoras y a los explosivos para la cimentación de la base de los apoyos con una incidencia notable.
- Afectación a actividades existentes del tipo agrícola, ganadera, etc.
- En especial durante la fase de construcción y los primeros años de la fase operativa se encuentra el denominado "efecto barrera" sobre la avifauna, el cual supone que la construcción de una línea eléctrica puede suponer un obligado cambio en las migraciones de las aves, cambio que puede generar efectos negativos en su desarrollo.

  En la fase operativa la barrera persiste pero ya no genera nuevas alteraciones.

Fase de operación Los principales impactos durante la operación de las líneas eléctricas aéreas son el paisajístico, los campos electromagnéticos y la afección en el hábitat e interacciones con la avifauna, colisiones y electrocuciones. Por otro lado, existe un riesgo importante respecto a la seguridad aeronáutica, en especial, en zonas próximas a aeropuertos o cruces de carreteras dado que estas últimas pueden servir de referencia a los pilotos, en días con poca visibilidad, para su orientación. Posteriormente se trata el riesgo de colisión y electrocución dada su relevancia e interés.

Ejemplos de los demás y otros impactos dignos de mención se tienen en los siguientes puntos:

- La altura y continuidad del trazado recorrido, además, del paso obligado que precisan a través de zonas arboladas, incrementan el negativo impacto paisajístico sobre la población (figura 10.4).

Figura 10.4: Ancho de paso de una línea eléctrica

- Creación de accesos para la seguridad y mantenimiento de la propia infraestructura eléctrica.
- El efecto corona genera ruido y gases incontrolados altamente corrosivos, como ozono, óxidos de nitrógeno y con alto grado de humedad, acidificación.
- Riesgo de incendio forestal debido a la electrocución de aves y su posterior caída.
- Residuos y vertidos generados en las subestaciones eléctricas.

Fase de desmantelamiento En esta fase se repiten algunos de los daños comentados en la fase de construcción siendo, habitualmente, de menor magnitud y también de escasa duración en el tiempo.

Por ejemplo se vuelve a tener la preparación de los accesos, la utilización de maquinaria, etc.

Otros nuevos impactos correspondientes a la fase de desmantelamiento, no tratados anteriormente, son los siguientes:

- Zonas abandonadas que pueden precisar de una revegetación adecuada.
- Importante generación de residuos y recogida de materiales que pueden generar impactos en los alrededores.

  En algunos casos, se opta por el abandono del material y su revegetación natural dado el mayor impacto que se generaría con su retirada, un ejemplo se encuentra en las bases de hormigón vistas en la figura 10.5, que quedaron al retirar los correspondientes apoyos metálicos.

Figura 10.5: Bases de hormigón de apoyos metálicos desmantelados ubicadas en las Marismas de Santoña, Cantabria

2. Por otro lado, considerar que a la hora de desarrollar una valoración de los efectos sobre la sociedad y el ambiente se deben exponer las ventajas directas e indirectas ofrecidas por la ejecución del proyecto.

   La instalación de una línea puede ofrecer ventajas principalmente técnicas y sociales y en algunos casos también ambientales, a continuación se exponen algunas de ellas:

- Disponibilidad de energía eléctrica a zonas o regiones deficitarias.
- Ofrecer alternativa de abastecimiento para subsanar la existencia de líneas sobrecargadas y evitar posibles cortes o interrupciones de suministro mejorando la continuidad del servicio.
- Incrementar la potencia de cortocircuito aportando estabilidad al sistema.
- Favorecer la instalación de polígonos industriales y grupos de generación de energía eléctrica mediante recurso renovable.
- El desarrollo económico de la población y la generación de empleo.
- Respecto al tema medioambiental varios autores y compañías eléctricas ven positiva la nidificación en los apoyos eléctricos (figura 10.6), para otros no es así porque aumenta la probabilidad de riesgo de electrocución y apuestan por utilizar apoyos y postes que dificulten la formación de nidos.

Figura 10.6: Nidificación sobre apoyo eléctrico

Por otro lado, se valora positivamente la facultad que ofrecen los anchos de paso realizados en zonas arboladas (véase figura 10.4) para su utilización como cortafuegos en el caso de incendio.

Por último, desde la publicación del *Plan de Acción Nacional de las Energías Renovables, PANER 2011-2020* en referencia a la evaluación del impacto medioambiental, aparece la necesidad de la valoración de la externalidades negativas o positivas de los sistemas de generación energética, algo no considerado por los mercados hasta el momento y que puede ser significativamente importante en la generación de energía eléctrica.

Se evalúan, entre otras, como externalidades positivas, las emisiones de CO_2 y las importaciones de combustibles fósiles evitadas. Cabe destacar que la línea eléctrica es una posible alternativa de suministro eléctrico a zonas donde su sistema de generación podría resultar deficiente y de alto impacto ambiental.

10.2.1. Medidas adoptadas frente el impacto ambiental de líneas aéreas y subestaciones eléctricas

Las actuaciones realizadas y previstas para la eliminación, mitigación o compensación de los impactos generados se denominan según su principal objetivo y la fase de aplicación dentro del ciclo de vida de la instalación eléctrica.

A continuación, se definen las distintas tipologías de actuaciones encontradas, comentando algunos ejemplos de cada una de ellas:

Medidas preventivas El objetivo fundamental de la aplicación de medidas preventivas apunta a la planificación de las distintas fases del ciclo de vida de la instalación para eliminar o reducir en lo posible los previsibles impactos desde el origen, sin embargo no en todos los casos es posible hacerlo.

Cabe destacar la relevancia que tienen los planes de vigilancia desarrollados en las instalaciones construidas para detallar con mayor precisión los impactos encontrados a posteriori y así realizar las correspondientes actuaciones preventivas en futuros proyectos.

Una de las principales medidas preventivas se encuentra en que la legislación o el órgano correspondiente obliguen, con la normativa correspondiente, a reducir la posibilidad de que el riesgo acontezca y de esta forma, se aminore el impacto en todo lo posible. Un ejemplo se tiene en evitar el impacto del tendido eléctrico en zonas protegidas para disminuir posibles afecciones, principal premisa de la denominada Red Natura 2000 y similares.

Otras medidas preventivas para reducir los impactos tratados con anterioridad en cualquiera de las fases del proyecto, se encuentran en los siguientes puntos:

- Diseñar el proyecto para mantener la mayor distancia posible a poblaciones, hábitats, espacios naturales, rutas de migración, etc.
- Reducción de las cimentaciones y alteraciones de los alrededores mediante la realización de adecuados estudios topográfico y geotécnico.
- Con objeto de mitigar las alteraciones sobre la fauna, adoptar medidas preventivas tales como la no utilización de explosivos para las cimentaciones de apoyos.
- Reducir el tránsito y el movimiento de vehículos para no afectar al tránsito habitual de la circulación.
- Aprovechamiento de la red existente y en el caso de los accesos realizados por necesidad y que posteriormente no sean de provecho, se deban adecuar convenientemente.

  Del mismo modo, reducir en lo posible las playas o extensiones de terreno precisas para las distintas fases del proyecto y su posterior restauración.
- Estudio de la posible aplicación de la sobre-elevación de apoyos para las zonas arboladas autóctonas para evitar la apertura de vías y en los cruces de ríos, aunque se produzcan en tramos sin problemática encontrada, para no condicionar posteriormente una eventual restauración ambiental de riberas.

- Evitar las emisiones a la atmósfera o medios de alrededor y en el caso de existir, planificar una gestión adecuada en el tratamiento de los vertidos, emisiones y residuos generados.
- En lo referente a las subestaciones eléctricas cabe destacar la importancia de proyectar los sistemas de captación de residuos del tipo aceite, mediante los sumideros y canalizaciones adecuados.
- Cumplimiento de las distancias y separaciones necesarias para que los campos electromagnéticos no afecten a los alrededores.

  Cuestión que está comprobada con los correspondientes estudios y comprobaciones de que los campos electromagnéticos de las líneas eléctricas aéreas a las distancias reglamentarias no tienen la suficiente relevancia.
- Preparar la gestión de un posible desmantelamiento de la línea eléctrica previendo: la reutilización en lo posible de los materiales, el tratamiento de los residuos y vertidos, la revegetación necesaria, etc.
- Aplicación en el diseño de las líneas eléctricas de las técnicas reductoras de efectos más innovadoras cuyo resultado haya sido demostrado con anterioridad.

Medidas correctoras Medidas no contempladas desde el inicio del proyecto y cuyo objetivo es reducir o eliminar los impactos encontrados durante el desarrollo del proyecto o a posteriori.

La aplicación de estas medidas puede acontecer por las siguientes causas:

- Aparición de impactos desconocidos hasta el momento, bien por desconocimiento del propio impacto o bien por efectos que no se habían considerado inicialmente.

  Por ejemplo, en la fase de construcción podrían encontrarse elementos del patrimonio arqueológico y arquitectónico no previstos inicialmente. También podría darse el caso del riesgo de desaparición de una especie que inicialmente no estaba protegida y es autóctona de la zona donde se encuentra instalada la línea eléctrica.

- Desviaciones acontecidas con respecto a las previsiones desarrolladas inicialmente.
- Aplicación de nuevas técnicas e inventivas encontradas, las cuales, no existían en el momento de la instalación.

Dada la extensa vida útil de las líneas eléctricas y el escaso tiempo desde el cual se estudia el impacto ambiental con rigor y requerimientos de obligado cumplimiento (sección 10.1), se tiene que muchas de las líneas eléctricas existentes se han tenido que modificar, preparar o hasta eliminar para reducir el alto impacto que estaban generando.

Muchas de las medidas preventivas expuestas también pueden considerarse medidas correctoras si no se tuvieron presentes en el diseño del proyecto constructivo por alguna de las causas tratadas y fue preciso aplicarlas con posterioridad.

Otra medida correctora se encuentra en el siguiente ejemplo:

- Optar por otras alternativas parciales o totales de trazado del proyecto inicial ante anomalías encontradas durante la ejecución u operativa de la línea eléctrica.

  Llegando a desmantelar la línea eléctrica si fuera preciso dado el impacto que se estaba generando, dando paso a otras alternativas si las hubiere.

Medidas compensatorias Medidas extraordinarias dada la falta de recursos para mitigar o evitar determinados impactos generados y que consisten en compensar de alguna manera el daño ocasionado.

Las medidas compensatorias pueden ser adoptadas a lo largo de todo el ciclo de vida de instalación y hacen frente a daños que no se pueden evitar y que están suficientemente justificados por la necesidad de la ejecución del proyecto.

Ejemplos de medidas compensatorias se encuentran en los siguientes puntos:

- Para daños efectuados en la vegetación autóctona, se propone la ejecución de planes de revegetación destinados a revegetar otras zonas degradadas, independientes al proyecto, de superficies proporcionales a la afectada por el proyecto.
- Lo mismo acontece con afecciones inevitables sobre las aves, fauna y demás especies.

10.2.2. Colisión y electrocución de aves y aeronaves

Dadas las reducidas dimensiones de los cables conductores del tendido de una línea eléctrica las aves pueden colisionar con ellos durante el vuelo al no percibir su presencia con la suficiente antelación. De hecho, el cable de guarda, cable superior instalado para la protección de la línea eléctrica frente las descargas atmosféricas, al disponer de un diámetro más reducido que el de los cables de las correspondientes fases y además, encontrarse a mayor altura, faculta en mayor medida el riesgo de colisión con las aves.

Pero además, si existe la posibilidad de que el ave cierre circuito eléctrico a través de ella puede ocurrir el riesgo de electrocución. Esto sucedería cuando exista contacto entre distintas fases conductoras o una fase conductora y una parte metálica con conexión a tierra.

Este riesgo aumenta proporcionalmente con la reducción de la tensión nominal de la línea eléctrica dado que al reducir la tensión nominal también disminuyen las distancias reglamentarias de separación entre cables conductores y por tanto, también aumenta el riesgo de que el ave haga contacto al mismo tiempo con dos cables a distinta tensión.

Por otro lado, la frecuencia o número de colisiones y/o electrocuciones pueden aumentarse en días brumosos o nublados. En el caso de la electrocución existe a su vez el riesgo de incendio pues el ave electrocutado puede resultar un foco de ignición al caer sobre un terreno seco y tener facilidad para generar fuego.

Aparte de los incidentes durante el vuelo, las aves también utilizan los tendidos eléctricos como posaderos e incluso como posibles lugares de nidificación (véase figura 10.6), lo cual es una nueva posibilidad de que el ave posada toque en su desplazamiento una parte metálica y otra conductora a la vez posibilitando el cierre de circuito a través de ella y provocándose la correspondiente electrocución. Esta situación cobra mayor riesgo cuando la humedad existente sobre las partes aisladoras pueda servir de conductor.

A todo lo expuesto se suma que la presencia de nidos sobre los apoyos también puede servir de reclamo para otras aves en busca de los huevos e incrementar la probabilidad de colisión y/o electrocución de éstas últimas.

Las causas de afección que presentan las líneas eléctricas en las aves dependen tanto del diseño de las correspondientes líneas eléctricas como de la tipología del ave en cuestión. Lo que precisa un estudio particularizado de las especies más habituales o posibles migraciones en las zonas afectadas por el trazado de la línea. Las dimensiones de las aves también varían la probabilidad de electrocución, ya que la posibilidad de tocar algún elemento en tensión, estando posada sobre el apoyo aumenta con su tamaño.

Por tanto, con todo lo comentado, se pueden establecer los siguientes factores que pueden influir en el impacto sobre la avifauna de las líneas y subestaciones eléctricas.

- Las dimensiones de las aves que transitan o habitan en los alrededores del trazado de la línea eléctrica.

- La frecuencia del tránsito de todo tipo de aves y murciélagos a través del trazado de la línea eléctrica.

- La tipología del apoyo o poste eléctrico.

- La forma o tipología de conexión de algunos de los elementos en el sistema eléctrico.

Por otro lado, en muchas ocasiones, las líneas eléctricas se construyen cerca de aeropuertos o aeródromos, constituyendo una barrera en la ruta utilizada por las aeronaves. Esto es debido a que frecuentemente, en estas zonas el vuelo se realiza a baja altura, ya que la aeronave está próxima a realizar maniobras, como pueden ser aterrizar o despegar. Además, algunas aeronaves utilizan como guía visual las infraestructuras terrestres, como carreteras o autovías, manteniendo también vuelos a baja altura, pudiendo existir colisión con las líneas aéreas existentes. También, puede darse el caso, de vuelos de emergencia a baja altura en busca de una pista auxiliar de aterrizaje.

Debido a las reducidas dimensiones del cableado y a la velocidad de una aeronave, la visibilidad y posible maniobra de reacción se presentan reducidas, por tanto, existe un riesgo de colisión que puede incrementarse en días de poca visibilidad. Cualquier colisión de la aeronave con un elemento fijo de la línea eléctrica puede originar graves daños, agravándose si el elemento fijo se encuentra con tensión eléctrica. Algunas comunidades autónomas disponen de reglamentos específicos sobre las características constructivas que imponen medidas preventivas que deben tener las líneas eléctricas y subestaciones correspondientes para mitigar los impactos sobre la avifauna y la circulación de aeronaves.

A continuación se mencionan distintas actuaciones frente la colisión y la electrocución, algunas de aplicación obligatoria otras de utilización opcional.

- Respecto al estudio del trazado de la línea eléctrica:
  - Realizar un estudio previo de la tipología de aves autóctonas, así como, dc la existencia y su frecuencia de posibles rutas.
  - Estudio de la proximidad de aeropuertos o zonas de tránsito de aeronaves.
- Respecto a la tipología de los elementos de la línea eléctrica y de la correspondiente subestación eléctrica o centro de transformación incorporado en el apoyo o aparatos de maniobra existentes, se siguen las siguientes premisas de diseño:

- Utilizar en lo posible postes de hormigón para reducir el número de partes metálicas.
- La instalación de los elementos de tensión por debajo de la cabecera del apoyo.
- Instalar crucetas bóvedas curvas evitando una posible nidificación.
- Disponer los conductores en el mismo plano horizontal para reducir la zona de influencia en el tránsito de la avifauna.
- Aplicar las distancias reglamentarias de seguridad entre los distintos elementos.
- Aislar los cables conductores con tensión que por su situación presenten riesgos de electrocución, por ejemplo, a su paso próximo a los apoyos (figura 10.7) o en los bornes o conexiones de centros de transformación o aparatos de maniobra ubicados en el propio apoyo (figura 10.8).

Figura 10.7: Cables aislados para evitar posibles electrocuciones de aves

- En especial para las aeronaves, en el caso de utilizar apoyos metálicos para zonas de elevado tránsito o riesgo de colisión valorar la utilización de pinturas o alternancia de colores que faculten su visualización (figura 10.9).

Figura 10.8: Bornes o conexiones aisladas para evitar posibles electrocuciones de aves

Figura 10.9: Apoyo metálico pintado y cable con balizas señalizadoras

- Respecto a la utilización de dispositivos disuasorios o de señalización, algunos de ellos también válidos frente la colisión de aeronaves, se tienen los siguientes:

– Elementos constructivos o mecánicos disuasorios de posada (figura 10.10).

Figura 10.10: Elementos mecánicos disuasorios de posada sobre apoyo eléctrico

– Espirales salvapájaros en los cables (figura 10.11).

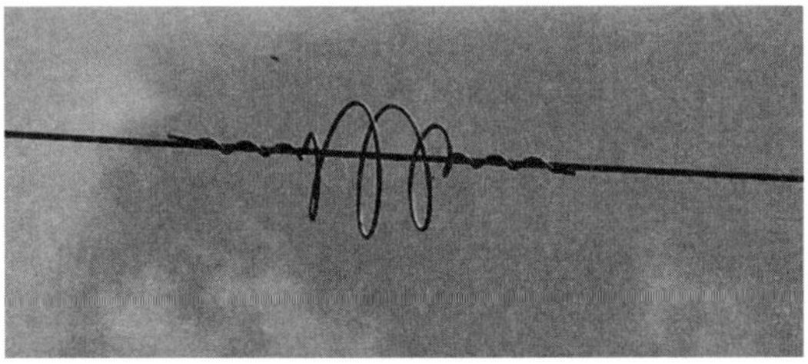

Figura 10.11: Espiral salvapájaros en cable de línea eléctrica

– Elementos acústicos de disuasión o señalización situados en los apoyos o en balizas.

– Balizas puestas en el cable de tierra (véase figura 10.9) que sirven para la señalización y de referente a las aeronaves.

Posteriormente, se comentan algunas medidas en investigación para mejorar o ampliar las existentes.

Actuaciones y propuestas de investigación

Las soluciones comentadas con anterioridad tienen algunas dificultades de aplicación o los resultados obtenidos son menores que los necesitados para eliminar el impacto en su totalidad. Por ejemplo, se tienen los siguientes inconvenientes:

- Muchas de las soluciones comentadas son medidas preventivas que se incluyen al construir la línea eléctrica, pero las afecciones negativas pueden aparecer una vez instalada la línea eléctrica, reduciendo las posibles medidas a aplicar.
- Además, el conjunto de elementos de las líneas eléctricas no pueden manipularse con facilidad, tanto por las dimensiones de las infraestructuras eléctricas como por la existencia de tensión siendo en algunos casos precisa la interrupción no deseada del suministro eléctrico.
- Por otro lado, la utilización de elementos que ya han demostrado su eficacia para reducir el impacto generado pero que tienen una efectividad parcial, por lo cual se mantiene un efecto negativo sobre la avifauna que debe compensarse.
- Por último, mencionar que algunas de las medidas correctoras utilizadas generan otro tipo de impactos medioambientales, como puede ser el visual y el paisajístico.

Por estas razones se investigan y proponen nuevas técnicas cuyo objetivo es complementar o substituir las técnicas utilizadas. Por ejemplo, para mejorar el conocimiento de las rutas de aves se plantea el implantar GPS a individuos de las especies y así conocer con mayor fidelidad el trayecto y la frecuencia del tránsito de la especie correspondiente por toda la extensión del tendido eléctrico. También se plantean estudios ante los problemas de la nidificación en los apoyos, relacionados con el análisis del comportamiento de las especies que faculten nidificaciones alternativas, posibilitando la atracción en época de cría de las parejas reproductoras induciéndolas a realizarlo en soportes naturales como árboles, en postes e incluso en otras plataformas preparadas.

Además de los ejemplos citados, se tienen diversas propuestas de investigación, a continuación se va a realizar una mera descripción de una de ellas cuyo objetivo principal es la reducción de la colisión de aeronaves con los elementos de las líneas eléctricas. Para ello se plantea la utilización de intensidades portadoras, intensidades con distintas frecuencias a la principal del transporte de energía eléctrica y que circulan a través del mismo conductor, que posibilitan la señalización de las líneas eléctricas y sus instalaciones para el tránsito aeronáutico.

La intensidad eléctrica portadora o intensidad auxiliar genera una señal avisadora, que es detectada por el correspondiente receptor ubicado en las aeronaves al aproximarse al sistema o al resto de la línea de transporte de energía eléctrica, generando la respectiva señal de alarma y así poder reducir el riesgo de colisión o accidente.

La figura 10.12, muestra una posible instalación en un tramo del tendido eléctrico limitado a dos apoyos eléctricos, pudiéndose también plantear la técnica a un cable independiente o a largo de toda la línea eléctrica.

El sistema está compuesto de una fuente generadora de intensidad portadora, al menos de un condensador y al menos de dos bobinas de choque. De esta forma se genera una señal portadora limitando su actuación a un trazado determinado del tendido eléctrico, donde los condensadores serán los encargados de la emisión acústica y las bobinas de choque serán las encargadas del filtraje de la intensidad portadora limitando su circulación.

Para evitar la generación de armónicos por encima de la máxima distorsión de corriente armónica "TDD" permitida en líneas aéreas de transporte de energía eléctrica de alta tensión, valor 2,5%, la frecuencia de la intensidad auxiliar debe ser distinta y no múltiplo entero de la frecuencia de la intensidad principal, 50/60 Hz.

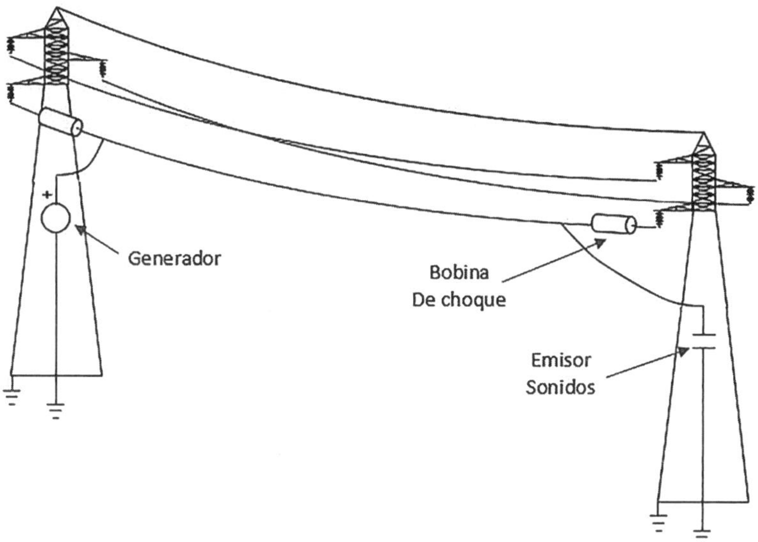

Figura 10.12: Esquema de la instalación emisora de señales acústicas entre dos apoyos

Debido a que el riesgo de colisión y accidente crece tanto en cuanto disminuye la distancia de la aeronave a una línea aérea de transporte de energía eléctrica, la señal avisadora tendrá una magnitud o alcance determinado que se podrá regular mediante la fuente generadora.

La técnica propuesta puede solucionar inconvenientes detectados, ya que permite evitar tanto la colisión como otros accidentes, pues evita el acercamiento de las aeronaves a la línea eléctrica permitiendo:

- Evitar las colisiones con todas las partes integrantes de dicho sistema, principalmente, cables de fase, cables de guarda y apoyos.
- Avisar al piloto de una pérdida de altura o acercamiento a una línea eléctrica, principalmente, en días de poca visibilidad.

- Una posterior instalación a la puesta en servicio del sistema sin necesidad de interrumpir largo tiempo el servicio de funcionamiento. Esta ventaja facilita y abarata significativamente su instalación.

- Reducir los impactos visuales y paisajísticos, pues en una primera realización no se necesitan elementos visuales.

Cabe destacar que dentro del campo de aplicación de la técnica anteriormente descrita, se tiene que para algunas especies de aves existe la posibilidad de evitar el acercamiento de las aves a las líneas eléctricas, utilizando señales acústicas del tipo a los sonidos de las aves rapaces como el chillido del águila, reclamos o emitiendo señales molestas dentro del espectro auditivo de las aves. De esta forma se puede aminorar en lo posible la colisión o electrocución de las aves con la línea eléctrica y sus instalaciones (figura 10.13).

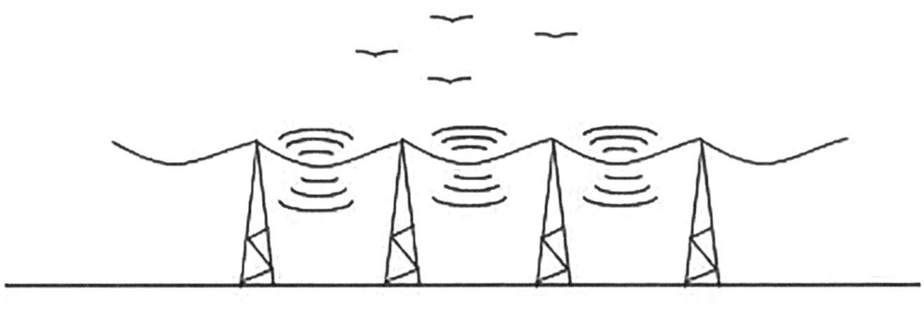

Figura 10.13: Instalación emisora de señales acústicas para disuadir a las aves

10.3. Otras tipologías de líneas eléctricas

Lo tratado con anterioridad se ha referido principalmente a las líneas eléctricas aéreas, a continuación, se van a comentar las características más relevantes de las líneas eléctricas soterradas, submarinas y en tensión continua.

- Las líneas soterradas tienen la gran ventaja de no afectar a las aves y aeronaves, además de casi eliminar el impacto paisajístico. Ahora bien, sus principales inconvenientes son los siguientes:

  - El movimiento de tierras y excavaciones se extienden a lo largo de toda la extensión de la línea eléctrica incrementando el impacto existente en la fase de construcción y pudiendo afectar al paisaje y a las parcelas transitadas.
  - Dada la proximidad al suelo y la característica dieléctrica del medio, en especial el campo magnético de la línea se incrementa significativamente, pudiendo afectar al medio terrestre de alrededor y llegar a precisar de nuevas instalaciones.

    Al medio terrestre de alrededor debido a la alta densidad de campo experimentado en la proximidad del cableado, cuestión que puede afectar a algún tipo de vida existente.

    Debido a la alta capacidad experimentada puede precisarse de nuevas subestaciones eléctricas para regular el factor de potencia.

- Las líneas eléctricas submarinas tienen una influencia técnica muy positiva para el suministro insular dado que mejoran significativamente la fortaleza del sistema eléctrico.

  Ahora bien, su trazado y operativa conllevan una serie de desventajas a destacar, entre las que se encuentran las siguientes:

  - La presencia de un hábitat natural de alta sensibilidad.
  - El soterramiento de la línea eléctrica a lo largo de toda la extensión del trazado puede afectar a la tipología y naturaleza del fondo marino.
  - Del mismo modo que para las líneas soterradas la naturaleza del medio incrementa significativamente los campos eléctrico y magnético de la línea y sus correspondientes efectos.

- Las líneas eléctricas en tensión directa o continua presentan varias ventajas frente a las líneas eléctricas en tensión alterna.

- Favorecen la no existencia de campos eléctrico y magnético a lo largo de la línea eléctrica, lo cual resulta muy interesante para las líneas soterradas y submarinas tratadas con anterioridad.
- No existe efecto corona, por lo cual no existe ionización del medio ni generación incontrolada de gases.
- El ancho de paso que requieren es menor puesto que las distancias de separación entre conductores para transportar la misma potencia eléctrica es menor.

  Cuestión que disminuye el impacto paisajístico que tienen los tendidos eléctricos a través de bosques y zonas arboladas.

Como cuestiones más desfavorables de la línea eléctrica en continua, desde el punto de vista ambiental, se destacan las siguientes:

- La dimensión de las subestaciones eléctricas conversoras necesarias.
- La utilización del retorno sin cable produciendo alteraciones químicas en la proximidad de los electrodos e intensidades inducidas no deseadas.

Índice de figuras

Bibliografía

[1] Viqueira, J. (1986). "Redes eléctricas". Representaciones y servicios de ingeniería.

[2] Bernús, R. H., & García, J. I. C. (2001). Teoria, càlcul i disseny de línies elèctriques. Edicions UPC.

[3] Horta Bernús, R., & Rosas Casals, M. (2011). Modification of the Perrine-Baum diagram to improve the calculation of high voltage electric lines.

[4] González, F. B. (2004). "Sistemas de energía eléctrica". Editorial Paraninfo.

[5] Real Decreto 337/2014, de 9 de mayo, por el que se aprueban el Reglamento sobre condiciones técnicas y garantías de seguridad en instalaciones eléctricas de alta tensión y sus Instrucciones Técnicas Complementarias ITC-RAT 01 a 23. Boletín Oficial del Estado número 139, de 9 de junio de 2014, páginas 43598 a 43728.

[6] Ley 24/2013, de 26 de diciembre, del Sector Eléctrico. Boletín Oficial del Estado número 310, de 27 de diciembre de 2013, páginas 105198 a 105294

[7] Mora, J. F. (2008). "Máquinas eléctricas". Editorial McGraw-Hill.

[8] Guirado Torres, R., Asensi Orosa, R., Jurado Melguizo, F., & Carpio Ibáñez, J. (2006). "Tecnología eléctrica". (No. TK3001. T42 2006.).

[9] Stevenson, W. D. (1975). "Análisis de sistemas eléctricos de potencia". McGraw-Hill.

[10] Ramírez, I., Martinez, J. A., Fuentes, J. A., García, E., Fernández, L. A., & Zorzano, P. J. (2007). "Problemas resueltos de sistemas de energía eléctrica". Editorial Thomson.

[11] Rodriguez Pozueta, M.A. "Máquinas síncronas". Universidad de Cantabria, disponible en web: personales.unican.es/rodrigma

[12] Candelo, J. E., Caicedo, G., & Castro, F. (2008). "Métodos para el estudio de la estabilidad de voltaje en sistemas de potencia". Información tecnológica, 19(5), 97-110.

[13] Lostaunau, L. M. (2002). "Estabilidad de los sistemas de potencia". Electrónica-UNMSM, (10), 32-38.

[14] Meah, K., & Ula, S. (2007, June). "Comparative evaluation of HVDC and HVAC transmission systems". In Power Engineering Society General Meeting, 2007. IEEE (pp. 1-5). IEEE.

[15] Anuarios y publicaciones. REE, Red Eléctrica Española,Paseo del Conde de los Gaitanes, 177, Alcobendas, Madrid, España. Web: http://www.ree.es/

[16] Real Decreto Legislativo 1/2008, de 11 de enero, por el que se aprueba el texto refundido de la Ley de Evaluación de Impacto Ambiental de proyectos. Boletín Oficial del Estado número 23, de 26 de enero de 2008, páginas 4986 a 5000

[17] Directiva 2011/92/UE del Parlamento Europeo y del Consejo de 13 de diciembre de 2011 relativa a la evaluación de las repercusiones de determinados proyectos públicos y privados sobre el medio ambiente

[18] Ley 21/2013, de 9 de diciembre, de evaluación ambiental. Boletín Oficial del Estado número 296, de 11 de diciembre de 2013, páginas 98151 a 98227

[19] Real Decreto 34/2005, de 8 de febrero, del Gobierno de Aragón, por el que se establecen las normas de carácter técnico para las instalaciones eléctricas aéreas con objeto de proteger la avifauna. Boletín Oficial de Aragón número 26, de 28 de febrero de 2005, páginas 28047 a 28051

[20] García, S. L. (2010). Inhibición de la nidificación de la cigüeña blanca en las líneas aéreas de alta tensión. Técnica Industrial, 287, 58.

[21] Balbás García, F. J. & Aranda Sierra, J. R. (2013). "Reductor de las colisiones y accidentes de aeronaves en las líneas eléctricas aéreas". Patente Inventiva Nacional, número 201400023, publicada el 23 de enero de 2015. O.E.P.M., Paseo de la Castellana, 75 - 28071 Madrid (España)

[22] Balbás García, F. J. & Aranda Sierra, J. R. (2013). "Reductor de las colisiones y electrocuciones de aves en las líneas eléctricas aéreas". Patente Inventiva Nacional, número 201400024, publicada el 12 de mayo de 2015. O.E.P.M., Paseo de la Castellana, 75 - 28071 Madrid (España)

Setiembre, 2023